高等学校茶学专业应用型教材
中国轻工业“十四五”规划教材
教育部“中华茶文化传承与创新”教学资源库资助项目

茶艺学实践

郑慕蓉　张　霞　黄友谊　主编

中国轻工业出版社

图书在版编目（CIP）数据

茶艺学实践 / 郑慕蓉，张霞，黄友谊主编. -- 北京 : 中国轻工业出版社，2025. 3. -- ISBN 978-7-5184-5049-7

Ⅰ. TS971.21

中国国家版本馆CIP数据核字第2024RK6711号

责任编辑：贾　磊　　责任终审：白　洁
文字编辑：吴梦芸　　责任校对：朱燕春　　封面设计：锋尚设计
策划编辑：贾　磊　　版式设计：梧桐影　　责任监印：张　可

出版发行：中国轻工业出版社（北京鲁谷东街 5 号，邮编：100040）
印　　刷：艺堂印刷（天津）有限公司
经　　销：各地新华书店
版　　次：2025年3月第1版第2次印刷
开　　本：787 × 1092　1/16　印张：17.75
字　　数：360千字
书　　号：ISBN 978-7-5184-5049-7　定价：49.00元
邮购电话：010-85119873
发行电话：010-85119832　010-85119912
网　　址：http://www.chlip.com.cn
Email: club@chlip.com.cn

250334J1C102ZBW

本书编委会

主　编

郑慕蓉（武夷学院）
张　霞（长江大学）
黄友谊（华中农业大学）

副主编

林　凌（武夷山旅游职业中专学校）
赵　瑶（湖北三峡职业技术学院）
李晓梅（湖北工业职业技术学院）
吴小霞（武夷学院）

参　编

王岳飞（浙江大学）
李亚莉（云南农业大学）
陈丹妮（武夷学院）
袁　薇（浙江树人学院）
速晓娟（宜宾学院）
郝宗蕾（云南弘益大学堂）
叶汉钟（潮州市天羽工夫茶文化交流中心）
章志峰（武夷山市中华茶百戏文化研究院）
焦　巧（武汉职业技术学院）
闫钰润（湖北省现代农业技师学院）
张雪儿（福建省张雪儿技能大师工作室）
王丽萍（福建省王丽萍技能大师工作室）

审　稿

李远华（武夷学院）

序

2021年，习近平总书记在福建考察期间指出，“要统筹做好茶文化、茶产业、茶科技这篇大文章”；2022年，“中国传统制茶技艺及其相关习俗”列入联合国教科文组织人类非物质文化遗产代表作名录，充分体现了茶文化、茶艺的重要性。

近年来，我国大力发展应用型本科与职业本科高等教育，并提出“技能中国行动”，要培养更多高素质技能人才和大国工匠。而茶艺作为一项职业技能，直接服务于茶产业和茶文化事业。该书重点突出茶艺的操作性、技能性、实用性，弥补了目前茶艺实操教材的不足。

本教材主编郑慕蓉老师是我退休后在武夷学院任特聘教授期间指导的青年教师之一，有着多年茶艺教学实践经验，长期讲授茶艺学、茶艺学实践、茶文化学等课程，并多次带领学生在全国大学生茶艺竞赛中获奖；长江大学张霞老师是茶圣陆羽的同乡，是我在访问湖北时结识的青年教师，长期从事茶艺教学，茶艺实践经验丰富；华中农业大学黄友谊教授在我校（西南大学）获硕士学位后在华中农业大学获博士学位，成就斐然，有多项成果，他在大学期间就关注茶文化、茶艺，主编教材有《茶艺学》，长期担任湖北省茶业职业技能大赛总技术专家和茶艺师职业技能大赛的裁判、评茶员职业技能大赛裁判长。本教材的编写团队还有各地茶艺技能大师、茶艺非遗传承人等，他们都具有丰富的茶艺实践经验，将多年宝贵的茶艺教学科研经验与心得融入教材，使教材体系完整、内容丰富、文字简洁、图文并茂。

相信本教材的出版能进一步推进我国茶文化教育事业的发展和茶艺学科的建设，提升茶学专业人才素养与茶艺师技能水平。

受主编厚爱，谨以为序。

西南大学教授，西南大学食品学院创院院长，杰出中华茶人终身成就奖荣获者

刘勤晋

2024年6月于重庆

前言

中国人民饮茶历史悠久，自从国人饮茶，就开始研究如何泡茶，在泡茶技艺的基础上不断发展并形成了独特的品饮艺术，称为茶艺。茶艺，是冲泡一杯茶的技术与品饮一杯茶的艺术，反映了国人对美好生活的诗意探索。随着时代的发展以及人们对健康生活、品质生活的追求，茶艺已从一种生活技能上升到一门生活艺术，成为人们提升生活质量、创建和谐社会的重要载体；此外，随着茶产业的繁荣以及茶饮消费的增加，茶艺师成为一种新兴职业，茶艺也从生活技能进一步发展成职业技能。

1999年，茶艺师正式入选《中华人民共和国职业分类大典》。2020年，我国举办了第一届全国职业技能大赛，茶艺首批入选“国赛”精选项目。2020年，国务院发布《深化新时代教育评价改革总体方案》，提出应用型、技术技能型人才的培养，要求学生具有扎实的专业能力和突出的实践应用能力。2021年，人力资源和社会保障部发布了《“技能中国行动”实施方案》，决定在“十四五”期间组织实施“技能中国”行动，新增技能人才4000万人以上，夯实中国制造、中国创造的根基，缓解我国就业结构性矛盾，推动经济高质量发展。2021年5月，习近平总书记在中国科学院第二十次院士大会、中国工程院第十五次院士大会和中国科学技术协会第十次全国代表大会上的讲话指出：“当今世界的竞争说到底是人才竞争、教育竞争。……培养更多高素质技术技能人才、能工巧匠、大国工匠。”2022年，党的二十大报告进一步指出，“办好人民满意的教育。”“统筹职业教育、高等教育、继续教育协同创新，推进职普融通、产教融合、科教融汇，优化职业教育类型定位。”而茶艺作为一项职业技能，直接服务于茶产业，茶艺人才属于典型的应用型、技能型人才，本科教育也需要加强对学生实践创新能力的培养。

本书被评为中国轻工业“十四五”规划教材，重点突出茶艺的操作性与技能性。近年来，随着应用型高等学校的建设，高校茶艺课程鼓励学生考取茶艺师技能等级证书，强化了茶艺实操占比。茶艺可静心修德，促进社会精神文明建设。为了让茶艺学学科更加完善，让更多的人了解茶、爱上茶，我们结合茶艺实践发展的迫切需要，编写了本教材。通过学习本书，借助茶艺实操训练，可以有效地将技能与理论、职业、生活相结合，实现泡好一杯茶与喝好一杯茶，并借助一杯茶传递美好生活态度，有效促进茶文化的传播与茶产业的繁荣。

全书共分十三章，由郑慕蓉、张霞、黄友谊担任主编，李远华审稿。编写分工如下：张霞、吴小霞编写第一章，张霞、速晓娟编写第二章，张霞、王岳飞、李晓梅编写第三章，张霞、郑慕蓉、闫钰润编写第四章，郑慕蓉、叶汉钟编写第五章，郑慕蓉、赵瑶、张雪儿编写第六章，黄友谊、章志峰编写第七章，李亚莉、张霞、黄友谊编写第八章，陈丹妮、袁薇、郑慕蓉编写第九章，郑慕蓉、焦巧编写第十章，林凌、郝宗蕾、郑慕蓉编写第十一章和第十二章，吴小霞、王丽萍编写第十三章。

本书是在编者长期使用的教学讲义的基础上结合茶艺实践经验和社会实际需求编撰而成。编者既有高校茶艺教学一线教师，又有实操经验丰富的茶艺技能大师及非遗传承人，他们宝贵的实践经验为教材的编写奠定了坚实的基础。同时，全书配有数字资源，可扫码观看视频、图片等，有助于更好地理解并掌握实操技能。全书可作为茶学及涉茶专业的本科和大中专教学使用，也可作为培训机构、茶艺馆、茶叶企业、茶艺爱好者等培训学习的参考书。

本教材得到了教育部“中华茶文化传承与创新”教学资源库项目的资助，武夷学院新形态教材建设“茶艺学实践”项目与长江大学创新创业教材建设“茶艺学实践”项目的支持。本教材还得益于编写团队的共同努力和相关院校以及茶界同人的大力支持。感谢茶友罗满提供的长嘴壶茶艺视频，厦门艺术学校授权使用的唐代煎茶茶艺视频，武夷学院潘一斌老师提供的调饮茶艺视频，人文武夷——范霞提供的茶会视频。感谢成都雅筑花韵教室提供的茶席插花照片，茶友车国香、罗小娟等提供的图片。感谢武夷学院陈攀同学提供的插图，感谢多所高校茶艺队同学、茶艺非遗传承人等参与茶艺演示图片和视频的拍摄以及福建农林大学邓婷婷副教授为本书提出的修改建议。

茶艺学是一门发展中的学科，茶艺实操也在不断推陈出新、与时俱进。尽管本书力求反映茶艺学当下的实践知识体系，但由于编者水平有限，书中难免存在不足之处，敬请读者批评指正。

编者

目录

第一章

茶艺形体礼仪

本章导读与思政点

优美的形体与得体的礼仪有助于构建茶艺师良好的社交形象，也有利于塑造良好的职业形象。本章共设置了三个实验，通过学习，掌握茶艺形体、茶艺礼仪、茶艺服饰与妆容的训练要求与要领；通过训练，养成良好的仪态，并正确运用于生活与茶事活动中。本章实验有助于提升自身形象与审美能力，展示中华茶德和传统礼仪之道，培养民族自豪感，增强文化自信。掌握茶艺形体礼仪，是学习茶艺的基础，也是一名合格茶艺师的基本素养。

实验一　茶艺形体训练

一、实验目的

（1）了解茶艺形体的要求。

（2）熟练掌握茶艺形体的训练技能与要领，能正确展示形体礼仪。

（3）培养良好的茶艺形体礼仪习惯，展现优美的体态和优雅的举止，塑造茶艺师气质。

二、实验说明

本实验主要包括站姿、坐姿、行姿、蹲姿和跪姿训练。站姿是茶艺演示中最重要的姿势，优美、典雅的站姿是茶艺师展示动态美的起点和基础。坐姿文雅、端正，不仅给人以沉着、稳重、冷静的感觉，也是展现茶艺师气质与风范的重要形式。行姿是茶事服务的基本动作之一，属于人体的综合性活动。行姿能反映人的健康状况、文化素养、内在气质和审美层次，使人产生感染力和动态美。蹲姿是茶事接待中仪态美展示的形式之一，多用于在拿取低处物品或在低处泡茶奉茶时，下蹲动作应大方得体。跪姿在仿古茶艺、日本茶道、韩国茶礼中运用较多，与特定的文化背景有关。

三、实验准备

实验需要准备形体教室、镜子、音乐。

四、实验学时

实验共4学时。

五、实验方法

1. 教师示范讲解

教师示范并讲解茶艺礼仪。

2. 分组练习

将班级同学分为男生组和女生组，分开训练。教师先做示范动作，组员进行模仿练习，再以小组的形式展示练习情况，从中选拔优秀组员做演示，并由示范组员带领小组成员进行深度训练，教师从旁进行细节指导。

3. 点评与总结

针对形体展示展开自评与互评，并进行总结。

扫码观看茶艺师仪态礼仪介绍

六、实验步骤

1. 茶艺站姿训练

站姿的要领是头部端正、脖颈挺直、头向上顶、下颌微收、两眼平视前方；嘴角微闭，表情自然，稍带微笑。身体舒展直立，两肩平整、双臂放松。

男士双手自然下垂于体侧，手指自然弯曲；或者左右手交叠于腹前，左手在上、右手在下；也可双手自然握拳，左手环抱于腹前、拳心向内，右手叉于背后、拳心向外。女士双手轻松自然交叠放于腹前，左手在下、右手在上。

双腿直立。男士双腿略打开，与肩同宽，脚尖朝前且两脚平行站立。女士双腿并拢，双脚相靠，脚尖平行并拢；或两脚跟相靠，脚尖分开45°～60°。

站立时，头向上牵引，身体重心向下支撑于脚掌、脚弓之上，气沉于胸腹之间，呼吸保持自然（图1－1）。

图1－1 站姿

2. 茶艺坐姿训练

以站姿为基础，坐姿训练包含以下内容。

（1）走近座位　款款走向座位直至双脚与椅子前脚部位平齐、相隔约半步的距离，稍作停顿，做好入座准备。

（2）入座　入座时从容自然，轻缓稳重。茶艺师与椅凳面向品茗者，以从椅凳左侧入座为例：提前站立于椅凳的左侧半步远位置，左脚上前一步右脚跟上，右脚向右跨一大步至椅子正前方，左脚跟上并拢。待茶艺师立定于椅凳前，右脚向后撤小半步，使腿肚贴到椅凳边缘，以确定位置，随后轻稳坐下。坐下时，双腿自然弯曲，身体重心徐徐垂直落下，臀部接触椅面要轻，避免发出声响，臀部坐在椅凳1/2或者2/3处，大小腿约呈90°。女性入座时，如果是长裙，应用双手整理一下裙边，将裙子向前拢一下，以防裙边褶皱，更显端庄娴雅。

（3）端坐　坐下后，身体端正舒展，挺胸收腹，脊背挺直，身体重心垂直向下或稍向前倾。双脚跟并拢，双膝并拢或微微分开。两眼平视，下颌微收，面露自然微笑。与他人交谈时，身体略向前倾，能体现出积极与主动交流的意愿。女性入座后，上身挺直，双肩自然平正放松，不耸肩，不含胸。双腿并拢，脚跟靠紧，两脚尖并拢略向前伸。两臂自然弯曲，双手掌心向下，自然放在略靠近大腿位置；也可右手在上、双手虎口交握，置放于胸前的桌沿。男性入座后，上身挺直，坐正，双腿自然弯曲，小腿并拢垂直于地面。双腿、双脚也可以略分开，以不超过肩宽为宜；也可双手分开同肩宽，半握拳轻搭于前方桌沿，也可掌心朝下自然叠放于大腿上（图1－2）。

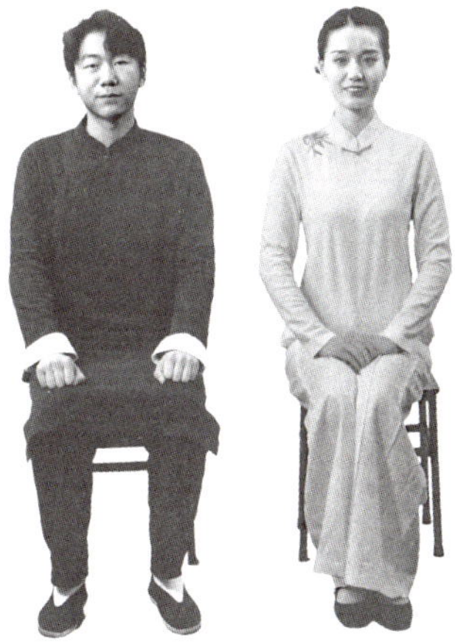

图1－2　**坐姿**

（4）离座　离座时要自然稳当。以从椅凳左侧出为例，右脚向后略收小半步，然后以右脚为着力点起立，随后右脚向前收，双脚并拢站立。起立后，左脚往左迈一大步，右脚跟上与左脚并齐。全程做到轻缓、无声响。

3. 茶艺行姿训练

行姿是站姿的延续动作，行走时须保持：一从容，走路时，应注意身体直立、抬头、挺胸、收腹，眼睛平视前方，自然向前移动。二平稳，走路时要让脚跟先着地，踩实后再抬另一只脚，同时双臂应以放松状态在身体两侧自然摆动，起到保持身体平衡的作用。跨步要均匀，起步时身体要微向前倾，让身体重心落在前脚掌上，且重心应随脚步移动，不断向前过渡，前脚着地和后脚离地时也要注意伸直膝部。三直线，走路时要注意脚尖向前伸出，不应向内或向外，以保证身体呈直线前进，不左右摇摆。基本行姿的规范要求：上身挺直，头正，收腹立腰，重心稍前倾；两肩平稳，男性双臂前后自然摆动，女性双手虎口交握双手交叠于腹前；动作协调，走成直线；双目平视，收颔，表情自然平和。男性需步履稳健大方；女性需两腿靠拢行走，步伐匀称自如，轻盈、端庄、文雅。

标准行姿的动作要领，具体包括以下几个方面。

（1）保持正确站姿，做好起步准备，起步前倾，重心在前。

（2）全身挺直，昂首挺胸，走路时注意收腹。

（3）脚尖朝前，步幅适中。脚尖应朝向正前方，脚跟先落地，脚掌紧跟落地。脚要避免外八和内八，重心放在前脚掌，走路时膝盖伸直。女性步幅在30cm左右，男士的步幅为50cm左右。常右脚先出，左脚紧随其后。

（4）走动时，双肩平稳，两臂下垂，手心向内。两臂有节奏地自然摆动，摆动幅度为30°左右。一般迈右脚时，左臂向前摆动；迈左脚时，右臂向前摆动。

（5）全身协调，双眼平视前方，匀速前进，通常女性走一字步，男性走平行步，呈直线形行走。行走阶段中，步伐匀速有力，节奏快慢适当，轻松、自然，给人一种矫健轻快、从容不迫的动态美。

除了自然行姿以外，茶艺中经常会端着奉茶盘行进，可称为“端盘行姿”，此时因双手端物，在行动时为保持物品安全，需要双手稳定不晃动，其他参照自然行姿要领。在行进时注意保持走直线、转直角，不宜走捷径。

4. 茶艺蹲姿训练

在某些必要的情况下，茶艺师需要使用蹲姿。蹲姿是一种迅速完成的暂时性体态，其基本动作要领：一脚在前，一脚在后，前脚全着地，后脚跟提起；前脚为身体的主要支点，臀部向下，上身向前微倾，保持身体直立下蹲。拾捡物品时，应侧身倾斜去捡，而非从正前方拾捡。

（1）高低式蹲姿　高低式蹲姿即前膝高、后膝低，前脚小腿垂直于地面，脚掌着地；后脚脚跟提起，脚尖点地；臀部自然向下，上身尽可能保持直立。女性应大腿紧靠，切忌分开；男性两腿可以稍微分开。

（2）交叉式蹲姿　这种姿势适用于女性裙装，蹲下后双腿交叉在一起。下蹲前，先把裙子从后向前收，再右脚放前、左脚放后，右小腿几乎垂直于地面，右脚掌完全着地；右腿在上、左腿在下，两腿交叉重叠；左膝由下方伸向右侧，左脚跟抬起，两脚一前一后，合力支撑身体；上身略向前倾，臀部朝下，直立下蹲。

（3）半蹲式　半蹲式是一种非正式的蹲姿，多在奉茶时使用。下蹲时双膝略微弯曲，一般呈钝角，上身稍微前倾，臀部向下，使身体半蹲半立，重心放在一条腿上。

（4）蹲姿禁忌　双腿敞开而蹲，这是极不雅观的动作。过度弯曲上身或者翘起臀部，这样容易暴露个人隐私。蹲下时速度过快，离人太近，若两人同时下蹲时易迎头相撞。

5. 茶艺跪姿训练

跪姿是指双膝触地，臀部坐于自己小腿的姿态，分为以下三种姿势。第一种是跪坐，在日本茶道中也称“正坐”。动作为放松双肩，挺直腰背，头端正，双眼平视前方，下颌略微收敛，舌尖抵上颚；两腿并拢，双膝跪在坐垫上，双脚的脚背相搭着地，臀部坐在双脚上，双手搭放于大腿上，女士将右手叠放在左手上面，男士将手握拳自然地放于膝上。第二种是单腿跪蹲，常用于奉茶。动作为左腿膝盖与着地的左脚呈直角相屈，右腿膝盖与右足尖同时点地，其余姿势同跪坐一样。另外，如果桌面较高，可以转换为单腿半蹲式，即左脚前跨一步，膝盖稍稍弯曲，右腿的膝盖顶在左腿小腿肚上。第三种是盘腿坐，盘腿坐只适用于男士。动作为双腿向内屈伸盘起，双手分搭在两腿膝盖处，其他姿势同跪坐一样。

扫码观看茶艺站姿、坐姿与行姿

七、实验要领

（1）站姿是形体的基础，“五点训练法”为站姿经典训练法，即背部靠墙站立，脚跟、小腿、臀部、双肩和头部皆需紧靠墙壁。通过站姿训练可提升身体的控制能力，从而让其他姿势训练更加轻松。

（2）男女士的站姿、坐姿、行姿都需要保持身体挺立，不倾斜；双肩舒展持平，忌高低肩，也不宜耸肩含胸；双臂放松，自然下垂或交握于腹前、桌面。“挺胸收腹、沉肩垂肘、不偏不倚”是记忆口诀。走动时，忌讳同手同脚，身体不协调。

（3）在行进中下蹲，速度不宜过快。下蹲时忌讳弯腰翘臀，暴露隐私部位；女性切忌两腿叉开，两腿展开平衡下蹲；在下蹲时，最好和他人侧身相向，正面他人或者背对他人下蹲，都是不礼貌的。

（4）茶艺形体训练不是单一训练某个姿势，而是需要将不同姿势融会贯通，贯穿于行茶过程之中。优良形体的养成贵在长期坚持训练，让身体产生记忆，进而内化成自身的习惯与气质。

（5）形体训练不能仅停留在形式和动作上，更要领悟礼仪精神与茶艺精神的内涵。

八、实验考核

请参考评分标准将实验考核结果填入表1－1，并进行自评与组员互评，综合得分中自评分和小组评分分别占25%，教师评分占50%。

表1－1　茶艺形体训练考核测评表

班级：　　　　组别：　　　　姓名：

序号	测评内容	评分标准	分值	自评分	小组评分	教师评分	综合得分
1	站姿	姿势正确、动作规范	20				
2	坐姿	姿势正确、动作规范	20				
3	走姿	姿势正确、动作规范	20				
4	蹲姿	姿势正确、动作规范	20				
5	跪姿	姿势正确、动作规范	20				
合计			100				
整体评价							

九、实验思考

（1）站姿、坐姿、跪姿和行姿之间有哪些共同之处？

（2）还有哪些训练方法可以帮助茶艺师提升形体气质？

（3）学习中国传统礼仪文化，找寻“君子九容”与现代茶艺礼仪之间的相通性？

实验二　茶艺礼仪训练

一、实验目的

（1）了解茶艺礼仪的要求。

（2）掌握茶艺礼仪的训练技能与要领，能正确演示茶艺礼仪。

（3）培养良好的茶艺礼仪习惯，熟练运用茶艺礼仪，做到文明有礼、得体大方。

二、实验说明

中国茶文化博大精深，并形成了相应的茶艺礼仪。通过茶艺礼仪的训练，从而养成良好的茶艺礼仪修养，规范茶艺礼仪举止。本实验内容包括入退场礼仪、鞠躬礼、注目礼、伸掌礼、叩指礼、奉茶礼仪、语言礼仪的礼仪动作规范。茶艺礼仪的训练要点主要有三点：一是注意茶艺礼仪训练的系统性；二是突出茶艺礼仪训练的直观性；三是重视茶艺礼仪训练的实践性。茶艺基本礼仪一般不采用幅度过于夸张的动作，而是采用含蓄、温文尔雅的动作来表达谦逊与诚挚的情感。习茶素养第一要静，尽量用微笑、眼神、手势、姿势等示意，不主张用太多语言。

三、实验准备

实验需要准备镜子、音乐、形体教室。

四、实验学时

实验共2学时。

五、实验方法

1. 教师示范讲解

教师示范并讲解茶艺礼仪。

2. 分组练习

先跟随教师的示范动作进行学习，再分小组进行练习。组员之间相互纠错并改进，然后从中选拔优秀组员做演示并带领小组成员进行深度训练，教师进行细节指导。

3. 点评与总结

组间相互点评，教师总结。

六、实验步骤

在开展礼仪训练之前，需提前学习礼仪知识和相关茶艺知识，掌握行礼的标准与规范，为有效开展茶艺礼仪训练做好准备。

1. 入退场礼仪

（1）入场礼仪　双手端起茶具距离胸前一拳处，以站姿为预备姿势，走到座位旁，右脚向前迈出一步，半蹲，放好茶具，站起并收回右脚。

（2）退场礼仪　与入场礼仪相似，从座位站起，走到座位旁侧，以站姿为预备，右脚向前一步，半蹲，端起茶具，站起并收回右脚，参照行姿退场。入场、退场过程中，茶艺师需要注意步伐匀缓，表情轻松自然、略带微笑，站立时目视品茗者，放置茶具时眼神注视茶具。

2. 鞠躬礼

鞠躬礼常用于表真诚、达敬意，是主客之间的常见礼。鞠躬礼有站式和跪式之分，根据鞠躬的弯腰程度又可分为真礼、行礼、草礼三种。

扫码观看茶艺鞠躬礼

图1－3　真礼

（1）真礼　以站姿为预备，然后将相搭的两手渐渐分开，贴着两大腿下滑，手指尖触至膝盖为止；或两手行至腹前成环抱姿势，然后双手随身体下弯而慢慢下滑至膝盖为止。同时上半身由腰部起向下倾斜，头、背与腿呈接近90°的弓形（切忌只低头不弯腰，或只弯腰不低头），略作停顿，表示对对方真诚的敬意。然后慢慢直起上身，同时手沿腿上提，恢复原来的站姿。鞠躬要与呼吸相配合，弯腰下倾时吐气，直起时吸气（图1－3）。

（2）行礼　要领与“真礼”相同，仅双手滑至大腿中部即止或保持站姿手势，头、背与腿呈120°～135°弓形（图1－4）。

图1－4　行礼

（3）草礼　草礼的站式鞠躬只需将身体向前稍作前倾，两手搭在大腿根部即可或者保持站姿手势，头、背与腿呈150°～165°弓形，余同真礼（图1－5）。

图1－5　草礼

3. 注目礼

茶艺中的注目礼常用于迎送客人。在茶事过程中也会用于泡茶示意以及和品茗者交流。茶艺注目礼应柔和、专注。行礼时，茶艺师上身直立，以眼神注视客人，停留在对方额头与眼睛的三角区域，表情自然或面带微笑，目光可随人自然移动，但不可在目光转移时摇头晃脑、挤眉弄眼。

4. 伸掌礼

伸掌礼常表示“请”和“谢谢”。右手或左手四指并拢，拇指靠近虎口处，手掌略向内凹，侧斜手掌伸于敬奉的物品旁，眼神配合手势同时身体略微前倾表达恭敬，所有动作要一气呵成（图1－6）。

图1－6　伸掌礼

5. 叩指礼

叩指礼是中国独特的饮茶礼仪，是指茶艺师为品茗者斟茶时，品茗者可以用食指和中指轻叩桌面，以致谢意（图1－7）。

（1）长辈给晚辈倒茶　晚辈行答谢礼时，应五指并拢成空拳，拳心向下，敲击桌面，叩手指关节，敲三下即可，表达尊敬。

（2）平辈之间倒茶　对方可用食指和中指并拢，轻敲桌面三下，相当于双手抱拳作揖，以示感谢。

图1－7　叩指礼

（3）晚辈给长辈倒茶　长辈行答谢礼时，长辈可以用食指或者中指在茶杯边缘轻敲一下，以示礼貌，或者轻敲三下，以示欣赏。

6. 奉茶礼仪

奉茶礼仪主要分为奉前礼、奉中礼、奉后礼三种。奉茶时要注意先后顺序，一般先长后幼、先客后主，或统一从左至右。

扫码观看
奉茶礼仪

（1）奉前礼　双手端奉茶盘，约与胸腹中部同高（不可低过肚脐，也不可高过胸部），移步至品茗者前方或侧方约1m处，行草礼［图1－8（1）］。然后向前行一步或小半步，女性采用高低式蹲姿或站姿，男性采用半蹲式或站姿，靠近品茗者。此时品茗者可使用草礼或注目礼回礼。

①单手奉茶：将奉茶盘移至左手，上茶时用右手端茶杯，从品茗者的右方奉上（方便品茗者端取茶杯），奉茶时身体微倾并面带微笑，眼睛注视着对方。

②双手奉茶：将奉茶盘放置于茶桌靠近自己的一侧，双手端起茶杯奉上，奉茶时身体微倾并面带微笑，眼睛注视着对方。

（2）奉中礼　奉上茶之后，右手伸出请姿（参照伸掌礼），并说“请品茶”或“请用茶”，用语可根据实际情况调整。此时品茗者可使用叩指礼回礼［图1－8（2）］。

（3）奉后礼　奉完茶之后，后退一步或小半步，奉茶盘收回至腹前，在离品茗者前方或侧方约1m处，略作停顿行草礼，然后奉茶盘收到体侧，转身，之后离去。在日常生活中，行奉后礼时常省略草礼，视场合正式程度而定。此时品茗者可使用草礼或注目礼回礼。

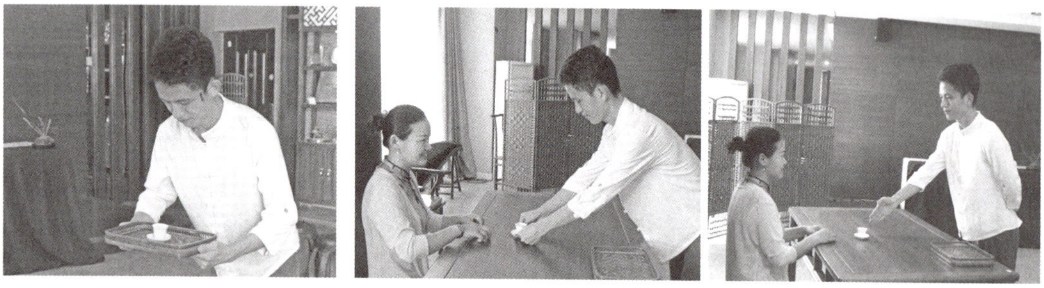

（1）奉前礼　　（2）奉中礼

图1－8　**奉茶礼仪**

7. 语言礼仪

在茶艺展示过程中，茶艺师需做到语言简练、语意正确、语调亲切，使品茗者真正感受到饮茶是一种高雅的享受。

（1）掌握礼貌用语　熟记礼貌用语，如“您好”“请”“对不起”“谢谢”“再见”“早上好”“晚上好”“请坐”“请留步”“请您慢走”“请走好”“多谢您”“不用谢”等。掌握不同场合的礼貌用语，尤其是非正式会谈，茶艺师也要用词谦恭、和敬、高雅，树立礼貌用语的意识。

（2）用语训练方法　需熟练掌握口语技巧，学会在各种场合灵活运用礼貌用语。在具体训练时，可以使用即兴主题演讲、绕口令、特定情景模拟等方式进行强化。

①基本功训练：

语气准确：要求情绪表达到位，社交场合亲切、柔和、顺耳、可信。

语音清脆：要求口齿清楚、字正腔圆，发音正确，音质好，悦耳有磁性。

语调优美：要求有节奏感、音乐感；重点突出，停顿恰到好处；时而如流水淙淙，时而如奔泻瀑布；富有感染力。

语义深刻：要求充满激情，准确表达思想情感。

语速适中：要求说话有快有慢，富有起伏，引人入胜，扣人心弦。

②礼貌用语训练：“您”字随口，“请”字当先。以不同声音、不同腔调、不同体态来说礼貌用语，比较用语的效果。

③语境模拟训练：可以在多人配合下，模拟迎客、送客、奉茶、品茶等场景，结合接待礼仪，练习使用礼貌用语，观察存在的不足，提出改进措施。

④克服不良讲话习惯：在茶事活动中，禁用不专业的术语，在交流中禁用不尊重的语言。在实际交谈中，需要克服抢话、粗话、口沫横飞、手势夸张、心不在焉、口头禅等不良习惯，不断练习并有意识地改正。

七、实验要领

1. 动作要领

站姿训练时，需要双肩舒展略向后扩，忌含胸驼背。训练鞠躬礼时，注意头、颈、背在一条直线，忌头低背弓。

人际交往，贵在有礼。礼不到，意不敬。在奉茶退离时，即行奉后礼时，茶艺师不可退离过快，行礼要有始有终，要匀速退离。

2. 语言要领

语言是人们传达思想情感的符号，在茶艺用语中，除了需要用语文明、规范以外，还应保持语气柔和、语调平缓、语速适中，不可语气冰冷、语调尖锐刺耳、语速极快或极慢，应让声音与茶汤一样有温度，关照他人。

3. 思想要领

礼仪不是一朝一夕就可以养成的，也很难通过几次实验课掌握到位。日常生活中，需注意时时提醒自我，慢慢养成讲礼仪的习惯。在训练时除了动作语言的模仿，更要揣摩其中所蕴含的礼仪内涵与茶艺精神，并慢慢领悟。

在茶事服务及行茶过程中，茶艺师不仅要保持自身愉悦，还需要为品茗者考虑，培养利他思维。只有为他人着想，我们才能冲泡出一杯有人情温度的茶汤，才能带给品茗者更美好的茶饮体验。

八、实验考核

请参照评分标准将实验考核结果填入表1－2，并进行自评与组员互评，综合得分中自评分和小组评分分别占25%，教师评分占50%。

表1－2　茶艺礼仪训练考核测评表

班级：　　　　组别：　　　　姓名：

序号	测评内容	评分标准	分值	自评分	小组评分	教师评分	综合得分
1	鞠躬礼	姿势正确、动作规范	15				
2	注目礼	姿势正确、动作规范	10				
3	伸掌礼	姿势正确、动作规范	10				
4	叩指礼	姿势正确、动作规范	10				
5	入退场礼	姿势正确、动作规范	20				
6	文明用语	使用正确、动作规范	10				
7	奉茶礼	姿势正确、动作规范	25				
合计			100				
整体评价							

九、实验思考

（1）你认为茶艺布具后行注目礼时，目光应注视被行礼者脸部的哪个区域比较合适？为什么？

（2）一般认为“拥抱礼”来自西方，“伸掌礼”起源于东方，你能说出它们之间的区别吗？你能据此分析东西方文化之间的差异吗？

实验三 茶艺服饰与妆容设计

一、实验目的

（1）了解茶艺服饰与妆容设计的要求。

（2）掌握茶艺服饰搭配技巧与妆容设计要领。

（3）培养职业素养，塑造良好的茶艺师职业形象。

二、实验说明

爱美之心人皆有之，服饰妆容是人们在日常生活中追求美的直观体现。服饰与妆容的合理搭配与设计，是人们在美的意识觉醒后十分关注的事情。随着社会的发展，人们的审美观念也在不断变化，服饰妆容则需要与时俱进，与时代精神相契合。茶艺师既要考虑自身的特点与气质，又要融合茶艺主题、茶席设计、环境场合、时代背景等进行妆容设计。茶艺服饰在面料上整体选择天然舒适的材质，设计融入传统元素与东方式人文审美，妆容宜素净、清雅，忌浓妆艳抹。优雅得体的服饰搭配和妆容设计，通常可以修饰茶艺师的形体与面容，提升茶艺师的整体气质与自信，并凸显茶艺主题，为茶艺师塑造良好的形象。

三、实验准备

实验需要准备镜子、茶服、化妆用品、形体教室等。

四、实验学时

实验共2学时。

五、实验方法

1. 教师示范讲解

教师穿着茶服，配合提前准备好的茶事主题，示范讲解。

2. 分组练习

分为男生组和女生组训练。根据教师的讲解进行服饰选择和面部化妆。

3. 点评与总结

教师对各组搭配的服饰与妆容进行点评，教师最后总结。

六、实验步骤

1. 服装选配

茶艺服装既可以是茶艺操作时的艺术演示服装，又可以是一种日常穿着，兼具实用功能与审美功能。茶艺师在茶服选择与搭配中，需要总体把握以下内容。

（1）明确目的　茶服的选择首先要明确为什么穿这件衣服，即穿衣的目的性。茶艺服饰并不完全是为了体现茶艺师的形体美，还需要衬托茶席的主题思想及茶席物品的风格特征。因此，在对服装的选择与搭配上，无论是面料、款式、色彩还是装饰，要从茶艺整体出发，服装选择与搭配体现了茶艺师对茶艺主题思想的理解程度和表现能力，主题理解越准确，所选服装的表现力就越强烈、越典型，为茶艺演示加分。茶艺服装通常选择天然舒适材质的面料，如真丝、亚麻、棉和织锦缎等，既展现质感，又凸显传统韵味。

（2）搭配完整　服装的完整性要有全面、整体的考虑，不能把上衣下裳、穿鞋戴帽、衬里外套等的选择与搭配分开。例如，在款式上，上衣宽大，必下裳长瘦；裙、裤宽长，必上衣短小、紧束；又例如，在色彩上无论是统一色还是非统一色，都要给人一种完整的视觉感。

（3）体形肤色协调　人的体形各不相同，服装选择时需根据体形从款式和色彩上调整，以达到扬长避短的效果。服装的颜色搭配，永远是建立在皮肤的颜色基础之上。因此，选择服装的色彩，要以人的肤色为基准。基本方法是同类色相配，即同一色系的深浅、明暗不同的颜色相配；同类色相配，即色相邻近的颜色相配；强烈色相配，即色相差异极大的颜色相配；互补色相配能形成鲜明的对比，也常会得到较好的效果。

2. 配饰搭配

配饰是指在服装基础上配以饰物，通常会在不经意间体现一个人的生活品位。茶服上的饰品数量不宜多，常不超过三件，若同时佩戴两件或者三件饰品时，要保持色彩与质地一致；体积不宜大，重在精致和谐；宜追求经典不宜追求流行；饰品不宜过于贵重，泡茶时不宜佩戴过于隆重的珠宝首饰；饰品选择要符合性别、年龄、职业等，还要起到扬长避短的作用，突出体态、脸型等优势，并配合茶席设计与茶艺主题；由于地区、民族不同，要对饰品佩戴不同的含义有一定了解。

3. 发型选择

发型能够在一定程度上修饰人的容貌。发型选择要考虑与自身脸型、体形、年龄、职业、服饰相协调。茶艺演示的发型，首先要符合茶席的整体风格，然后再根据茶艺师的体形与脸形作进一步的设计，总体要求是高雅、大方。茶为饮品，讲究卫生。在茶事活动操作中，注意发型的整洁、干净，操作中不能让发丝散落到茶汤中，影响品饮者的品鉴感受。

4. 妆容设计

化妆是一种面容美化的方式，常可弥补自身形象的缺陷或不足，起到提升气质表达个性的效果。面容是人最生动、最丰富、最迷人的部位。面容之美包含了面容的自然之美和装扮之美。自然之美是基础，装扮之美则是锦上添花。面容之色和服装之色距离最近，相互的影响也最明显。因此，一旦选定服装之后，就要针对服装的颜色对面容进行必要的美化。茶艺妆容讲究自然、柔和、清雅，凸显茶人个性与气质，与茶席相融；忌讳妆容夸张、浓重。化妆基本程序如图1－9所示。

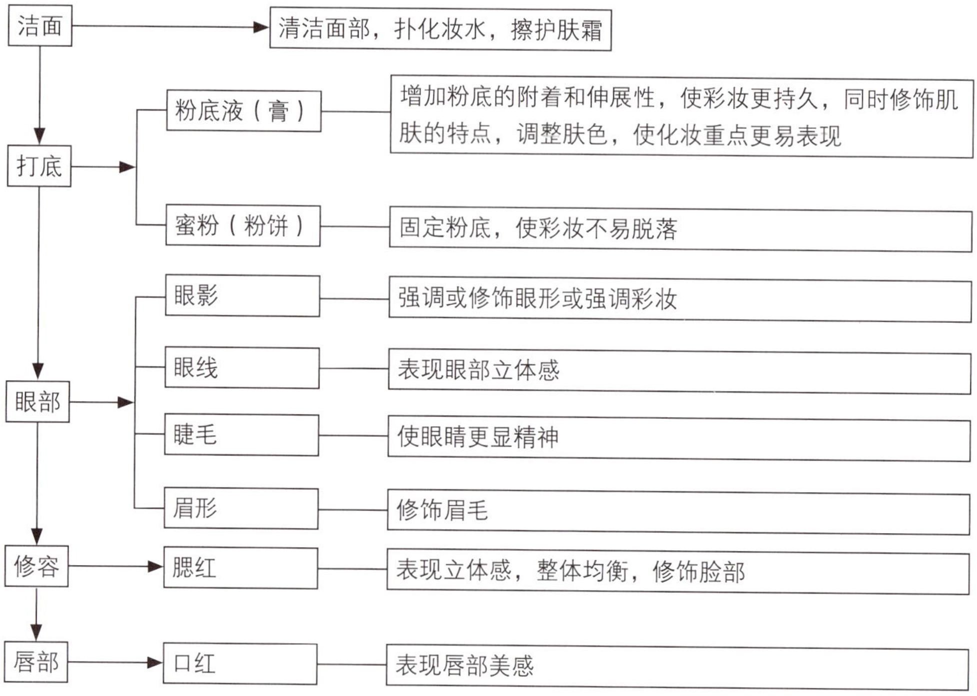

图1－9 化妆基本程序

（1）洁面

①清洁面部：用温水及洁面乳彻底洗去脸上油脂、汗水、灰尘等污秽，以使面部光洁。

②扑化妆水：根据皮肤的性质，选用适合的化妆水轻扑前额、面颊、鼻梁、下巴等处，轻拍至干。化妆水除补水功效外，还有收紧毛孔的功能。

③擦护肤霜：使用适量的护肤霜，能润泽皮肤，还能起到隔离防护的作用，减少皮肤受到的外部刺激。

（2）打底

①基础底色：底色是妆面的基本颜色，也叫基调，它应当与自己的皮肤融为一体，无化妆痕迹。遮瑕膏、粉底霜、影色、亮色统称为底色。上底色时应该用轻拍和边拍边擦的方法，拍打着涂上去，这样与皮肤结合得牢，附着力强，看上去自然。影色和亮色是用来增强脸型立体感的，当然也可以使用深浅不同的粉底霜来达到这种效果。另外，还要照顾到发际线、脖子、耳后及领口露出的皮肤。

②定妆：为使底色固定而不易脱落，扑上一些香粉，称为定妆。香粉要涂得薄而均匀，为达到这样的效果，应该先把香粉沾到粉扑上，用手仔细揉一揉，然后再扑，多余的要用面刷拂掉。香粉的颗粒越细，效果越好。

（3）眼部

①眼影：眼影可以起到强化眼睛印象的作用，能帮助人传达、交流感情，同时起到强化面部立体感的作用。眼影的颜色有冷色、暖色之分。如果希望使人感到温和，应使用暖色，如红色、淡红色、褐色等；如果希望显得轻松活泼，可用冷色，如蓝色、绿色等，不过总体要与服饰相搭配。眼影一定要晕染得浓淡均匀，不可界限分明。

②眼线：眼线能使眼睛轮廓清晰，明亮而传神。画眼线一般遵循“上粗下细，上七下三”的原则，但不建议茶艺师采用浓重的眼线。

③睫毛：为了更好地表现眼睛的神采，使眼睛更生动，可以用睫毛器将睫毛卷好，然后用睫毛膏从睫毛根部刷向睫毛末梢，但不要涂得太多，以免睫毛粘连在一起影响美观。

④眉形：将已修整好的眉形略加整理，然后顺着眉毛生长的方向一笔一笔地画，体现出眉的质感。眉头与眉尾淡些，中间颜色深一些。

（4）修容　化妆时在面颊上涂上适量的腮红，即胭脂，也称面颊红。腮红不仅使人的面部具有红润柔美的健康肤色，同时还可以调整与修饰脸形。不同脸形的人抹腮红的方法是不同的，如圆脸形的腮红应是长条形的；长脸形的腮红应刷得宽些，向鬓角晕染。腮红应高不及眼睛，低不过嘴角，从眼睛长度的1/2处，轻轻晕染，应注意与面部肤色的过渡要自然，之后要扑粉定妆。

（5）唇部　在化妆时，唇部是仅次于眼部的重要部位。涂唇膏既可以改变不理想的唇型，又可使双唇更加姣美。首先，用唇线笔描好唇线，确定唇形。方法是从嘴角向中间画，唇线笔的颜色略深于唇膏的颜色。其次，涂唇膏。唇膏颜色根据年龄、肤色、服装、环境、职业等因素综合进行选择，唇膏应涂得均匀，而且不能超出唇线。最后，用纸巾吸去多余的唇膏，检查嘴角有无漏涂，牙齿上有无唇膏的痕迹。

扫码查看茶艺服饰与妆容设计

七、实验要领

（1）茶艺服饰搭配和妆容设计，在结合茶艺师自身形象的基础上，一定要从茶艺整体出发，服务于茶艺主题。

（2）男性茶艺师的妆容设计可以简单，能体现男性阳刚、儒雅、大方的气质即可。女性茶艺师的妆容相对细腻些，需体现女性的阴柔、优雅、端庄。

（3）茶艺服饰选择和妆容设计是茶艺师形象塑造的重要组成，它需要在平时生活中不断积累，逐渐形成茶艺师或茶艺人员的风格定位。

八、实验考核

请参考评分标准将实验考核结果填入表1－3，并进行自评、组员互评与教师点评。综合得分中自评分和小组评分分别占25%，教师评分占50%。

表1－3　茶艺服饰与妆容设计考核测评表

班级：　　　　组别：　　　　姓名：

序号	测评内容	评分标准	分值	自评分	小组评分	教师评分	综合得分
1	形体搭配	选择服装与个人体态匹配，能够扬长避短，提升个人形象气质	20				
2	肤色协调	服装颜色与肤色相衬，显得肤色白皙，提升气色	15				
3	服务便利	服饰发型便于茶事操作，且与茶艺主题吻合度高	15				
4	配饰搭配	配饰小巧精致，与服装协调，能提升茶艺师的气韵	15				
5	发型选择	发型整洁清爽，高雅大方。女士无碎发、刘海轻薄不遮眼；男士发长不齐领、不遮眼、不掩耳。发型设计合理，与个人脸型、体态相符，也合茶性，利于行茶操作	20				

续表

序号	测评内容	评分标准	分值	自评分	小组评分	教师评分	综合得分
6	妆容设计	清雅自然，与自我形象相合，与茶性相宜，凸显茶艺师及茶艺人员的气质	15				
		合计	100				
整体评价							

九、实验思考

（1）假如学校计划在国际茶日举行一次茶会，用于推广茶饮，你将参与这次活动。请你为参与这次茶会的茶艺师及工作人员挑选服饰并设计妆容。

（2）假如某茶企为庆祝企业成立10周年，为答谢客户，将举办一次品鉴茶会。你是公司的茶艺师，请为自己设计一个参会形象。在形象设计时，需要考虑哪些内容与事项？

本章拓展

1. 拓展阅读

西蔓色研中心．色彩搭配设计师培训教程[M]．北京：中国纺织出版社，2013.

张玲．形体礼仪[M]．武汉：华中科技大学出版社，2014.

朱海燕．中华茶道·礼仪之道[M]．北京：中国农业出版社，2020.

李书玲．优雅人生从形体礼仪开始[M]．长春：吉林出版集团股份有限公司，2022.

彭林．礼乐中国[M]．杭州：浙江文艺出版社，2022.

2. 拓展课程

学银在线《礼仪文化与形体训练》（中国地质大学，周黎主讲）

中国大学MOOC（慕课）《中华茶礼仪》（湖南农业大学，朱海燕主讲）

学堂在线《中国古代礼仪文明》（清华大学，彭林主讲）

3. 拓展实践

课后每天抽出15min以上进行瑜伽练习或舞蹈练习，帮助身体拉伸，也可以使用手机应用程序帮助锻炼和身材管理，有利于塑造良好的体型。

第二章

茶艺基础动作训练

本章导读与思政点

欲成惊人艺，必练基本功。本章为茶艺基础动作，包括取具、备具、布具、投茶、冲泡等基础操作规范。通过训练，能根据茶类准备相应茶具，能科学艺术地布置茶具，还能科学优美地完成投茶、注水、奉茶等基本步骤。在训练中，体会到中国茶艺动作所蕴含的和谐、含蓄之美，培养出良好的泡茶节奏，并在生活与茶事活动中能正确运用茶艺动作冲泡茶叶；通过基础动作的反复训练与提升，培养精益求精的工匠精神；通过布局训练，提升对美的感悟能力，增强文化自信。本章是茶艺实践的基础，熟练操作茶艺动作，展现出茶艺动作韵味，是一名合格的茶艺师的基本素养。

实验四 取具动作训练

一、实验目的

（1）了解行茶过程中取具操作手法的要求。

（2）掌握合理的茶巾使用、取放器物、提壶、持盅、翻杯和握杯碗等动作技巧与要领。

（3）通过基础动作的反复练习，培养精益求精和善始善终的工匠精神。

二、实验说明

泡茶是生活常事，但是要真正泡好茶却是一门技术兼艺术。茶叶冲泡是由取具、净具、置茶、冲泡等过程组成的，本章实验将泡茶过程分开训练，再连贯起来完成整个流程的训练。本次实验取具动作主要训练茶巾折叠及取用技巧、取放器物方法、提壶手法、盖碗握法、持盅手法、握杯手法、翻杯手法。如果想成为一名优秀的茶艺师，必须经过反复练习，从最基本的动作开始。

三、实验准备

实验需要准备镜子、音乐、茶艺室、全套基础茶具。

四、实验学时

实验共2学时。

五、实验方法

1. 教师示范讲解

教师依次示范各物件的拿取方法。

2. 分组练习

班级同学分组练习。

3. 点评与总结

教师点评并总结各组的拿取手法。

六、实验步骤

1. 茶巾折叠及使用技巧

（1）长方形茶巾折叠法（八叠式）　将茶巾反面朝上平放在操作台上；分别在茶巾上下左右1/4处折叠；将折叠好的茶巾两面重合即可（图2－1）。

（2）正方形茶巾折叠法（九叠式）　将茶巾反面朝上平放在操作台上；分别在茶巾上下左右1/3处折叠；将折叠好的茶巾两面重合即可（图2－2）。

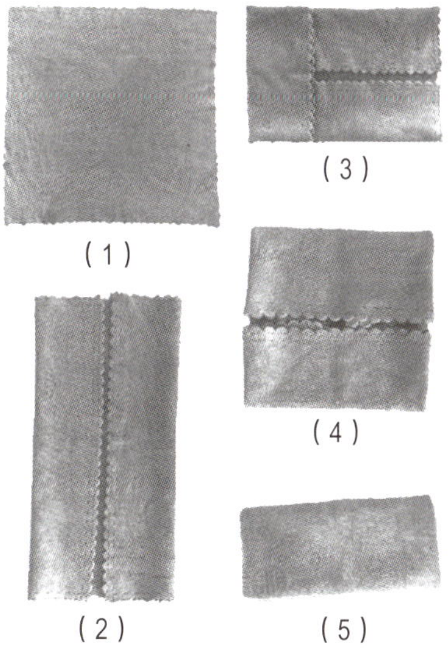

图2－1　长方形茶巾折叠法（八叠式）

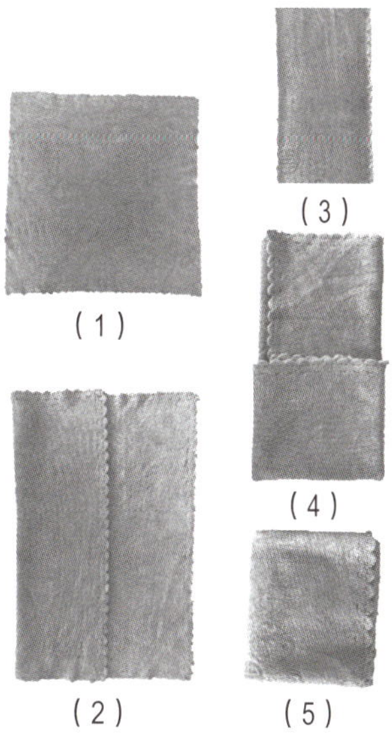

图2－2　正方形茶巾折叠法（九叠式）

（3）茶巾拿取及使用

①双手取巾：双手平伸，掌心向下，虎口呈弧形，手指斜搭在茶巾两侧，双手捞起茶巾向内翻转，掌心朝上，大拇指与其余四指夹住茶巾，平放入茶盘或茶桌。

②单手取巾：右手掌心向下，四指并拢，大拇指分开，虎口呈弧形捏取茶巾，移动并提起茶巾交予左手；左手掌心向上，四指并拢，大拇指分开，虎口呈弧形接握住茶巾，然后右手向外翻转为掌心向上，与左手共同托握茶巾。

在分汤或奉茶时，当桌面有茶水滴落，需要使用茶巾及时清理，此时可用左手捏取茶巾蘸取茶渍。若左手托杯，则右手取用茶巾。

2. 取放器具方法

取放器具主要有捧取法和端取法。捧取法多用于捧取茶叶罐、茶筒、花瓶等立式物件；端取法多用于端取赏茶盘、茶巾盘、扁形茶荷、茶匙、茶点、茶杯等。以茶艺基础坐姿为预备姿势。

（1）捧取法

①将置放于桌面的双手缓缓提升，向外转动手腕，使两手掌心呈圆弧状相对。

②将两手慢慢移动到需捧取的物品上，双手虎口相对卡住物品且食指、中指、无名指与小指四指并拢。

③将物品先平缓捧至自己胸前，再慢慢地捧至所需位置。

（2）端取法

①将置放于桌面的双手缓缓提升，向外转动手腕，使两手掌心呈圆弧状相对。

②将双手慢慢移动到所取物品附近，继续转动手腕，双手手心向上，掌心下凹似荷叶状，食指、中指、无名指与小指四指并拢托住物品下方，大拇指护住物品的边缘，轻缓将物品端起，平稳移动物品。

③慢慢将物品端至所需位置。

3. 提壶手法

手提壶时，需要容易掌控、操作自如、手势优美。双手提水壶，右手为实，左手为虚，左手五指并拢护茶壶，先移至胸前，再移至右侧，放下水壶。但200mL以上的大型壶应双手操作，提壶与按钮由左右手分开操作；200mL以内的小型壶则单手操作，提壶与按钮由一只手操作，或另一只手同时虚护。

（1）侧把壶（壶嘴与壶把呈180°）

①小型壶：右手拇指与中指勾住或捏住壶把，食指前伸呈弓形压住壶盖的盖钮或其基部，无名指与小拇指并拢抵住中指，提壶［图2－3（1）］。

②中型壶：右手食指、中指勾住壶把，大拇指按住壶盖一侧，提壶。

③大型壶：右手食指、中指勾住壶把，大拇指与食指相搭；左手食指、中指按住壶

钮或盖，双手同时用力提壶。

（2）握把壶（壶嘴与壶把呈90°）　握把壶，右手大拇指按住盖钮或盖一侧，其余四指握壶把，提壶［图2－3（2）］。提飞天壶手法与此相似。

（3）提梁壶

①单手提法：右手虎口分开，大拇指与中指置于提梁中偏后侧，平衡握住提梁两侧外壁，食指伸直搭于提梁上方，中指、无名指、小指弯曲勾住提梁（女士常用）。右手虎口分开，掌心向上，大拇指与中指置于提梁中间，平衡握住提梁上下方，食指、无名指、小指稍弯曲勾住提梁（男士常用）［图2－3（3）］。

②双手提法：大型壶（如水壶）可用双手。右手握提梁把，左手食指、中指按住壶的盖钮或盖一侧；或者左手上托握折叠茶巾，托于壶底［图2－3（4）］。

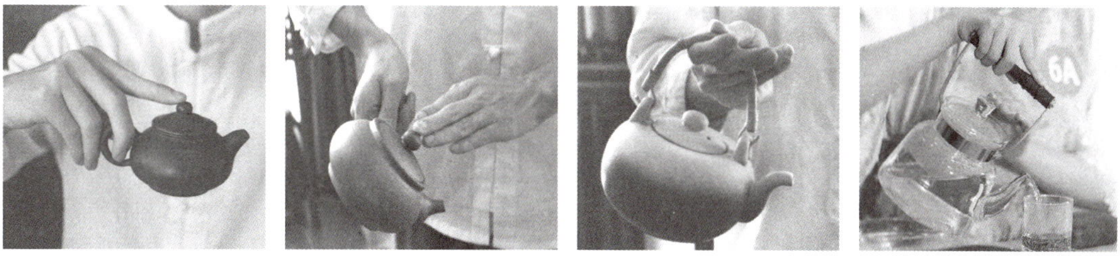

（1）侧把壶（小型壶）　（2）握把壶　（3）提梁壶（单手提法，男士）　（4）提梁壶（双手提法，女士）

图2－3　**提壶手法**

4. 盖碗握法

单手虎口分开，大拇指与中指对称扣在碗身两侧沿口，食指屈伸按住盖钮凹处，无名指与小指自然搭扶中指或碗壁。如果盖碗偏大或偏重，可用左手指尖轻托碗底（图2－4）。

图2－4　**盖碗握法**

当需要将盖碗连托端起时，可以双手将盖碗的碗托端起，然后以左手大拇指、食指、中指捏住碗托边沿，右手大拇指、食指、中指三指捏住碗盖盖钮。

5. 持盅手法

茶盅又名公道杯、茶海。圈顶式盅的盅顶有一圈环，是盅口的地方，也是持盅的所在，一般配有盅盖。壶式盅的形式如同茶壶，有柄、有盖。杯式盅的杯口处有便于倒水的流道，分为有柄盅和无柄盅。

（1）圈顶式盅持法　用拇指与中指夹住圈顶，食指按住盅钮，其余两指抵住圈顶下方，与拇指、中指成三角鼎立之势。还有一种无明显圈顶的盅，只是在盅口两侧或下缘加上配件更方便拿取，拿取方法同上。

（2）壶式盅持法　拿取法同提茶壶。

（3）杯式盅持法　以单手持柄，用大拇指、食指、中指捏住盅柄，无柄的杯式盅则单手虎口分开握住茶盅的中下段。

6. 握杯手法

根据茶杯的大小、有无杯柄，手法也各有不同。

（1）大茶杯握法　对于无柄大茶杯，单手虎口分开，轻扶住杯身中下部，也可用另一手指尖轻托杯底或轻扶杯身；对于有柄大茶杯，右手大拇指与食指相搭握杯柄，中指勾住杯柄，无名指与小指靠住中指，也可用左手指尖轻托杯底或轻扶杯身。

（2）握品茗杯手法　以单手虎口分开，拇指和食指扶住杯身，中指托住杯底，无名指和小拇指自然弯曲并拢靠中指，此端杯法俗称“三龙护鼎”（图2－5）。此外，也可以单手虎口分开，食指、中指、无名指、小拇指自然弯曲，与拇指相扶杯，或同时以另一手中指尖托杯底。

图2－5　**品茗杯握法**

（3）闻香杯握法

①单手握杯：右手虎口分开，手指虚拢至握空心拳状，将闻香杯直握于拳心；也可双手掌心相对虚拢作合十状，除拇指外的四指将闻香杯捧在两手间；还可用单手的大拇指和其余四指握闻香杯的杯身。

②双手握杯：双手虎口相对，用双手的食指、中指与大拇指握住闻香杯中下端，闻香时轻轻移动至鼻端。

7. 翻杯手法

茶杯主要分为无柄杯与有柄杯，翻杯手法略有差别。

（1）翻无柄杯　右手手腕放松，五指并拢，虎口向下，手背向左（即反手），握住茶杯的左侧基部或杯身。左手位于右手手腕下方，用大拇指和虎口部位轻托在茶杯的右侧基部或杯身。双手翻杯，待杯口朝上，双手相对捧住茶杯，然后轻轻放下。对于很小的品茗杯、闻香杯，可用单手动作，或双手同时单独翻杯：即手心向下（虎口在下，反手），用大拇指与食指、中指三指扣住茶杯外壁，向内转动手腕成手心向上，然后轻轻放下。

（2）翻有柄杯　茶杯杯柄向左倒扣，经翻转后，茶杯杯柄在右。右手手背向左（即反手），虎口向下，用大拇指与食指、中指三指捏住杯柄，无名指与小指靠近中指，左手手心朝上，用大拇指、食指与中指轻扶茶杯右侧基部。双手扶住杯身稍微上移，然后将茶杯向右翻转至杯口朝上，双手轻轻将茶杯放下。同时向内转动手腕，茶杯翻好轻置于杯托或茶盘上。

七、实验要领

（1）茶巾取放时，其折痕需要朝向自己，不宜对外，影响美观。取放物品时动作要轻巧，爱惜器物，不可发出剧烈的声响。

（2）训练时要遵循圆活、连贯的原则。每个动作都要严格按照示范操作训练到位，注重细节。

（3）欲精其艺，日练其技。基础动作训练没有捷径，只有反复练习，不断感悟，不断精进。

八、实验考核

请参考评分标准将实验考核结果填入表2－1，分别从取具动作的手法正确、动作规范等角度进行评价。

表2－1　取具动作训练考核测评表

班级：　　　　组别：　　　　姓名：

序号	测评内容	评分标准	分值	扣分	扣分记录
1	茶巾的折叠与使用	手法正确、动作规范	15		
2	取放器物	手法正确、动作规范	15		
3	提壶方法	手法正确、动作规范	15		
4	持盅手法	手法正确、动作规范	15		
5	翻杯手法	手法正确、动作规范	20		
6	握杯碗手法	手法正确、动作规范	20		
合计			100	总分	
整体评价					

九、实验思考

（1）试从中国传统文化及茶文化的视角分析这些手法所蕴含的内涵？

（2）请尝试将取具操作动作要领编为顺口溜，方便记忆。

（3）茶巾折叠需要符合美观小巧的原则，除了上文所介绍的折叠法，是否还有其他方法？请进行尝试。

实验五 投茶与冲泡动作训练

一、实验目的

（1）了解投茶与冲泡的动作要求，理解投茶量与茶汤品质之间的关系。

（2）掌握取茶、投茶和冲泡动作的操作技巧与要领。

（3）规范行茶动作，提升专注力，培养精益求精的工匠精神。

二、实验说明

投茶是茶叶冲泡过程中十分关键的一个环节，需要反复练习。投茶方式的不同也会在一定程度上影响茶汤的口感，上投法、中投法、下投法各有讲究。此外，投茶量大，冲泡过程变得不好控制，冲泡出来的茶汤容易出现苦涩味；投茶量不足，则会导致茶汤滋味不饱满，风味不足，茶韵表现得不充分，只有合适的投茶量才能泡出一杯风味特征明显的茶汤。冲泡手法是茶艺程序的重要组成部分，合适的冲泡注水手法不仅能成就一杯完美的茶汤，也常能带给品茗者高雅的艺术享受。泡茶动作完整、流畅自然、圆融连绵，姿势优美端庄、形神兼备，可提升品饮情趣，帮助品茗者体会茶艺之美。

三、实验准备

实验需要准备茶艺室、镜子、电子秤、水壶、茶叶、茶荷、玻璃杯等。

四、实验学时

实验共2学时。

五、实验方法

1. 教师示范讲解

教师依次示范讲解各取茶、投茶和冲泡手法。

2. 分组练习

班级同学分组练习。

3. 点评与总结

师生共同点评各小组取茶、投茶和冲泡手法。

六、实验步骤

1. 取茶、投茶训练

（1）茶叶罐取茶　运用实验四的捧取法将茶叶罐移至胸前。

①直接取茶：左手虎口张开握住茶叶罐身，右手取下茶罐盖放于胸前右侧。右手托住茶叶罐，左手握住罐身向右倾斜旋转至茶叶倒出于茶荷中。此外，也可左手握住茶叶罐向右倾斜，右手持辅助器具将茶叶从罐中拨出。

②用茶则取茶：对于颗粒型等较为紧结重实的茶叶，可以选用茶则取茶。提前将茶则取放于胸前或近右手边。左手虎口张开握住茶叶罐身，右手取下茶罐盖放于胸前右侧，然后右手取茶则。将茶叶罐倾斜于近茶荷正上方，将茶则伸进茶叶罐中，将茶叶罐轻轻向外旋转，茶则向内旋转，两者呈相反方向，茶叶则会自动滑落入茶则内，最后将茶则内的茶叶倒置茶荷中。

③用茶匙取茶：对于条索形的茶叶，可以选用茶匙取茶。提前将茶匙取放于胸前或近右手边。左手虎口张开握住茶叶罐身，右手取下茶罐盖放于胸前右侧，然后右手取茶匙。将茶叶罐倾斜于近茶荷正上方，将茶匙伸进茶叶罐中，将茶叶轻轻向外拨出于茶荷中。

④其他取茶方式：对于极为细秀的茶叶，可选用茶针拨茶入茶荷。块状茶叶，则可以使用茶夹夹取茶叶置茶荷中。取茶毕，放回茶则或茶匙，然后合盖，将茶叶罐放回原处。

（2）茶荷赏茶

①取用茶荷

a.托姿。对于长条形茶荷，可以选择托姿赏茶。左手端取茶荷，虎口呈弧形，手心朝右，四指并拢，握住茶荷移至胸前方。然后右手捏住茶荷右侧，右手大拇指在上，四指并拢在下，接着左手滑动至左侧捏住茶荷，捏姿同右手。

b.捧姿。对于圆弧形茶荷，可以选择捧姿赏茶。左手端取茶荷，手心朝右，四指并拢，虎口呈弧形，握住茶荷移至胸前方。接着右手拇指并拢轻托茶荷右半部，左手拇指并拢移到茶荷下方托住左半部，双手大拇指护住茶荷两侧，呈捧姿。

图2－6　**赏茶**

②赏茶：双手托或捧茶荷，将茶荷开阔的一面略倾斜着向品茗者展示，双臂呈放松的弧形，身体挺直，腰带着身体匀速从左转至右，目光与品茗者交流。赏茶毕，将茶荷放回原处。此外，男士也可以使用单手托茶荷直接赏茶（图2－6）。

图2－7　**投茶**

（3）茶荷投茶　以坐姿进行说明（图2－7）。

①茶荷横放

a.双手平伸，掌心向下，虎口呈弧形，手指斜搭在茶荷两侧，拇指和其余四指握着茶荷两侧，注意四指并拢且手不要直接捏着茶荷口。

b.右手位置不变握持茶荷右端，左手放入茶荷下方托起茶荷，掌心为空。

c.收回右手，使茶荷水平置于桌面，此时茶荷为水平放置状态，称为茶荷横放。

d.左手手背向外，手心朝内，可以不使用茶匙直接将茶投入茶杯中，也可以持茶匙（右手持茶匙，右手虎口呈圆形，掌心为空）将茶叶轻缓拨入杯内，投茶时注意茶匙的运动轨迹应呈圆形，具有跳动美感。

②茶荷竖放：与茶荷横放步骤相同，仅与茶荷横放的不同之处为第三步为收回右手，左手手腕顺时针旋转90°，使茶荷垂直置于桌面，此时茶荷为垂直放置状态，称为茶荷竖放。

对于一些特制茶叶罐或者出于茶艺节目的设计需要，也可以简化程序，直接使用茶叶罐赏茶与投茶。

（4）玻璃杯投茶　在使用玻璃杯冲泡绿茶时，根据注水、投茶方式的不同可分类为上投法、中投法和下投法。其原则是使茶叶尽快吸水下沉，出香、出味。

①上投法：先在玻璃杯中注七分水，然后向杯中投放茶叶。

②中投法：先在玻璃杯中注三分水，放入茶叶，轻轻摇杯使茶叶与水初步浸润，然后再向杯中注满至七分。

③下投法：先在杯中放入茶叶，然后再向杯中注满七分水使茶叶充分浸泡。

扫码观看茶艺上投、中投、下投法

2. 注水手法

冲泡时的动作要领：眼神与动作要和谐自然，头正身直、目不斜视；双肩齐平、沉肩垂肘，运用手腕的起伏带动手部的动作，忌肘部高高抬起。

在泡茶过程中，若用右手冲泡，则左手轻搭或半握拳搁放在桌上。注水练习时，可以尝试将水注入另外一个很细的壶嘴中，观察能否让水柱均匀有力，训练控制水柱的能力以及专注度。

（1）单手回转注水法　单手提水壶手腕逆时针回转，使水流沿茶壶口（茶杯口）内壁流入茶壶（杯）内。

（2）双手回转注水法　如果水壶比较沉可用此冲泡法。双手取茶巾置于左手手指部位，右手提壶，左手垫茶巾于茶壶底部；右手手腕逆时针回转，令水流沿茶壶口（茶杯口）内壁流入茶壶（杯）内。对于体积较大或壶盖易脱落的水壶可用此法：右手提壶，左手手指（拇指中指食指）压住茶盖；右手手腕逆时针回转，使水流沿茶壶口（茶杯口）内壁流入茶壶（杯）内。

（3）凤凰三点头注水法　提壶靠近茶杯（盖碗）口注水，再提腕使水壶提升至空中某一个高度，接着压腕将水壶拉低靠近茶杯（茶碗）继续注水。如此反复三次，恰好注入所需水量即提腕断流收水。

扫码观看凤凰三点头注水法

整个过程水流要起伏有度、流畅自然、稳定均匀、不断流，在起始注水与结束收水时动作要干净、不滴水。悬壶高冲法与之手法类似，只是不强求上下起伏3次。

（4）回转高冲低斟法　单手或双手均可，提水壶至器具右侧，逆时针绕圈至器具前、左、后打一圈低注水，再提高水壶使水流在器具中心处持续注入，直至所需水量时压腕低斟（同回转手法），到所需水量后提腕断水。

（5）定点注水法　提壶靠近茶杯（茶壶）上方或杯壁，找准一个注水点，固定此点匀速注水，根据情况选择高注水或低注水。如果从茶杯（盖碗）上方45°处注水，让水流顺着杯碗壁带动茶叶旋转起来，也称为定点旋冲法。

七、实验要领

注水练习时，除了可以尝试将水注入另外一个很细的壶嘴中，还可以尝试用“高吊水”的手法，将水流吊得又高又细，让水柱均匀而有力地注入茶壶或玻璃杯中。练习过程中，注意水流不可洒出或断流，水柱要均匀。以上练习可以训练茶艺师控制水柱的能力以及专注度。

泡茶注水时，忌耸肩、斜肩，头部、身体严重倾斜，臂肘抬得过高。身体需要保持中正平和、双肩放松，善于应用腕部力量，提腕压腕交替灵活。

注水手法与冲泡水温、时间密切相关。水流细而长，水流到达茶壶（杯）的时间较长，水温自然降低；相反，水流粗而短，水温保持较高。注水的手法还影响到水流的冲击力，有的手法温柔，茶汤绵软；有的手法刚劲，茶汤强烈。因此不同注水手法，会造成茶汤风味有所不同。

泡茶过程中要求“道法自然”掌握好以下三个度。第一，动作力度不可太强，也不可太弱；太强显生硬，太弱无精打采。第二，动作速度不可太快，也不可太慢；太快显节奏紧促，太慢又显疲沓。第三，动作幅度不可太大，也不可太小；太大夸张，太小不潇洒。

八、实验考核

请参考评分标准将实验考核结果填入表2－2，分别从基础动作的手法与操作角度进行评价。

表2－2　投茶与冲泡动作训练考核测评表

班级：　　　　组别：　　　　姓名：

序号	测评内容	评分标准	分值	扣分	扣分记录
1	玻璃杯投茶	手法正确、动作规范	20		
2	茶荷投茶	手法正确、动作规范	20		

续表

序号	测评内容	评分标准	分值	扣分	扣分记录
3	回转注水法	手法正确、动作规范	20		
4	凤凰三点头法	手法正确、动作规范	20		
5	回转高冲低斟法	手法正确、动作规范	20		
合计			100	总分	
整体评价					

九、实验思考

（1）哪些茶适合茶荷横放投茶，哪些茶适合茶荷竖放投茶？

（2）玻璃杯投茶中的上投法、中投法、下投法三种投茶方式分别适合什么样的绿茶？

（3）比较不同注水方式对茶汤品质的影响。

（4）冲泡黑茶和乌龙茶，分别适合应用哪种注水手法，为什么？

（5）反复练习定点注水、环圈式注水、凤凰三点头，找到注水的诀窍，并感悟它们之间的相通性。

（6）从你的训练中，是否可以体悟到“五百次郑重其事地提起，只为一次从容典雅地放下”这句话。谈谈你对这句话的理解？

实验六 备具与布具训练

一、实验目的

（1）了解茶艺备具与布具的要求，理解备具与布具的基本原则。

（2）掌握玻璃杯、盖碗和紫砂壶茶艺的器具准备与摆放方法。

（3）培养良好的准备意识与秩序意识。

二、实验说明

器为茶之父。种类繁多、质地精良、造型美观的茶具能营造良好的意境，提升品茗的乐趣。不同的茶类需搭配合适的茶具，才能更好地呈现茶的色香味，充分释放茶性。备具布具需满足泡茶的实用功能，符合操作的科学性与程序性；也要考虑茶具的造型、色彩、纹饰、材质等因素，使茶席整体美观雅致，具有一定的艺术欣赏性。具体而言，茶具选择需要与茶性相符合，与环境、季节相适应，茶具相互间功能相协调，茶具与茶艺主题风格相搭配。备具时需考虑周全，器具不多余、不遗漏；布具时，茶具摆放要科学合理、美观大方。

本实验主要训练玻璃杯、盖碗和紫砂壶茶艺的基础备具和布具。

三、实验准备

实验需要准备茶艺室、桌凳、水壶、品茗杯等，主要实验器具见表2－3。

表2－3　备具布具主要实验器具

种类	器具名称	容量、尺寸或其他备注
泡茶用具	白瓷壶	容量：140mL，160mL，200mL
	不同花色瓷壶	容量：140mL，160mL，200mL
	玻璃壶	容量：140mL，160mL，200mL
	紫砂壶	容量：110mL，130mL，160mL
	白瓷盖碗	容量：140mL，160mL，180mL
	不同花色瓷质盖碗	容量：140mL，160mL，180mL
	不同花色陶质盖碗	容量：140mL，160mL，180mL
	玻璃盖碗	容量：140mL，160mL，180mL
盛汤用具	白瓷公道杯	容量：200mL，250mL，300mL
	不同花色瓷质公道杯	容量：200mL，250mL，300mL
	不同花色陶质公道杯	容量：200mL，250mL，300mL
	玻璃公道杯	容量：200mL，250mL，300mL
	紫砂公道杯	容量：200mL，250mL，300mL
品茶用具	白瓷品茗杯	容量：25mL，30mL，50mL，70mL
	不同花色瓷质品茗杯	容量：25mL，30mL，50mL，70mL
	不同花色陶质品茗杯	容量：25mL，30mL，50mL，70mL
	玻璃品茗杯	容量：25mL，30mL，50mL，70mL
	紫砂品茗杯	容量：25mL，30mL
	紫砂闻香杯	容量：25mL，30mL

续表

种类	器具名称	容量、尺寸或其他备注
盛茶用具	茶叶罐	各种花色
	茶荷	各种花色
盛水用具	水盂	各种花色
煮水用具	随手泡	1200mL
	电陶炉	最大功率1500W（功率可调节）
	玻璃提梁壶	1200mL
	陶瓷提梁壶	1200mL
其他用具	席布 / 桌布	各种花色
	茶帘	各种花色
	茶旗	各种花色
	茶道组	茶匙、茶则、茶针、茶漏、茶夹、茶筒
	茶滤	各种花色
	茶巾	各种花色
	茶匙架	各种花色
	盖置	各种花色
	杯垫	各种花色
	壶承	各种花色
	奉茶盘	各种花色
	茶桌	木质
	凳/椅	木质

四、实验学时

实验共4学时。

五、实验方法

1. 教师示范讲解

教师做整体示范与分步骤示范讲解。

2. 分组练习

三人一组，在茶艺室选取相关器具，然后分工、协作练习。

3. 点评与总结

小组成员相互评价，再由小组代表展示布具，由教师及其他小组成员参与评价，并评选出优秀准备小组。

六、实验步骤

备具与布具形式多样，本实验的备具与布具形式作为参考，其他符合实用和美观要求的形式皆可参考。

1. 玻璃杯茶艺的备具与布具

玻璃杯茶艺的备具与布具主要有两种形式：一种是将茶具备好，放在泡茶盘（下方简称茶盘）中，再端盘到茶桌布置茶席；另一种是直接将准备好的茶具摆放在茶桌相应位置，完成布具。本茶艺布具中的泡茶盘也可用茶席布等铺垫物替代，席布大小尺寸及色调搭配合理即可。

（1）端盘备具、布具方式一

①备具：玻璃杯茶艺所需的茶盘、三只玻璃杯、三只玻璃杯托、茶叶罐、茶荷、茶巾、茶匙、水盂、水壶（透明玻璃提梁水壶）、奉茶盘。

参考图2－8备具，三只玻璃杯倒扣在杯托上，呈三角形放于茶盘中上位置，水壶放在右下角，水盂放在左下角，茶叶罐放于茶盘中上部，茶荷与茶巾放于中间玻璃杯的后面。如果受限茶盘空间尺寸，则可将玻璃杯与杯托分开放置，将杯托重叠以减少空间的占用。

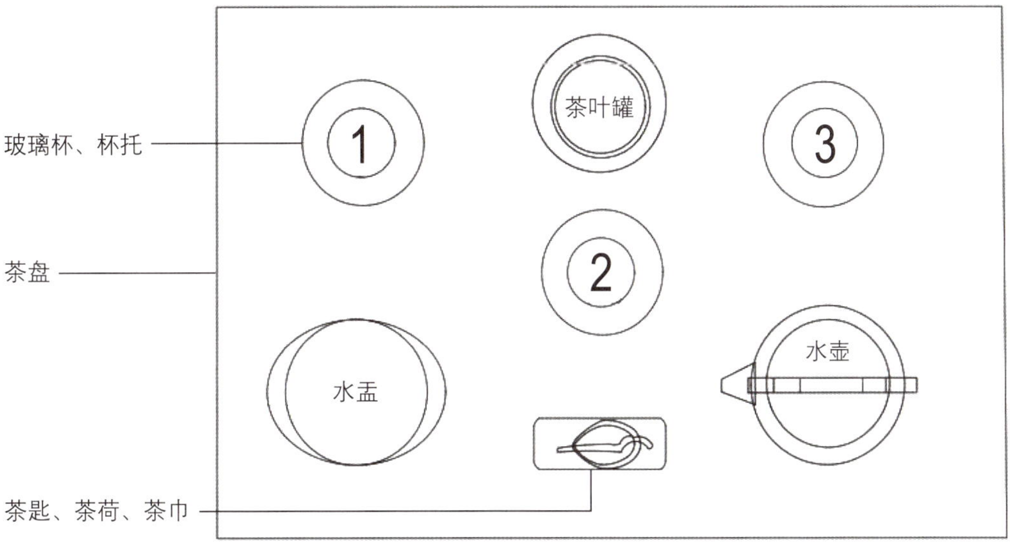

图2－8　**玻璃杯茶艺备具方式一**

②布具：布具顺序可依据从右至左、从左至右、从两侧至中间，或从远及近的顺序布置茶具，以操作便捷科学为基础，视茶艺师个人习惯可以有所调整。

a.移水壶。右手握提梁，左手虚护右手手肘，从里至外沿弧线放于茶盘外右侧中上方。

b.移水盂。双手捧水盂，沿弧线移至茶盘外左侧后端，放于茶叶罐后，与茶叶罐成一条斜线。

c.移茶荷。双手手心向下，虎口呈弧形，手心为空，握茶荷，从茶盘中间移至茶盘下面，放于左侧。

d.移茶巾。双手手心向下，虎口呈弧形，手心为空，将茶巾从茶盘中间移至茶盘下面，放于右侧。

e.移茶叶罐。双手捧茶叶罐，拿到身前，再沿弧线移至茶盘外左侧前端，左手向前推，右手虚护。

f.移杯。先置放杯托呈三角形，再将玻璃杯置上，然后移动杯托呈三角形或斜线。也有在布具时玻璃杯已置放于杯托上，此时只需轻轻移动杯托即可摆放呈三角形或斜线。

g.翻杯。若杯子摆放呈斜线，可先从最远处开始翻杯，按从远及近的顺序依次翻完。若摆放呈三角形，除按从远及近，也可按从左至右的顺序翻杯。从右上角第一杯开始翻动，按顺序依次翻完。

h.布具完毕。3只玻璃杯在茶盘中呈“品”字形或沿对角线上摆放。茶巾与茶荷放于茶盘后方靠近茶艺师处，以不超过茶盘左右长度线为界。茶叶罐与水盂置于茶盘外左侧，水壶置于茶盘外右侧，茶具摆放位置以不超过茶盘上下宽度线为界。

布具完成后的布局见图2－9。

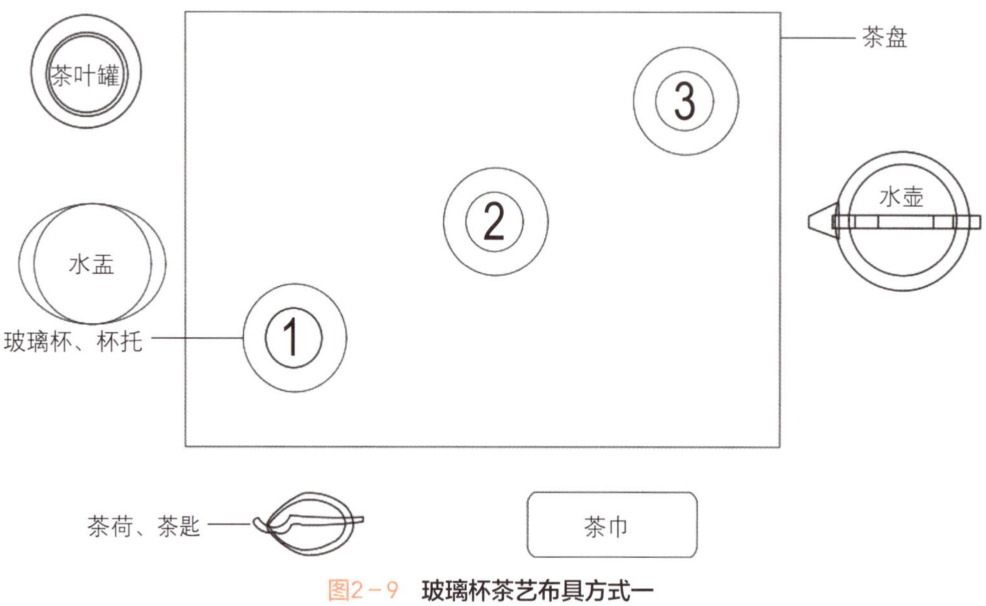

图2－9 **玻璃杯茶艺布具方式一**

（2）端盘备具、布具方式二

①备具：玻璃杯茶艺所需的茶盘、三只玻璃杯、三只玻璃杯托、茶叶罐、茶荷、茶匙、茶巾、水盂、水壶（透明玻璃提梁水壶）、奉茶盘。

参照图2－10备具，茶叶罐、茶荷、茶匙放于茶盘的左侧，水盂、水壶放于右侧，玻璃杯置于茶盘中部前方，茶巾置于杯托内，杯托叠放，置于茶盘中后方。

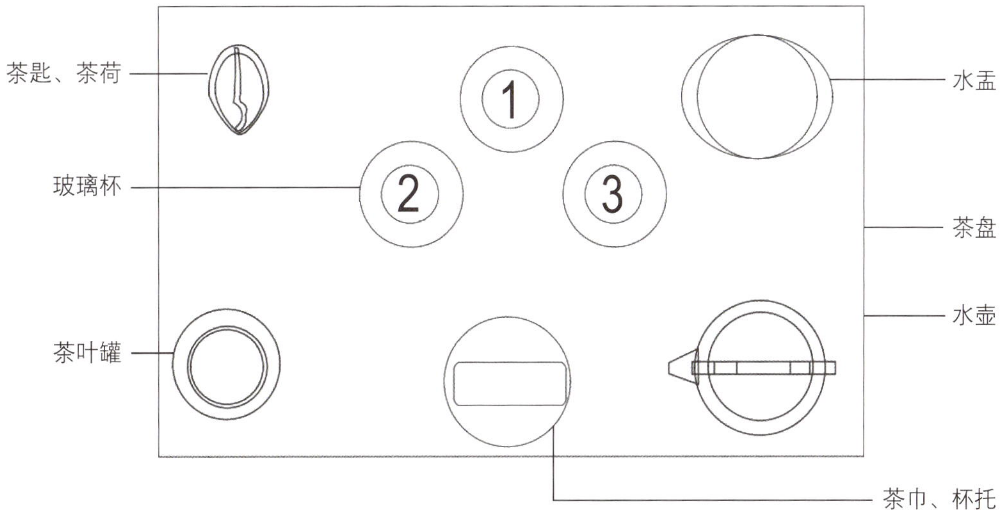

图2－10　**玻璃杯茶艺备具方式二**

②布具：移茶叶罐到茶盘外左上方，移茶荷、茶匙到茶盘外左下方；移水壶到茶盘外右上方，移水盂到茶盘外右下方；移茶巾到茶盘外下方，靠近茶艺师处；移动杯托，按图2－9放于茶盘对应的1、2、3号位，玻璃杯放于对应杯托处。

布具完成后的布局见图2－11。

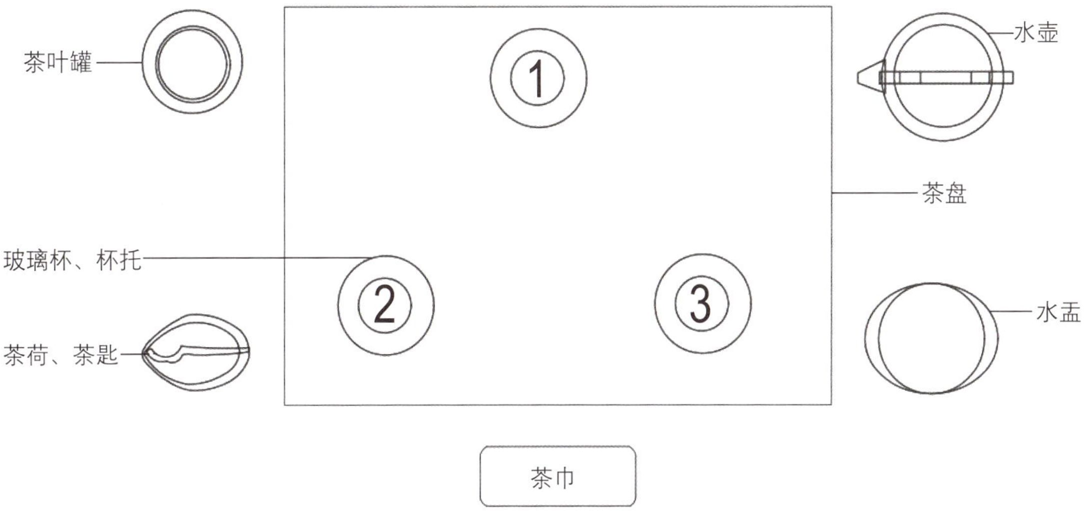

图2－11　**玻璃杯茶艺布具方式二**

2. 盖碗茶艺的布具与备具

盖碗茶艺的布具与备具主要有两种：一是盖碗仅作泡茶具使用，二是盖碗既作泡茶具又作品饮具使用。同时，本茶艺布具中的泡茶盘也可用茶席布等铺垫物替代，席布大小尺寸及色调搭配合理即可。

（1）盖碗作为泡茶具

①备具：盖碗茶艺所需的茶盘、盖碗、公道杯、茶叶罐、茶荷、茶匙、茶巾、水盂、水壶（透明玻璃提梁水壶）、品茗杯、杯托、奉茶盘。

参考［图2－12（1）］备具，3只品茗杯放在杯托上，呈直线放于泡茶盘（后统称茶盘）中上位置，盖碗、公道杯置放于茶盘中间，茶荷与茶匙叠放在一起，茶叶罐、茶荷、茶巾，放于茶盘中下部靠近茶艺师的位置。茶盘右上方放水盂，右下方放水壶。

备具形式不拘［图2－12（2）］，其他符合实用和美观要求的形式皆可参考。

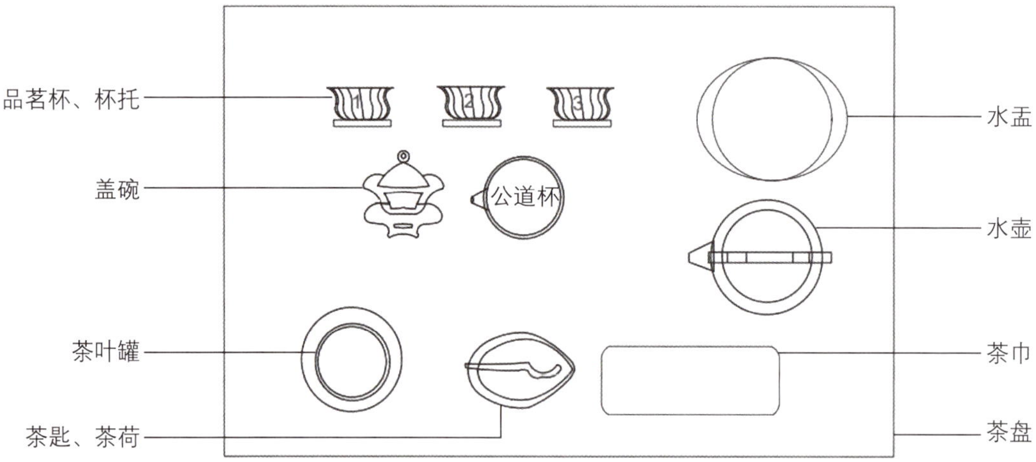

（1）

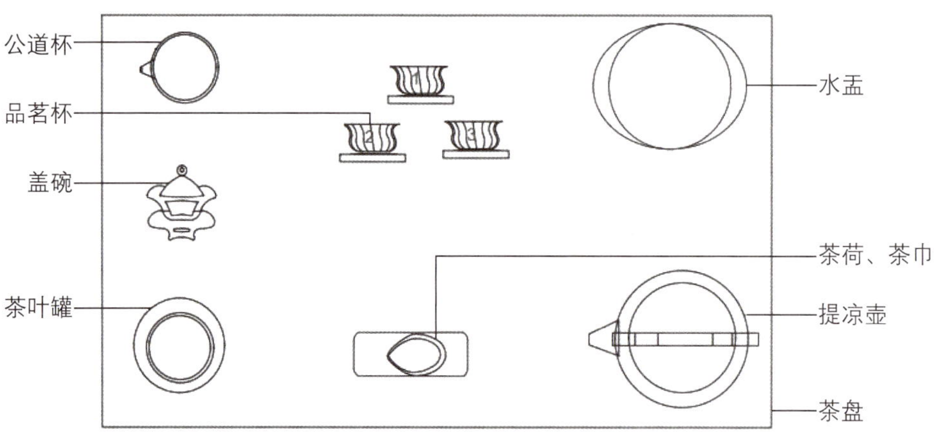

（2）

图2－12　**盖碗（作泡茶具）茶艺备具**

②布具：以从右至左顺序布置茶具为例，如图2－13（1）。

a.移水壶。右手提水壶，左手虚托右手手臂，提起后沿弧线放于右侧茶盘旁。

b.移水盂。双手捧水盂，沿弧线移至茶盘外右下方，也就是水壶下方。

c.移茶巾。双手手心朝上，虎口呈弧形，手心为空，托茶巾，从中间移至茶盘下方中侧或右侧。

d.移茶荷。双手手心朝下，虎口呈弧形，手心为空，握茶荷，从中间移至茶盘下方左侧。

e.移茶叶罐。左手拿茶叶罐，右手虚托住左手手臂，将茶叶罐移至茶盘外左上方。

f.移盖碗。双手将盖碗移至茶盘内较中心的位置。

g.移公道杯。右手将公道杯移至茶盘内盖碗的右上方，与盖碗呈一条直线。

h.翻品茗杯。将品茗杯与杯托移至合适位置，与盖碗呈一条直线，依次序翻转品茗杯。

i.布具完毕，再行检查。置于前侧的茶叶罐、水壶，置于后侧的茶荷、水盂以不超出茶盘前后边界为度。

布具形式不拘［图2－13（2）］，其他符合实用和美观的形式皆可参考。

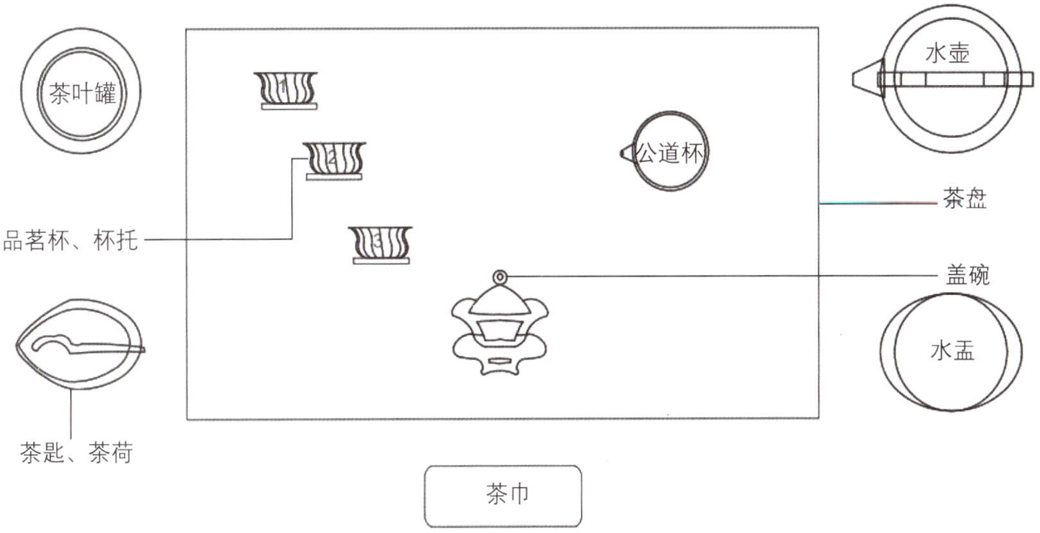

（1）

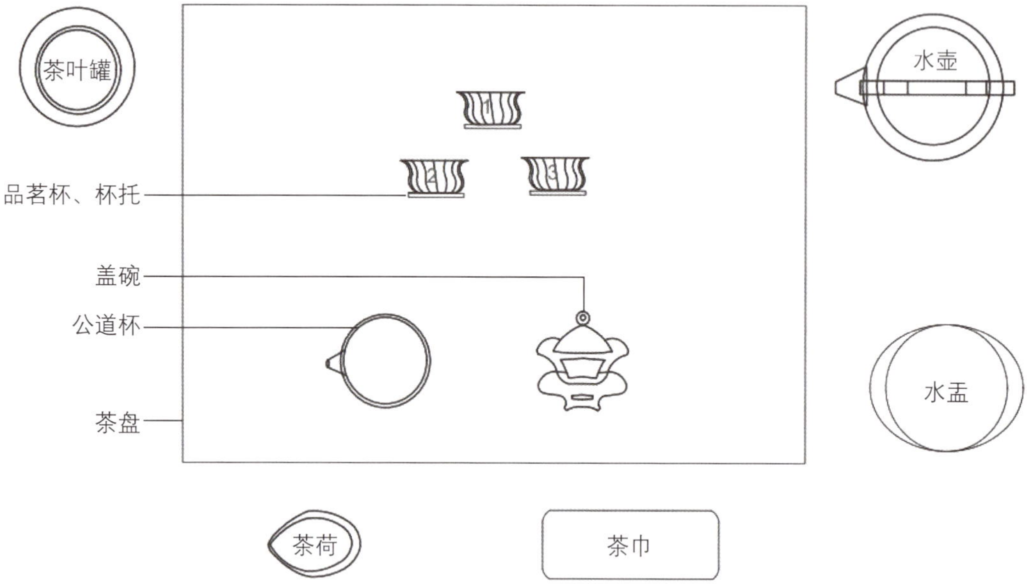

（2）

图2－13　**盖碗（作泡茶具）茶艺布具**

（2）盖碗兼作泡饮茶具

①备具：盖碗茶艺所需的器具有随手泡或提梁水壶、水盂、三只盖碗、茶道组合、茶荷、茶巾等，参考图2－14备具。备具形式不拘，其他符合实用和美观要求的形式皆可参考。

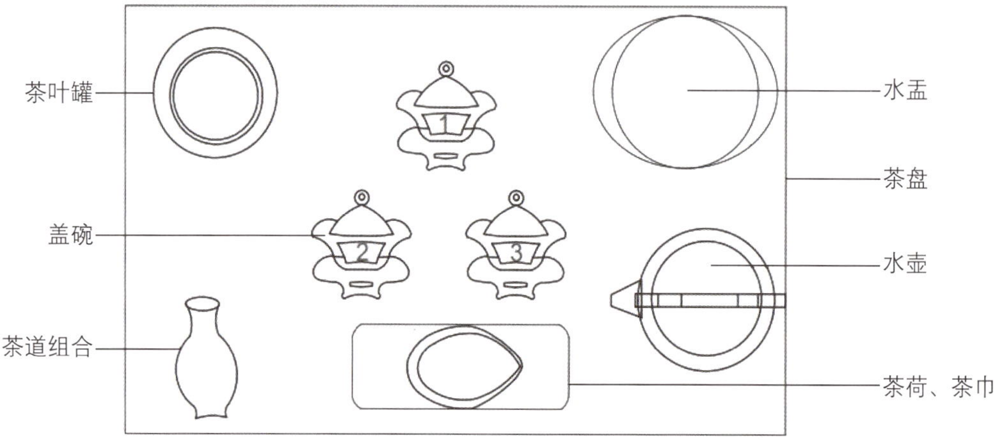

图2－14　**盖碗（兼泡饮茶具）茶艺备具**

②布具：将三只盖碗呈三角形摆放在茶盘中心位置，有图案的一面朝前。茶盘外左上方摆放茶道组合，左边中间摆放茶叶罐，茶荷放在左下方；提梁水壶放在茶盘外右上方，水盂放右下方；中间盖碗后方靠近茶艺师的位置放茶巾。奉茶盘放于茶道组合

左侧。

布具完成后的布局见图2－15。

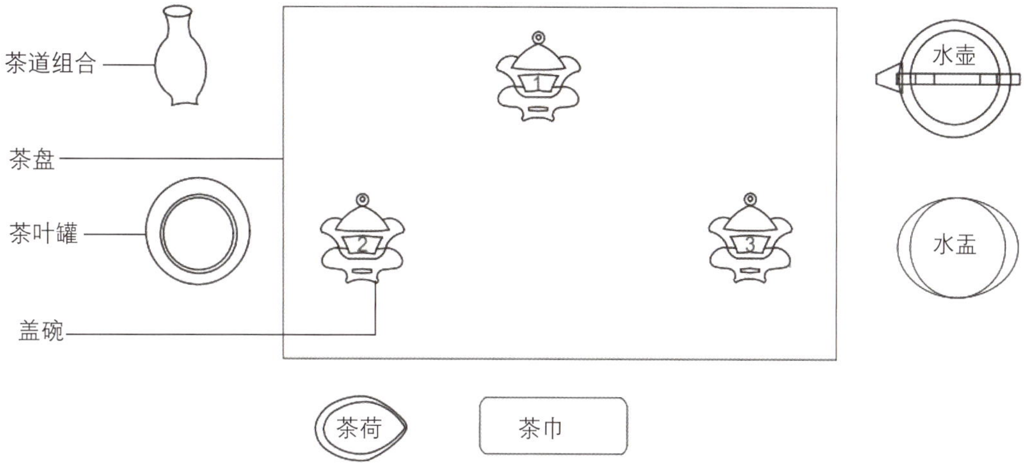

图2－15　盖碗（兼泡饮茶具）茶艺布具

3. 紫砂壶茶艺的备具与布具

紫砂壶茶艺可分为传统湿泡与简约干泡两种冲泡形式，加之不同地区茶具选配（茶套组合）有所不同，因此紫砂壶茶艺的备具与布具有多种形式。以下两种备具与布具形式仅供参考。

（1）紫砂壶湿泡法

①备具：紫砂壶湿泡法茶艺所需双层茶盘、紫砂壶、茶叶罐、茶道组合、品茗杯、闻香杯（可根据情况取舍）、茶荷、茶匙、茶巾、水壶（需要满足保温加热功能）、杯托、奉茶盘。

参考图2－16备具，五只闻香杯倒扣于品茗杯中，放置于双层茶盘中上位置。茶道组合、茶叶罐放于茶盘上右前方。茶荷与紫砂壶置于双层茶盘中下部，靠近茶艺师的位

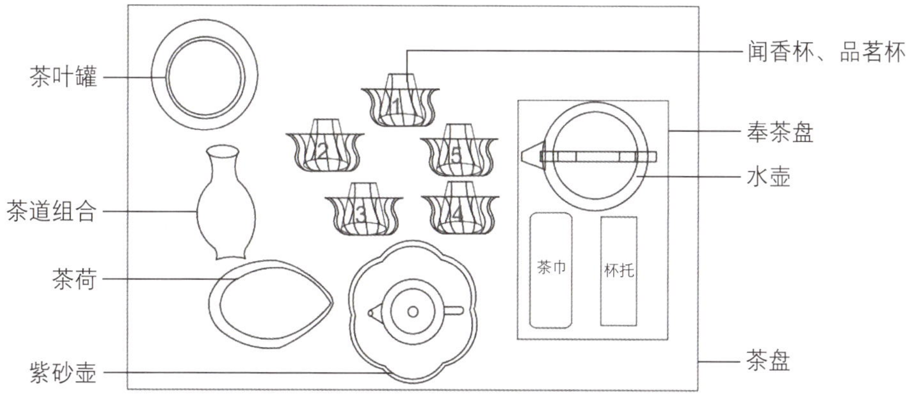

图2－16　紫砂壶湿泡法备具

置。水壶、茶巾、杯托可装于奉茶盘中共同置于双层茶盘的右侧。

②布具：参考图2－17布具，按一定顺序移动器具。

a.移奉茶盘。将奉茶盘移至双层茶盘右下方，然后将水壶移至双层茶盘右上方。

b.移茶道组合。双手取茶道组合移至双层茶盘外左上方，不超出茶盘外边缘。

c.移茶叶罐。双手捧茶叶罐，双手动线为从里向外的弧线，移至双层茶盘外左侧中前端，位于茶道组合后方。

d.移茶荷。手心为空，握茶荷，移至双层茶盘下面左下方。

e.移品茗杯与闻香杯。将原本倒扣在品茗杯中的闻香杯取出，沿直线排列在双层茶盘左前方，将品茗杯沿圆形排列在双层茶盘右前方。

f.移紫砂壶。将紫砂壶移动到双层茶盘适中的位置。

g.移茶巾、杯托。从奉茶盘中取出茶巾置于双层茶盘下方后侧，杯托提前摆好在奉茶盘内。

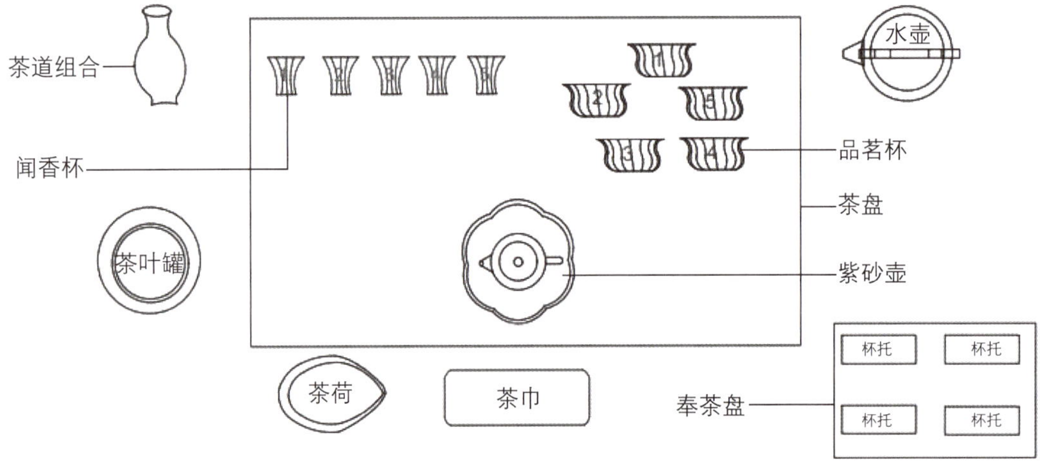

图2－17 **紫砂壶湿泡法布具**

（2）紫砂壶干泡法

①备具：将紫砂壶、公道杯和五只品茗杯（品茗杯倒扣在杯托上）、水壶（需要满足保温加热功能）、水盂、茶叶罐、茶荷、茶道组合、茶巾等统一放置于单层茶盘中，奉茶盘也可放于茶盘内或提前放置于茶桌上。本茶艺布具中的茶盘可用茶席布等铺垫物替代，茶席布大小尺寸及色调搭配协调即可。可参考图2－18备具。

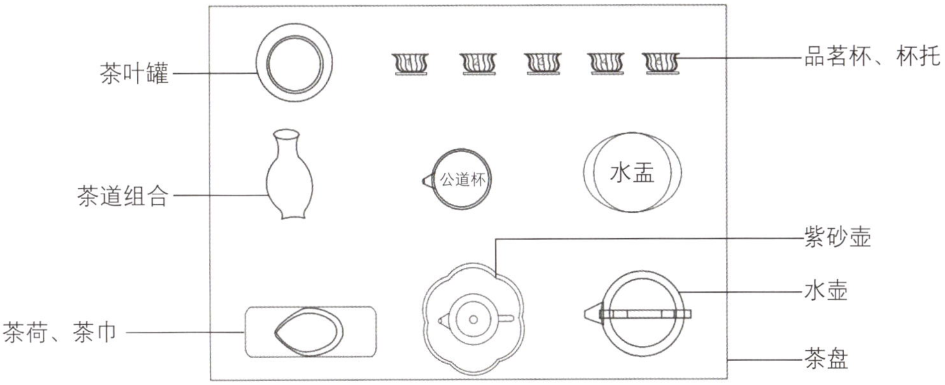

图2－18　**紫砂壶干泡法备具**

②布具：参考图2－19布具。

a.移水壶。将水壶（或带壶垫）移出茶盘，置于茶盘外侧右上方，与茶盘保持适当距离。

b.移水盂。将水盂移出茶盘，置于茶盘外侧右下方，与茶盘保持适当距离。

c.移茶巾与茶荷。将茶巾摆放于茶盘外后侧中间，茶荷平行置于茶巾左侧，两者靠近茶艺师。

d.移茶道组合。双手取茶道组合移至茶盘外侧左上方，不超出茶盘上边缘。

e.移茶叶罐。捧取茶叶罐摆放于茶盘外侧左下方，与茶盘保持适当距离。

f.移紫砂壶与公道杯。将紫砂壶放置于茶盘中间稍偏下，公道杯在紫砂壶左边，壶嘴朝同一方向摆放。

g.移品茗杯。调整品茗杯位置，成直线或弧线摆放在茶盘内侧或茶盘外侧前端。

此外，台式乌龙茶茶艺可在此基础上增加闻香杯，传统闽粤工夫茶艺则在此基础上去掉公道杯。

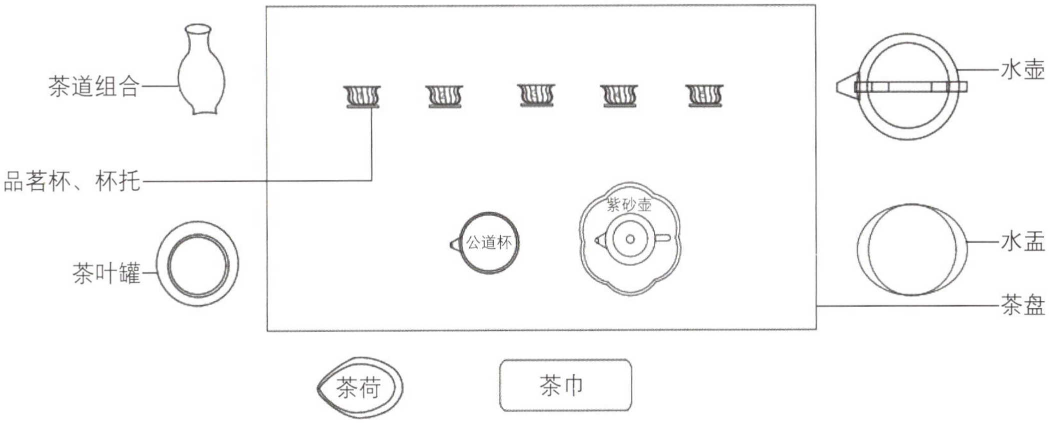

图2－19　**紫砂壶干泡法布具**

七、实验要领

（1）备具时需要细心，考虑到泡茶的每一个细节，将茶具准备齐全，并有序摆放于茶盘中，为布具做好准备。在选择茶具组合时，要从科学性、实用性和艺术性等方面综合考虑。茶具需搭配合理、组合齐全，要能为泡茶服务。

（2）布具一定要兼顾实用性和艺术性原则。每个器具的摆放位置都有讲究，要求摆放好的茶具便于操作，同时布置好的茶席要具有一定的艺术美感。

（3）布具时的手法需严格按照实验四的取具动作进行操作。

八、实验考核

请参考评分标准将实验考核结果填入表2－4。

表2－4　备具与布具训练考核测评表

班级：　　　　组别：　　　　姓名：

序号	测评内容	评分标准	分值	扣分	扣分记录
1	茶具准备（备具）	茶具与茶叶搭配合理，利于茶性发挥	20		
		茶具准备齐全，无遗漏	20		
		茶具各要素组合适用、协调	20		
2	茶具摆放（布具）	茶具摆放整齐、有序，便于操作，有美感	20		
		操作手法正确，动作规范、有条理，姿态优美	20		
合计			100	总分	
整体评价					

九、实验思考

（1）学校举办的专业技能迎新活动中，假如你作为茶艺师使用玻璃杯冲泡绿茶，除了实验给定的参考布具外，你还能设计其他的布具形式吗？

（2）茶艺操作中，品茗杯应置单数还是双数更好，原因是什么？

（3）请调查现代乌龙茶茶艺中仍会经常使用到茶道组合中的茶漏与茶夹吗？在茶盘上，茶道组合是保留还是舍弃更便于操作？

（4）思考公道杯在现代茶艺中的应用与意义。

（5）对比紫砂壶干泡、湿泡的茶具差异和布具差异。若冲泡武夷岩茶，请简述二者各自的优点和缺点。

本章拓展

1. 拓展阅读

艾敏. 谷水怀香：茶具茶器[M]. 北京：电子工业出版社，2015.

李曙韵. 茶味的初相[M]. 北京：北京时代华文书局，2015.

王琼. 泡好一壶中国茶[M]. 南京：江苏凤凰美术出版社，2016.

2. 拓展实践

课后每天抽出30min以上进行注水动作的训练，提高专注度和手臂力量；可以结合手腕操和古典舞手势练习手腕力量与灵活度。

第三章

玻璃杯茶艺

本章导读与思政点

玻璃杯是生活中常见的茶具，使用方便，冲泡便捷。本章设置了三个以玻璃杯为主茶具的茶艺实验，分别为绿茶玻璃杯茶艺、黄茶玻璃杯茶艺和玻璃杯创新茶艺。通过本章的学习，可掌握玻璃杯冲泡技艺，绿茶、黄茶的基础冲泡知识，玻璃茶具组合的茶品搭配。通过玻璃杯创新茶艺的学习实践，培养良好的创意思维，提升对茶艺美学的感悟力和创造力。

实验七 绿茶玻璃杯茶艺

一、实验目的

（1）了解绿茶冲泡的要求，熟悉绿茶品质特性与玻璃茶具特征。

（2）熟练掌握玻璃杯冲泡绿茶的基本技能和不同形态绿茶的投茶方法。

（3）通过玻璃杯注水训练，培养专注力与耐心；通过茶艺中拿起和放下的动作训练，引导学生体会茶艺动作的节奏与韵律。

扫码观看绿茶玻璃杯茶艺介绍

二、实验说明

1. 玻璃茶具特点

玻璃质地透明、光泽夺目、不吸味、易清洗，因此在茶艺中使用越来越广泛。玻璃类型众多，有无色玻璃、有色玻璃、乳浊玻璃等，以无色玻璃制作的茶具最为常见。用玻璃茶具泡茶，茶汤的色泽、茶叶的形态清晰可见，品茗者还可以欣赏到茶叶在杯中翻滚、上下浮动的舞动姿态，有助于提升品茶的乐趣。

2. 绿茶特性

绿茶是经摊放、杀青、揉捻和干燥工序制成的不发酵茶，按其加工工艺的不同可分为炒青、烘青、蒸青、晒青。绿茶的品质特征突出表现为“三绿”，即干茶绿、汤色绿、叶底绿，因此绿茶在冲泡过程中会呈现出“汤清叶绿”的特征。

我国绿茶品种众多、形态各异，依据茶条嫩度、松紧及身骨的轻重不同，可以分别采用上投法、中投法和下投法。特级碧螺春、恩施玉露、都匀毛尖等芽叶细嫩、条索紧结、身骨重实的茶品适用上投法，即先注满茶杯七分水，再置茶，有利于观察茶叶在杯中舒展沉浮的姿态，此种投茶方法对茶叶有一定的选择性。西湖龙井、太平猴魁、六安瓜片等揉捻轻甚至不揉捻的绿茶，因条索较松，单位体积内茶条质量轻，常采用下投法，即先置茶，再冲水。安吉白茶、黄山毛峰等可采取中投法，即先注入少量水，再置茶，待茶叶略微舒展后再注水至七分满。下投法和中投法对茶叶的选择性不强，适应性较广。生活中常见名优茶的冲泡，多采取先投茶，后注少量水浸润干茶，再注水至七分满，这种方法结合了下投法与中投茶的优点。

3. 冲泡参数

日常生活中，名优绿茶冲泡的常见水温在80～90℃，茶水比例约1∶50，但不可一概而论，常根据具体茶叶调整冲泡参数。本次实验选用一级大佛龙井，茶品外形扁平、光滑挺直，嫩绿鲜润，匀整洁净；冲泡后栗香或清香显，滋味清鲜醇爽，汤色杏绿明亮，叶底细嫩柔软明亮。冲泡参数参考T/CTSS 44—2022《大佛龙井茶冲泡技术规程》并作略微调整，茶汤浓淡可依据品鉴者的品饮习惯调整茶水比（投茶量）和浸泡时间，冲泡参数参考值见表3－1。

表3－1　大佛龙井冲泡参数参考值

器具	容器容量/mL	投茶量/g	水温/℃	第一泡时间/s	第二泡时间/s	第三泡时间/s
直口圆玻璃杯	200	2.0	85	60	40	100
白瓷盖碗	120	3.0	85	40	20	50
白瓷壶	150	3.0	85	40	20	50

本次实验操作结合T/CTSS 3—2024《茶艺职业技能竞赛技术规程》要求设计，可为各茶艺赛事及茶艺师等级认定中“绿茶玻璃杯规定茶艺”提供参考，同时也是绿茶玻璃杯冲泡从入场到退场整体过程的详细参考。

三、实验准备

1. 物资准备

实验需要准备茶艺室、镜子、水壶、茶具、泡茶用水等，主要实验器具见表3－2。

表3－2　绿茶玻璃杯茶艺主要实验器具

器具名称	数量	质地	容量或尺寸
玻璃杯	3	玻璃	高：85mm，口径：70mm，容量：200mL
玻璃杯托	3	玻璃	直径：115mm
茶叶罐	1	玻璃	直径：60mm，高：95mm
玻璃提梁水壶	1	玻璃	容量：1100mL
茶荷	1	竹质	长：180mm，宽：70mm
茶匙	1	竹质	长：180mm
茶巾	1	棉质	长：300mm，宽：300mm
水盂	1	玻璃	容量：600mL
茶盘	1	木质	长：500mm，宽：300mm
椅子	1	木质	
桌子	1	木质	

2. 茶品准备

实验需要准备茶品9g，其中3g审评、6g冲泡。首先鉴别茶叶品质，按照茶叶感官审评的方法对茶叶的外形、汤色、香气、滋味和叶底进行评价，审评结果填入表3－3。

表3－3　绿茶玻璃杯茶艺茶品品质记录表

茶品	外形	汤色	香气	滋味	叶底
大佛龙井					

3. 茶具摆放

实验需要提前将6g大佛龙井装入茶叶罐，参照实验六的图2－8或图2－10进行茶具摆放。

四、实验学时

实验共4学时。

五、实验方法

1. 教师示范讲解

教师做整体示范和分步示范讲解。实验步骤为入场、行茶、退场三个阶段，其中行茶阶段又分为本实验步骤中“2.（1）取茶～2.（3）温杯”“2.（4）置茶～2.（7）冲泡”“2.（8）奉茶、2.（9）品茶”三个小节。

2. 分组练习

认真观看教师示范，倾听讲解。再根据教师的指导，进行分节练习，每小节至少练习3遍。

3. 点评与总结

展示阶段性练习成果，师生共同点评，并评选出本次实验的“茶艺之星”。

六、实验步骤

1. 入场阶段

（1）入场　双手端着盛放茶具的茶盘上场，茶盘离身体约半拳距离，上身放松，挺胸收腹，目光平视，上手臂自然下坠，与身体保持约一拳的距离。腋下自然放松、小臂与肘平，茶盘高度以舒适为宜。按照行姿要求走到椅子的左边，脚尖与椅脚平齐，两脚并拢，表情自然，面带微笑。面向品茗者站定，略微停顿2s。

（2）放盘

①女士姿势：以左入为例，采用高低式蹲姿，左脚在右脚前交叉，身体中正，重心下移，身体腹部与桌面平齐，同时双手向右或向前推出茶盘，放于茶桌上。双手、右脚同时收回，回到站姿。

②男士姿势：以左入为例，双手端茶盘，双腿并拢弯曲，身体中正，重心下移，身体腹部与桌面平齐，同时双手向右或向前推出茶盘，放于茶桌上。也可不屈腿只躬身，将茶盘放置于茶桌上。双手、双脚同时收回，回到站姿。

（3）行礼

①女士姿势：身体挺直，两肩平整、双臂放松，面容轻松略带微笑，双手叠放于腹前，然后双手滑向体侧，身体以腰为中心自然前倾45°～90°，头颈背成一条直线，停顿约3s，再缓缓起身回正，同时收手于腹部，回到站姿。此处，也可保持站姿手势不变，双手仍叠放于腹前，直接身体前倾45°～90°行礼，然后再回正到站姿。

②男士姿势：身体挺直，两肩平整、双臂放松，面容轻松略带微笑，双手自然下垂于体侧。然后双手沿体侧自然下滑，身体以腰为中心自然前倾45°～90°，头、颈、背呈一条直线，停顿约3s，再缓缓起身回正，同时手收于两侧，回到站姿。

（4）入座　以左侧进入为例，从椅子左侧入座。右脚向前一步，左脚跟上并拢，右脚向右跨一步，左脚跟着向右并拢，身体移至椅子前，轻缓坐下。注意在位于椅子正前方准备入座前，需要使用单腿向后试探椅子距离，以防坐空；若是茶艺师着长衫或裙裳，入座时需双手向下轻抚衣裳。入座后，女士双手相握交叠于茶桌桌沿，男士双手握空心拳自然放于茶盘两侧。

（5）布具　布具参考实验六的图2－9或图2－11。

（6）行微笑礼与草礼　待布具完成，准备泡茶，需行微笑礼和草礼进行提示。茶艺师面对着品茗者，身体正直，面带微笑，眼神柔和，目光从左往右轻轻扫视180°或扫向品茗者位置，用目光同品茗者交流，并示意作好泡茶准备了。目光回到中间，在座位上身体前倾15°～30°，向品茗者行礼，然后开始泡茶。

2. 行茶阶段

（1）取茶　捧茶叶罐，移至胸前，双手护住罐身，用两拇指沿缝隙开启盖子，向内沿弧线放下罐盖。右手持茶匙，虎口为弧形，掌心为空，缓缓将罐内茶叶拨入茶荷内。完毕后，将茶匙置于茶巾上。然后左手握罐身，右手取罐盖向内沿弧线收回，合盖，将茶叶罐放回原处。

（2）赏茶　双手手心朝下，手指并拢，虎口成弧形，取握茶荷。接着左手下滑拖住茶荷，右手下滑拖住茶荷，双手托住茶荷移至胸前，双手臂呈放松的弧形，茶艺师此时可略微低头欣赏、嗅闻干茶，但也可省略此步，再用腰带着身体从左转至右，身体保持正直，目光与品茗者交流。茶艺师可简要向品茗者介绍茶叶产地与品质特点。赏茶毕，将茶荷放回原处。

（3）温杯　右手提水壶，先沿弧线收回至胸前，再向前推出，逆时针注水至玻璃杯的1/3处，依次注完三只玻璃杯，放回水壶。双手托起玻璃杯底部，手腕转动，让水均匀地在杯壁旋转一周，达到温杯的效果。弃水，杯底压一下茶巾，吸干杯底的水渍，再放回杯托上。

（4）置茶　茶荷横放，左手托茶荷，右手取茶匙，投茶约2g到第一只玻璃杯，然后依次投入第二杯、第三杯中。茶匙放于茶荷上，茶荷放回原处。

（5）润茶　提水壶斟水。逆时针注水至第一只玻璃杯约1/4处，要求水柱细匀连贯。依次向第二只玻璃杯、第三只玻璃杯注水。注水毕，将水壶放回原处。

（6）摇香　左手托住玻璃杯底部，右手轻握杯身基部，运用右手手腕逆时针旋转茶杯，左手轻搭杯底作相应运动，此时杯中茶叶吸水，开始散发香气。

（7）冲泡　使用凤凰三点头手法注水，冲水至七分满，要求每只玻璃杯注水量一致，每杯注水时水流不间断，然后将水壶放回原处。

（8）奉茶　将第一杯茶移出茶盘于茶巾一侧，然后依次挪动第二只玻璃杯和第三只玻璃杯，使玻璃杯位于茶盘中间两侧，保持平衡。起身半蹲，双手端起茶盘至胸前，站起直立，从座椅左侧出，然后缓步匀速端盘至品茗者前，躬躬，品茗者回礼。左手托茶盘，右蹲姿，奉茶时伸出右手，示意“请”，行奉中礼，品茗者回礼。后退一步，行奉后礼，品茗者回礼，转身离开品茗者的视线再移动盘内玻璃杯，使杯子整齐排布在茶盘中，重心平稳，端盘至下一位品茗者前，继续依次奉茶。此处也可以选择双手奉茶，具体参照实验二的奉茶礼仪操作。

（9）品茶　返回泡茶台，将奉茶盘放于茶桌原位，然后入座品茶。采用实验四的捧取法拿取玻璃杯，右手虎口分开握住玻璃杯身下端，左手食指和中指轻轻托住杯底。引导品茗者先观赏茶汤、欣赏茶舞；再细闻茶香、品鉴茶汤。

3. 退场阶段

（1）收具　按原路轨迹从左至右收回器具，最后一件从茶盘里移出器具最先收回，并放回至茶盘原来的位置上。依次收茶叶罐、水盂、茶巾、茶荷、水壶等，放回茶盘原位。

（2）退回　以左侧退出为例，起身，左脚向左挪一步，右脚跟上，行鞠躬礼，端茶盘退回。

扫码观看绿茶玻璃杯茶艺演示

七、实验要领

（1）熟练掌握该套绿茶玻璃杯泡法的操作流程及动作规范。

（2）茶艺操作过程中，茶艺师面部表情需要保持柔和，并与品茗者有适当的眼神交流。

（3）水壶中备水需要达到容量的2/3以上，水太少“凤凰三点头”效果不理想。使用质量重的水壶进行日常训练，有助于提升臂力与水流控制力。

（4）向玻璃杯中注水时，水流尽量保持匀速，但需要有一定高度与冲击力，这样可以使茶叶上下翻滚，有利于欣赏茶叶形态、激发茶香。

（5）绿茶具有清汤绿叶、清鲜爽口的特点，在冲泡时需要充分体现出绿茶的特性。在做好茶艺冲泡演示的同时要注意保证茶汤质量，做到美感和口感俱佳。

八、实验考核

请参考评分标准将实验考核结果填入表3－4，分别从上场入座、备具布具、取茶赏茶等多个角度进行评价。

表3－4　绿茶玻璃杯茶艺考核测评表

班级：　　　　　组别：　　　　　姓名：

序号	测评内容	评分标准	分值	扣分	扣分记录
1	上场入座	姿势正确、动作规范	10		
2	备具布具	动作规范有条理，摆放整齐，便于操作，有美感	10		

续表

序号	测评内容	评分标准	分值	扣分	扣分记录
3	取茶赏茶	手法正确，动作规范、优美	10		
4	温杯置茶	手法正确，动作规范、优美	10		
5	润茶摇香	手法正确，动作规范、优美	10		
6	凤凰三点头	手法正确，动作规范、优美	10		
7	奉茶品饮	手法正确，动作规范、优美	15		
8	茶汤质量	能充分表现茶汤的色、香、味、形	15		
9	姿态、礼仪	姿态正确、优美，礼仪周全	10		
合计			100	总分	
整体评价					

九、实验思考

（1）使用“凤凰三点头”冲泡绿茶，有何意义？

（2）将本实验置茶法改成上投法与中投法，茶艺冲泡程序分别会发生哪些变化？

（3）思考不同冲泡程序对茶汤品质的影响。

（4）试用本实验表3－1中三种茶具以及茶水比例冲泡大佛龙井，对比茶汤品质。

（5）夏日里，如果使用冷水或冰水冲泡龙井茶，风味会发生何种改变？请尝试。

实验八　黄茶玻璃杯茶艺

一、实验目的

（1）了解黄茶冲泡要求，理解玻璃杯冲泡绿茶与黄茶的差异。

（2）掌握黄茶玻璃杯冲泡的基本技能与要领。

（3）通过观察君山银针在杯中的浮沉姿态，启发对人生的感悟。

二、实验说明

1. 黄茶特性

黄茶是在绿茶的工艺基础上，加入闷黄工艺制得的茶类。黄茶属轻微发酵茶，根据原料老嫩不同可分为黄芽茶、黄小茶、黄大茶。常见的黄芽茶有君山银针、蒙顶黄芽、霍山黄芽、莫干黄芽等，黄小茶有沩山毛尖、远安鹿苑毛尖、平阳黄汤等，黄大茶有霍山黄大茶、广东大叶青等。黄茶冲泡后整体表现出黄汤、黄叶、香清、味醇的特点，黄芽茶、黄小茶滋味甘醇或醇和，黄大茶滋味醇厚或浓醇。黄茶的冲泡品饮，基本可以参照绿茶玻璃杯的冲泡方法。

君山银针是最具观赏价值的名茶之一，它虽属黄芽茶，但冲泡方法比较独特。为了观赏它在玻璃杯中冲泡后的美妙姿态，在冲泡时要用95℃左右的开水，冲入开水后要立即盖上一片玻璃盖。君山银针茶芽肥壮，茸毛厚密，如果冲泡时水温过低，则茶芽很难迅速吸水并竖立下沉，而是较长时间卧浮于水面，既不美观，又影响茶艺演示的节奏。只有用较高温度的开水冲泡并加盖闷泡，茶芽才会在短时间内均匀吸水。茶芽先是竖立着悬浮在水面上层，随波晃动，如同“万笔书天”，而后徐徐下沉，直立于杯底，好似“春笋破土”。茶芽待吸水后，芽尖会产生晶莹的小气泡，如“雀舌含珠”，在气泡浮力的作用下，茶芽会三浮三沉，蔚为壮观。最后开启玻璃杯盖时，可以看到一缕白雾从杯中冉冉升起，缓缓飘散消失，使人产生“仙鹤飞天”的联想。君山银针在杯中的奇妙变幻，以及它那清悠淡雅的茶香和清醇鲜爽的茶味带给人一种空灵、清新、平和的美感，使人的精神得到放松。

2. 冲泡参数

本次实验选用历史名茶君山银针，外形细长如针，茶芽肥壮均匀，色泽金黄明亮，满披茸毛，雅称“金镶玉”。冲泡后香气清鲜，滋味鲜醇回甘，汤色杏黄明亮，叶底肥嫩黄亮。本次冲泡参数参考T/YYSCX 006—2022《岳阳黄茶君山银针》与T/CTSS 53—2022《远安黄茶冲泡技术规程》，同时结合生活冲泡经验制定。冲泡水温95℃，茶水比例1∶70，待茶芽多数立于杯底时，即可欣赏，也可持杯细细品饮。君山银针强调其茶芽的艺术观赏性，需待多数茶芽吸水挺立后再品饮，故首泡时间需3min；但若不强调茶芽的观赏性，仅从茶汤滋味考虑，第一泡1min后即可品饮。茶艺师可依据品茗者的品饮习惯调整茶水比（投茶量）和浸泡时间，冲泡参数参考值见表3－5。

表3－5　君山银针冲泡参数参考值

器具	容器容量/mL	投茶量/g	水温/℃	第一泡时间/min	第二泡时间/min
直口圆玻璃杯	200	2.0	95	3	5

三、实验准备

1. 物资准备

实验需要准备茶桌、茶椅、镜子、水壶、茶具、泡茶用水等，主要实验器具见表3－6。

表3－6　黄茶玻璃杯茶艺主要实验器具

器具名称	数量	质地	容量或尺寸
玻璃杯（含杯盖，用玻璃片制成）	3	玻璃	高：135mm，口径：60mm，容量：200mL
玻璃杯托	4	玻璃	直径：115mm
茶叶罐	1	玻璃	直径：60mm，高：95mm
玻璃提梁壶	1	玻璃	容量：1100mL
茶荷	1	竹质	长：180mm，宽：70mm
茶匙	1	竹质	长：180mm
茶巾	1	棉质	长：300mm，宽：300mm
水盂	1	玻璃	容量：600mL
茶盘	1	木质	
奉茶盘	1	木质	

2. 茶品准备

实验需要准备君山银针茶品9g，其中3g审评、6g冲泡。首先鉴别茶叶品质，按照茶叶感官审评的方法对茶叶内质进行评价，审评结果填入表3－7。

表3－7　黄茶玻璃杯茶艺茶品品质记录表

茶品	外形	汤色	香气	滋味	叶底
君山银针					

3. 茶具摆放

参考实验七端盘上场部分进行器具摆放。三片玻璃杯盖用一个玻璃杯托盛放，置于茶盘内水盂中，布具时将此物从水盂中取出，放于茶盘外左下方。

四、实验学时

实验共4学时。

五、实验方法

1. 教师示范讲解

教师进行整体示范与分步骤示范讲解。

2. 分组练习

先观看教师整体示范，再跟随教师的指导，完成分节练习，每小节至少练习三遍。

3. 点评与总结

展示阶段性练习成果，师生共同点评，并评选出本次实验的“茶艺之星”。

六、实验步骤

1. 入场阶段

参考实验七的茶艺入场。

2. 行茶阶段

（1）取茶　参考实验七的取茶方式取茶。

（2）赏茶　参考实验七的赏茶方式赏茶。

（3）温杯　参考实验七的温杯方式温杯。

（4）置茶　左手取茶荷，右手取茶匙，置茶2g于第一只玻璃杯，然后依次投茶入第二只、第三只玻璃杯。放茶匙于茶荷上，左手握茶荷，放回原位。

（5）润茶　提水壶斟水。逆时针注水至第一个杯子的1/3处，要求水柱细匀连贯。依次向第二只、第三只玻璃杯注水。注水毕，将水壶放回原处。约1min后，待干茶已经充分吸水再进行注水。

（6）摇香　左手托住玻璃杯杯底，右手轻握杯身基部，运用右手手腕逆时针旋转玻璃杯，左手轻搭杯底作相应运动，此时杯中茶叶吸水，开始散发出香气。

（7）冲泡　用凤凰三点头手法注水，冲水至玻璃杯约2/3处，要求每个玻璃杯注水量一致，然后将水壶放回原处。

（8）置盖　将玻璃杯盖依次盖于玻璃杯上方。

（9）欣赏茶舞　茶叶闷泡2min后，茶芽渐次直立，上下浮沉，芽尖挂着晶莹的气泡，翩翩起舞，蔚成趣观。此时，可引导品茗者欣赏君山银针的杯中茶舞。

（10）奉茶品饮　待多数茶芽直立于杯中，就可以奉茶品饮了。先将玻璃盖依次取下放回于原位，引导品茗者联想随取盖而腾飞的白雾如“仙鹤飞天”。再将玻璃杯双手捧于品茗者桌前，行伸掌礼示意品茗者品鉴。待茶汤剩余1/2时续水，此次沿杯壁定点注水，茶芽还可以竖立杯中。如果直接用水冲茶，则茶芽散乱，不能再立。待浸泡3～5min后品饮，品饮两次即可换茶。

3. 退场阶段

与实验七的退场阶段相同。

七、实验要领

（1）品鉴君山银针，需通过目品、鼻品、口品共同感受此茶的美丽，其中目品不仅在于欣赏干茶外形，更在于欣赏其吸水后在杯中的沉浮姿态，美不胜收，启人联想。

（2）君山银针要竖立杯中，需要注意：第一，茶芽饱满，品质上乘；第二，注水温度不可低于95℃，注水后盖杯保持水温，闷泡2～3min以便让茶芽快速吸水；第三，续水时，杯中需余有1/2杯的水，沿杯壁定点注水，不可用开水直冲茶芽。

（3）君山银针冲泡方式独特，其他多数黄茶的冲泡方法可以借鉴绿茶玻璃杯泡法。

八、实验考核

请参考评分标准将实验考核结果填入表3－8。

表3－8　黄茶玻璃杯茶艺考核测评表

班级：　　　　组别：　　　　姓名：

序号	测评内容	评分标准	分值	扣分	扣分记录
1	上场入座	姿势正确、动作规范	10		
2	备具布具	动作规范有条理，摆放整齐，便于操作，有美感	10		
3	取茶赏茶	手法正确，动作规范、优美	10		
4	温杯置茶	手法正确，动作规范、优美	10		
5	润茶摇香	手法正确，动作规范、优美	10		
6	凤凰三点头	手法正确，动作规范、优美	15		
7	奉茶	手法正确，动作规范、优美	10		
8	茶汤质量	能充分表现茶汤的色、香、味、形	15		
9	姿态、礼仪	姿态正确、优美，礼仪周全	10		
合计			100	总分	
整体评价					

九、实验思考

（1）黄茶的品质特征是什么？黄茶与绿茶的玻璃杯冲泡有何差别，为什么？

（2）如果将君山银针换成远安黄茶，那么采用何种冲泡参数与冲泡手法会更合适？

实验九　玻璃杯创新茶艺

一、实验目的

（1）了解茶艺编创的基本知识，理解基础茶艺与创新茶艺的区别。

（2）基本掌握玻璃杯创新茶艺的创编技巧与要领。

（3）训练创新思维，提升茶艺的应用场景与价值。培养运用创新茶艺讲述中国茶故事的能力。

二、实验说明

茶艺创新是时代的召唤，是茶文化发展的需要。除了要熟练掌握基础茶艺以外，创作者还要将茶品特征、茶具文化与当下生活或情感融入茶艺作品中，通过茶艺师的茶艺演示与舞台造景呈现出创作者想要表达的思想情感。优秀的创新茶艺作品常赋予茶艺旺盛的生命力，表现为主题鲜明、艺术感染力强且富有时代气息。

本实验要求选择玻璃杯茶具，自选茶品，自拟主题进行茶艺编创实践。以茶品为灵感，以玻璃杯为主茶具，通过主题创意充分展现出茶品特征及文化内涵。

三、实验准备

1. 物资准备

实验需要准备茶艺室、镜子、水壶、茶具等，主要实验器具见表3－9，可以结合自创茶艺的需求灵活增补器具。

表3－9　玻璃杯创新茶艺主要实验器具

器具名称	数量	容量、尺寸或其他备注	器具名称	数量	容量、尺寸或其他备注
茶桌椅	1	配套的茶艺桌椅	茶椅	1	与茶桌配套
茶席底布	1	颜色：米色，长：180cm，宽：260cm	玻璃杯	3	与实验七相同
桌旗	2	颜色：绿色，长：160cm，宽：30cm；颜色：白色，长：160cm，宽：20cm	提梁壶	1	容量：1100mL
茶匙	1	竹质	水盂	1	容量：600mL
茶荷	1	竹质或玻璃	杯垫	3	直径：115mm
玻璃净瓶	1	瓶口：2.7cm，高：23cm，宽：7cm	茶巾	1	白色棉质

2. 茶品准备

茶品准备湖北省竹山县出产的圣水绿茶。

3. 茶席准备

参考绿茶玻璃杯茶艺摆放茶具，同时结合创新茶艺的需要在茶桌上摆放皮影、剪纸、插花、绿松石等装饰品。

四、实验学时

实验共4学时。

五、实验方法

1. 作品评价

教师组织同学解读实验案例，讨论案例茶艺的创新点，参考表3－10中的指标客观评价本茶艺作品。并以此为借鉴，延伸其他茶品的创意构思。

2. 小组讨论

小组成员选定一款特色地方茶品，然后构思此款茶品的玻璃杯创新茶艺主题。

3. 小组汇报

以小组为单位分享创新茶艺编创思路，师生共同点评，完善创作思路。

4. 文本撰写

结合点评意见，各小组修改完善茶艺作品，撰写茶艺文本。

5. 茶艺编排

茶艺排演、展示。

六、实验案例

1. 作品名称

本次茶艺作品名称为《驰玉天下，圣水飘香》，其中“驰玉天下”的“玉”是将圣水茶场一带出产的绿松石（一种玉石）和神话传说女娲补天包含其中。此外，“玉”是“誉”的谐音，意为圣水茶载誉颇多、香飘千里。女娲补天的圣母山下有圣水湖，古代建有圣水寺，圣水寺方圆百里盛产茶叶，即为圣水茶。

2. 茶品选择

茶品选择为圣水绿茶。湖北竹山县圣水茶场盛产绿茶，早在唐代圣水绿茶已被赐名贡茶，并受到武则天的赞赏，民间受令修建御茶园和圣水寺。随着时间的流逝，圣水茶这个名字却仿佛被留在了大山深处，湮没无音。选择圣水茶为茶品是希望推广源远流长的圣水茶文化，推动竹山地区的茶产业发展，带动乡村振兴。

3. 创作背景

为宣传圣水茶文化，恢复圣水贡茶历史地位，传播“驰玉天下，圣水飘香”。“驰玉天下，圣水飘香”是流传于湖北竹山的俗语。绿松石是中国的四大名玉之一，而湖北竹山是绿松石的著名产区，“圣水飘香”四字从侧面反映出圣水茶叶优秀的品质，清香四溢。

4. 创意构思

本作品融合了地方传说故事与民俗艺术，将女娲补天、渚河皮影、渚河剪纸与茶艺创造性地融合在一起。以一缕乡愁为暗线，以圣水茶为载体，以家乡的传统元素（皮影与剪纸）为背景，通过作者独白的讲述形式，表达作者的思乡之情，助力圣水茶走出竹山、走出湖北、迈向全国。

5. 茶席设计

以纷纷而至的飞雪和云雾缭绕的圣母山为背景，通过背景屏幕播放的形式展现，背景前的舞台中央设置茶桌。皮影和绿松石两个竹山县特色产物错落点缀于茶桌之上。桌面选用白色铺垫代表天地开创之初，一片虚无。女娲炼石补天，救天地于水火之间，万物恢复生机，结合这个神话传说，第二层选用绿色桌旗，给人生机盎然的视觉效果。至此，日月星辰归位，大江东去，百川归海，整个世界归于和谐，因此最上层选用白色桌旗。整体搭配色调清新统一，自然而又充满生命力。茶桌的左侧放置石台和玻璃净瓶，中间放置主泡器——三只玻璃茶杯，右侧放置水盂和提梁壶，整体呈中心对称结构，使整个画面看起来稳定协调。

茶席左侧放置一个石台，上面散落几块绿松石。翠竹于石台上的绿松石缝隙中拔根而起，对应“竹山”地名。两侧的渚河剪纸是竹山县的特色文化产物，所剪的是大鱼和草木的黑色影子，大鱼剪纸放置在提梁壶之下，从上往下看，壶中之水与壶底之鱼，呈现出鱼水情深的感觉，同时也象征着圣水湖滋养竹山县的生灵万物。草木的剪纸放置在石台之下，是山川的剪影，代表了水木明瑟的自然景观。

茶席插花选用柳条，既有线条的流畅感，又具有场景营造的清新自然感。魏新河在《杨柳枝》中说：“相见无因惜柳枝，几回和泪画相思。”柳条在无数文人墨客的诗词中都是思念的化身，因此常选用柳条作为花材寄托游子的相思。

6. 茶艺步骤与解说

选用玻璃杯为主茶具，操作步骤与动作规范参考实验七。本次茶艺表演采用茶艺与竹山当地剪纸艺术和皮影戏相融合的方式，共分为制作剪纸、茶艺演示、操作皮影人物品茶三幕。

（1）入场阶段

①入场背景：屏幕播放雪夜场景和表演者走进一家茶馆，偶然看见渚河皮影戏的画面。

[入场解说]白茫茫的飞雪飘过来，纷纷乱乱，路灯有些刺眼。我独自一人行走在这条街上，远处一盏红灯格外显眼，我循着那一抹红慢慢走近，原来是一家茶馆。踏进的那一刻恍惚间有种穿越时空的感觉。屋内的皮影戏台一下子让我想起了少时在家乡的场景。

②第一幕：制作剪纸。

（表演者缓步来到舞台，小心翼翼地用雕刻刀制作剪纸。）

[解说]那时候家乡的渚河皮影戏常常在各个广场演出，大人们围在台前看表演，小孩儿们就跟着剪纸艺人学做剪纸，画稿、雕刻、上色，再将成品贴在窗户上、灯笼上……

（2）行茶阶段

①第二幕：茶艺演示。

茶艺操作参考实验七的绿茶玻璃杯茶艺操作。

②茶艺流程：赏茶→温杯→置茶→润茶→摇香→冲泡→品茶。

③茶艺动作及解说：

[赏茶]戏台边的桌上放着一个盒子，看起来并不特殊，却着实让我感到惊讶。里面装着的竟是我家乡的茶叶——圣水绿茶。茶叶外形圆直，锋苗挺秀，色泽翠绿，白毫满披。

[温杯]圣水绿茶我再熟悉不过，小时候和母亲一起采茶、在夕阳下相伴回家的情形，随着岁月的流逝反而愈加清晰。依然记得，采茶的路要经过波光粼粼的圣水湖，如玉的圣水湖远依圣母山余脉，四周是延绵不绝的崇山峻岭。母亲说，传说上古洪荒时代，生灵涂炭之际，女娲娘娘炼石补天时，掌管水源的神袛遗落凡间，幻化而成圣水湖。

[置茶]“虽无扬子江中水，确有圣水翠峰茶。”得天独厚的气候条件，优质的生态环境，孕育出独具特色的高香型生态绿茶。

[润茶]小时候的我，总是充满了疑惑，我问母亲：“那神仙没有下凡的时候，大家用什么泡茶呢？”“井水。”

[摇香]“井水？”母亲笑了，“圣水寺的那口老井泡出的茶连武则天都觉得滋味鲜爽、清香四溢呢！那口古井，隐藏在大山深处的寺院里，一个成人要走十多里山路，挑回来一担水得泼洒一半，这一切只为了烹一杯好茶。”

[冲泡]女娲救天地于水火之间，带动了当地茶产业的蓬勃发展。圣水寺的僧人开始种茶、制茶，到了唐代极盛时期，饱含雾露滋润的圣水绿茶已成贡品。而曾经的圣水寺就是如今湖北圣水茶场的初创基地。

[品茶]（起身，从左边出，端杯而起，向观者展示茶汤。）历史积淀成恒久的茶文

化，原来不知不觉中，圣水茶已走出了竹山，名扬万里。圣母山的茶，圣水湖的水，都是我心心念念的故乡情结。

（3）退场阶段

①第三幕：操作皮影人物品茶。

（表演者操作皮影操纵杆，让皮影人物做出品茶的动作。）

[解说]在这样一个冬夜，我庆幸这场光影交替的微型世界吸引了我的视线，让我在茶香中重游故地，让我孤寂的心得到片刻安宁。

②退场：表演者起身站在空旷之处眺望远方，背景出现竹山县茶园的图片，而后表演者鞠躬退场。

扫码观看茶艺作品《驰玉天下、圣水飘香》

[解说]韶华如驶，几度梦回。故乡的隐隐青山，迢迢碧水，一草一木都写满了我的思念，梦醒之际，街边的路灯还是一样的刺目，茶与水的缠绵成低沉的呼唤，我知道这个五光十色的城市从来都不属于我，那绵绵不绝的大山深处才是我的家。圣水茶不仅是故乡薪火相传的信念，更是异乡游子风雨无阻的守望。

七、案例启发

中国名茶数量丰富、品类众多，每一款名茶都有其独特的品质与特殊的内涵。如何围绕茶品本身的品质特性、生长环境、历史文化、制作技艺、传说故事等内容展开编创，将茶品特性及地方文化充分展现出来，让历史名茶焕发光彩，优秀茶产品深入人心。《中国茶经》中榜上有名的历史名茶多达2000多种，2022年“中国传统制茶技艺及其相关习俗”入选联合国教科文组织人类非物质文化遗产代表作名录。通过传统制茶技艺制作出的名茶产品，不仅品质出众，更传承着历史、承载着文化，需要茶艺工作者关注。

八、实验考核

请参考评分标准和要求将实验考核结果填入表3－10。然后将小组茶艺作品进行小组内部自评，再由小组间互评，并给出客观评语，使作品更加完善。

表3－10　玻璃杯创新茶艺考核测评表

序号	项目	分值	评分标准和要求	案例评价	小组自评	组间互评
1	作品名称	10	题目点睛、扣题，与主题关联紧密，且有一定的文化气息			

续表

序号	项目	分值	评分标准和要求	案例评价	小组自评	组间互评
2	主题思想	20	①主题鲜明，纯粹单一，立意新颖，有原创性； ②意境高雅，有人文内涵； ③能够呼应时代精神； ④选题及思想积极健康，符合大学生形象及主流旋律			
3	茶品与茶具选配	15	①茶品选择得当，与主题相宜； ②茶具选择得当，与茶品相宜； ③茶具选择得当，与主题相宜； ④茶具组合协调，兼具美感与实用性			
4	茶席设计	15	①器具摆放位置、大小搭配协调美观； ②茶席上有明确的主色调，色彩搭配合理，与主题呼应； ③器具、装饰物品与主题贴合，有助于主题表达，能传达设计者的心意； ④茶席有创意，与主题充分呼应； ⑤服饰与茶艺师气质稳合，能凸显茶艺主题； ⑥音乐贴合主题并具有艺术感染力； ⑦整体皆给人以美感、和谐感、主题感			
5	茶艺流程	10	①流程科学合理具有可操作性； ②流程具有创新性和设计感； ③流程能服务于一杯好茶； ④流程能服务于茶艺主题			
6	茶艺文本与解说	25	①文本阐释有内涵，语言有逻辑性，能够清晰地阐述主题与流程； ②文字与茶艺内容、茶席设计等贴合； ③文字要精练、简明、生动，具有一定的文学性； ④解说有感染力			
7	整体性	5	主题思想、茶席设计、茶艺流程等局部或整体具有创新性，但各部分在创新上不孤立，需相互关联，表现出整体性			
合计		100	总分			
整体评价						

九、实验思考

（1）以小组为单位，将课上所编创的茶艺作品修改完善并形成作品文本，完成动态茶艺演示，拍摄成视频。

（2）以现实生活中的一个热门话题为主题，完成一个以玻璃杯为主茶具的创新茶艺作品创作。

本章拓展

1. 拓展阅读

王岳飞．第一次品绿茶就上手[M]．北京：旅游教育出版社，2016.

黄友谊．第一次品黄茶就上手[M]．北京：旅游教育出版社，2021.

2. 拓展课程

中国大学MOOC（慕课）《茶文化与茶健康》（浙江大学，王岳飞等主讲）

学银在线《茶艺学实践》（武夷学院，郑慕蓉等主讲）

学银在线《茶艺文化》（浙江树人学院，袁薇等主讲）

学堂在线《中华茶艺呈现》（浙江农林大学，钟斐等主讲）

3. 拓展实践

（1）可选择玻璃茶具为主茶具，自选茶品进行搭配与冲泡实践。在此基础上，也可以融入情景、其他艺术元素等设计，将其提升为主题创意茶艺。

（2）尝试用冷泡（0～15℃）、低温（65～85℃）、高温（90～100℃）冲泡绿茶与黄茶，感受同一款茶的不同风味，评选出茶品的最适冲泡水温。

第四章

盖碗茶艺

本章导读与思政点

盖碗是我国的特色茶具，历史悠久，使用广泛。本章设置了三个以盖碗为主茶具的茶艺实验，分别为红茶盖碗茶艺、花茶盖碗茶艺和盖碗创新茶艺。通过本章的学习，掌握盖碗茶艺的基本知识和操作技能，能够根据茶品搭配适合的盖碗茶具组合。同时，盖碗创新茶艺能够训练创新能力，提升茶艺审美与鉴赏水平。通过盖碗“天、地、人”的组合，传承我国优秀传统文化，培养文化自信和创新能力。

实验十　红茶盖碗茶艺

一、实验目的

（1）了解红茶冲泡的要求，熟悉红茶品质特性与盖碗特点。

（2）熟练掌握红茶的盖碗冲泡技能与要领。

（3）领悟盖碗所蕴含的东方审美，理解中国器之道的哲学观。

扫码观看红茶盖碗茶艺介绍

二、实验说明

1. 盖碗特点

盖碗，又称三才杯，是由盖、碗、托三部分组成，分别对应天、地、人。天、地、人三才合一，象征着自然万物的统一和谐，是中国哲学观“尊重自然，天人合一”在器物上的具体表现，体现了独特的东方审美。茶碗设计上大下小，呈倒钟形，注水方便，加水时茶叶翻滚，易于泡出茶汤，且能满足品茗时观形的需求；碗上加盖，可防止灰尘进入茶碗，又可保温，而盖沿小于碗口，不易滑跌，便于凝聚茶香，还可用来刮挡茶沫，饮茶时不使茶沫沾唇；碗下有承托，避免茶碗烫手，方便手托茶碗。因此，盖碗满足了品茗时追求的“观形、察色、嗅香、品味”，在日常生活中使用方便，流传甚广。在泡茶时，盖碗既可作主泡器又可兼作品饮器。盖碗按材质可分为瓷质盖碗、粗陶盖碗、玻璃盖碗等，以瓷质盖碗最为常见，其中白瓷盖碗使用最广。白瓷盖碗胎质细腻，洁白光润，雅致悦目，不挂味，能很好地展现红茶艳丽的汤色。

2. 红茶特性

红茶是我国六大茶类之一，包括小种红茶、工夫红茶和红碎茶，是经萎凋、揉捻、发酵和干燥工序制成的全发酵茶。红茶是全世界饮用量最大的茶类，在印度、斯里兰卡、肯尼亚等国家以及我国各茶区都有生产。国外红茶消费以红碎茶为主，红碎茶滋味浓、强、鲜，冲泡时茶汁浸出快、浸出浓度高，便于加奶加糖。国内则以工夫红茶消费为主，国人喜爱红茶“红汤红叶、香甜味醇”的品质特征。

3. 冲泡参数

红茶冲泡的茶水比宜为（1：30）~（1：50），水温宜为90~100℃，茶叶越嫩，水温越低。本次实验选择特级正山小种，条索紧结匀齐，乌黑油润，香气似桂圆干香和松烟香，汤色金黄或橙黄明亮，滋味醇厚甜润似桂圆汤味，叶底匀齐呈古铜色。冲泡参数参考T/CSTEA 00036—2021《正山小种红茶冲泡与品鉴方法》，茶汤浓淡可依据品茗者饮茶习惯调整投茶量和浸泡时间，冲泡参数参考值见表4－1。

表4－1　正山小种红茶[1]冲泡参数参考值

器具	容器容量	投茶量及茶水比	水温/℃	浸泡时间[2]	滋味浓度
瓷质盖碗	可注水150mL	5g，1：30	90~100	第一泡8s，第二泡5s，第三泡12s，第四泡20s	适中

注：①传统正山小种用于出口，采摘嫩度不高，条索有切割整形过，带有松烟香，味如桂圆汤。现代市场上流通较多的正山小种（DB35/T 1228—2015《地理标志产品　武夷红茶》中称为武夷奇红，但市场和茶友仍习惯称正山小种）采摘嫩度更高，没有烟熏与整形工艺，外形保持茶叶原条形，品质接近于工夫红茶，在冲泡此类茶时，冲泡参数可作适当调整。

②第四泡后每泡的浸泡时间比上泡适当延长5~10s，浸泡时间不含冲水与出汤的时间。

本次实验操作参考T/CTSS 3—2024《茶艺职业技能竞赛技术规程》要求设计，可为各茶艺赛事及茶艺师等级认定中“红茶盖碗规定茶艺”提供参考，同时也是红茶盖碗冲泡从入场到退场整体过程的详细参考。

三、实验准备

1. 物资准备

实验需要准备茶艺室、镜子、水壶、茶具等，主要实验器具见表4－2。

表4－2　红茶盖碗茶艺主要实验器具

器具名称	数量	质地	容量或尺寸
盖碗	1	白瓷	容量：150～200mL
无把公道杯	1	白瓷/玻璃	容量：220mm
品茗杯	3	白瓷	容量：50～70mL
茶叶罐	1	白瓷	直径：70mm，高：80mm
提梁水壶	1	玻璃	容量：1100mL
茶荷	1	竹质	长：190mm，宽：70mm
杯垫	3	白瓷	直径：95mm
茶巾	1	棉质	长：300mm，宽：300mm
水盂	1	白瓷	容量：600mL
茶盘	1	竹木	长：480mm，宽：300mm
奉茶盘	1	竹木	
茶桌	1	木质	
椅子	1	木质	

2. 茶品准备

实验需要准备特级正山小种8g，其中3g用于审评，5g用于冲泡。首先鉴别茶叶品质，按照茶叶感官审评的方法对茶叶的外形和内质进行评价，审评结果填入表4－3。

表4－3　红茶盖碗茶艺茶品品质记录表

茶品	外形	汤色	香气	滋味	叶底
正山小种					

3. 茶具摆放

参考实验六的图2－12进行茶具摆放。

四、实验学时

实验共4学时。

五、实验方法

1. 教师示范讲解

教师做整体示范和分步示范讲解。实验步骤分为入场、行茶、退场三个阶段，其中行茶阶段又分为本实验步骤中“2.（1）取茶～2.（3）温具”“2.（4）置茶～2.（8）出汤”“2.（9）温品茗杯～2.（12）品茶”三个小节。

2. 分组练习

认真观看教师示范，倾听讲解，感受茶艺整体的连绵、节奏、圆活的感觉。再跟随教师指导，进行分节练习，每小节至少练习三遍。

3. 点评与总结

展示阶段性练习成果，师生共同点评，评选出本次实验的“茶艺之星”。

六、实验步骤

1. 入场阶段

入场阶段包括入场、放盘、行礼、入座、布具。其中放盘、布具操作请参考实验六，入场、行礼参考实验二，入座操作参考实验一。

2. 行茶阶段

（1）取茶　参考实验五中用茶匙取茶的操作方法。提前将茶匙取放于胸前或近右手边。左手虎口张开握住茶叶罐身，右手取下罐盖，放于胸前右侧，然后右手取茶匙。将茶叶罐倾斜于近茶荷正上方，将茶匙伸进茶叶罐中，轻轻拨动茶叶入茶荷中。

（2）赏茶　参考实验七赏茶步骤与操作手法。赏茶毕，将茶荷放回原处。

（3）温具　提前揭开碗盖。右手提水壶，先沿弧线收回至胸前，再向前推出，逆时针注水至盖碗的三分之一处，放回水壶，盖回碗盖。右手拿起盖碗，左手托住碗底，逆时针旋转一周，将水倒入公道杯中，然后盖碗复位。双手捧取公道杯，右手轻握住杯身中段，左手托住杯底，逆时针旋转一周，然后将水依次分入品茗杯中。公道杯中余水弃入水盂中。

（4）置茶　提前揭开碗盖。双手拿起茶荷移到盖碗正上方，左手移至茶荷下方握住，右手取茶匙，然后将茶叶轻拨入盖碗内，置茶毕，先放回茶匙，再左手或双手将茶荷放回原位。

（5）润茶　提水壶斟水。逆时针注水至刚好浸润茶叶，要求水流细匀连贯。注水毕，将水壶放回原处。

（6）摇香　右手拿住盖碗，左手托住盖碗碗底。右手手腕逆时针旋转盖碗三圈，左手轻托碗底做相应运动，此时碗内茶叶充分吸水，开始散发出香气。

（7）冲泡　提前揭开碗盖。用回旋高冲手法注水，冲水至七分满，然后将水壶放回原处。再盖上碗盖，并留一细缝，便于出汤。

（8）出汤　将盖碗中的茶汤以低斟的手法倒入公道杯，注意盖碗开口与倾斜程度，出汤时盖碗开口宜与公道杯保持垂直。

（9）温品茗杯　右手取品茗杯，虎口呈弧形大拇指和食指对夹住品茗杯的杯身，中指、无名指和小指自然与食指并拢护杯。左手放在右手外侧，挡护品茗杯，两手臂自然弯曲成抱球状，双肩平。右手手腕转动，逆时针旋转品茗杯一圈，左手虚护做相应运动。左手放下，右手移品茗杯至水盂上方，弃水。弃水毕，略停顿，杯身回正，用茶巾吸干杯底水渍，放回杯托上。

（10）分茶　将公道杯中的茶汤依次低斟分入品茗杯，至七分满即止。

（11）奉茶　将2号、3号品茗杯配杯托移至奉茶盘内，将1号品茗杯留于茶桌。起身，双手端奉茶盘至胸前，从桌边出。端盘行至品茗者前方，行奉前礼，品茗者回礼。左手托茶盘，右蹲姿，奉茶时伸出右手，示意“请”，行奉中礼，品茗者回礼。后退一步，行奉后礼，品茗者回礼，转身离开品茗者的视线。移动盘内品茗杯，使品茗杯整齐排布在奉茶盘中，重心平稳，端盘至下一位品茗者前，继续依次奉茶。

如果客人较多，奉前礼、奉后礼可在奉茶开始与奉茶结束时行一次，奉茶过程中仅需行奉中礼即可。

（12）品茶　收盘，从左侧进入，放下茶盘，入座。用实验四中握品茗杯的手法，分三口品饮杯中茶汤。品茗时可以简要为品茗者介绍茶汤的汤色、香气和滋味。

3. 退场阶段

（1）收具　将器具按原路轨迹从左至右或某一顺序依次放回，最后一件从茶盘里移出的茶具最先收回，并放回至茶盘原来的位置上。例如依次序将公道杯、盖碗、茶叶罐、茶巾、茶荷、水盂、水壶等放回茶盘原位。

（2）退回　起身，左脚向前一步，右脚并上，行鞠躬礼，端茶盘退场。

扫码观看红茶盖碗茶艺演示（女士版）

扫码观看红茶盖碗茶艺演示（男士版）

七、实验要领

（1）在温具时，要将热水倾斜至器具口，将器具整体都温润到位，同时注意眼神追随动作。

（2）注意茶艺演示过程中眼神的交流及面部表情，表情需要柔和，眼神专注有神不呆滞。

（3）红茶具有香醇甜爽的特点，在冲泡时需要充分体现出红茶的特性。

八、实验考核

请参考评分标准将实验考核结果填入表4－4。

表4－4　红茶盖碗茶艺考核测评表

班级：　　　　　组别：　　　　　姓名：

序号	测评内容	评分标准	分值	扣分	扣分记录
1	姿态礼仪	妆容适宜，上场入座行礼姿态正确、优美，礼仪周全	10		
2	备具布具	动作规范有条理，器具齐全不多余，摆放整齐，便于操作，有美感	10		
3	取茶赏茶	手法正确，动作规范、优美	10		
4	温具	手法正确，动作规范、优美	10		
5	置茶润茶	手法正确，动作规范、优美	15		
6	冲泡分茶	手法正确，动作规范、优美	15		
7	奉茶	手法正确，动作规范、优美	15		
8	茶汤质量	能充分表现茶汤的色、香、味、形	15		
合计			100	总分	
整体评价					

九、实验思考

（1）瓷质盖碗茶具有什么优点？瓷质盖碗与其他材质的盖碗有什么区别？

（2）本实验步骤中温具、出汤顺序如果作调整，是否会对茶汤品质产生影响，有何影响？如果在夏日里，你为一位青少年冲泡红茶，你会如何设计温具、出汤顺序？

（3）如果投茶量过多，后续的冲泡程序应如何调整？

（4）如果按照本实验步骤冲泡白茶是否可行？比较白茶泡茶三要素与红茶有何不同？

实验十一 花茶盖碗茶艺

一、实验目的

（1）了解花茶冲泡的要求，熟悉花茶品质特性。

（2）熟练掌握茉莉花茶盖碗冲泡技能与要领。

（3）探究盖碗文化与茉莉花茶文化，感受中华传统文化之魅力。

扫码观看花茶盖碗茶艺介绍

二、实验说明

1. 茉莉花茶特性

茉莉花茶（简称花茶）是以烘青绿茶作为茶坯与茉莉花窨制加工而成，其风味保留了绿茶的特性，又增加了茉莉花的鲜香。因盖碗更易于闻香，选用盖碗冲泡花茶极佳。在花茶冲泡时，泡茶三要素（即茶水比例、泡茶水温、出汤时间）可以参考绿茶冲泡标准，选用150mL盖碗，茶水比约为1∶50，投茶量在2～3g，可结合实际情况灵活调整。对于嫩度高的茉莉银针、茉莉仙毫、碧潭飘雪等花茶，水温应降低至85～90℃；大宗花茶，水温可以提高到95℃及以上。经过窨制的花茶，茶汤鲜度较绿茶弱，浓度较绿茶高，香气更浓郁。初次冲泡，浸泡时间略长可达1～2min，揭开碗盖，花茶的芬芳扑鼻而来，用盖子刮去上浮的茶叶与花朵，小口品啜，让茶水在口中停留，与味蕾充分接触，释燥平津，身心愉悦。

2. 冲泡参数

本次实验选用福州茉莉花茶（春毫级），条索紧结、芽壮、毫显、绿润匀净；冲泡后香气鲜灵持久，滋味浓鲜醇厚，汤色黄绿、清澈、明亮，叶底肥嫩匀亮毫芽显。本次冲泡参数参考DB35/T 1634—2016《茉莉花茶冲泡与品鉴方法》，茶汤浓淡可依据品茗者的饮茶习惯调整投茶量和浸泡时间，冲泡参数参考值见表4－5。

表4－5 茉莉花茶冲泡参数参考值

泡饮方法	茶具	茶具容量	投茶量及茶水比	水温	第1～3泡的浸泡时间	浓淡度	本次使用方法
直接品饮	盖碗	150mL	3g，1∶50	90～100℃	15s；20s；25s	较淡	√
					20s；25s；30s	中等	
					30s；40s；45s	较浓	
分杯品饮	盖碗	150mL	5g，1∶30	90～100℃	15s；20s；25s	较淡	
					20s；25s；30s	中等	
					30s；40s；45s	较浓	

注：此标准流程中有润茶蕴香环节且未计算时长，如果加上润茶时间，则第一泡的实际浸泡时间更长些，不止15～30s。

三、实验准备

1. 物资准备

实验需要准备茶艺室、镜子、水壶等，主要器具见表4－6。

表4－6　茉莉花茶盖碗茶艺主要实验器具

器具名称	数量	质地	容量或尺寸
盖碗	3	青花瓷	容量：150mL
茶叶罐	1	白瓷或青花瓷	直径：70mm，高：80mm
提梁壶	1	玻璃或白瓷	容量：1100mL
茶荷	1	竹制或白瓷	长：190mm，宽：70mm
茶巾	1	棉质	长：300mm，宽：300mm
水盂	1	白瓷	容量：600mL
茶盘	1	竹木或布艺	长：480mm，宽：300mm
奉茶盘	1	竹木	
茶匙	1	竹质	
茶桌	1	木质	
椅子	1	木质	

2. 茶品准备

实验需要准备茉莉花茶12g，其中3g用于审评，9g用于冲泡练习。首先鉴别茶叶品质，按照茶叶感官审评的方法对茶叶的外形进行评价，审评结果填入表4－7。

表4－7　茉莉花茶盖碗茶艺茶品品质记录表

茶品	外形	汤色	香气	滋味	叶底
茉莉花茶					

3. 茶具摆放

参考图2－14进行茶具摆放，根据茶艺操作习惯可以略作改变。三只盖碗呈“品”字形放在茶盘的中上部，水盂放在右上方，水壶放在右下方，茶叶罐放于茶盘的左上方，茶道组合放于左下方，茶巾、茶荷与茶匙放在茶盘中后部，即侧盖碗后方。

四、实验学时

实验共4学时。

五、实验方法

1. 教师示范讲解

教师做整体示范和分步骤示范讲解。实验步骤为入场、行茶、退场三个阶段，其中行茶阶段又分为本实验步骤中“2.（1）取茶赏茶、2.（2）温具”“2.（3）投茶～2.（5）冲泡候汤”“2.（6）奉茶、2.（7）品茶”三个小节。

2. 分组练习

认真观看教师示范，倾听讲解，再根据教师指导，分节完成练习，每小节至少练习三遍。

3. 点评与总结

展示阶段性练习成果，师生共同点评，并评选出本次实验的“茶艺之星”。

六、实验步骤

1. 入场阶段

入场阶段包括入场、放盘、行礼、入座、布具。其中入场、放盘、行礼、入座请参考实验七，布具参考图2－15盖碗（兼泡饮茶具）茶艺布具。

2. 行茶阶段

（1）取茶赏茶　用茶匙将花茶从茶叶罐中取出，移置于茶荷中，请宾客欣赏干茶，茶艺师简要向品茗者介绍茶叶产地与品质特点。

（2）温具　用左手或右手翻动碗盖，依次向外翻动180°，使碗盖反面朝上，近茶艺师处略低，盖与碗内壁留出一小缝隙，然后右手提起水壶，依序按逆时针向碗中注入1/3的水，水壶复位。左手取茶针交于右手，右手持茶针抵住碗盖内侧，左手扶住碗盖外侧，使碗盖翻动180°，正面朝上。将3只碗盖皆转至正面朝上，茶针于茶巾上擦拭干净，放回茶筒中。右手拿起盖碗，左手托住碗底，按逆时针转动盖碗2～3圈，将水弃于水盂中。重复步骤，按从前到后或先左后右的顺序，依次完成3只盖碗的温烫。

（3）投茶　左手持茶荷，右手持茶匙，将茶叶轻轻地拨入每个盖碗中。按茶水比1∶50的比例投茶，每杯2～3g。

（4）蕴香　向杯中注入1/3的开水，温润茶叶，双手端起盖碗，使盖、碗、托不分离。右手大拇指、食指、中指按住碗盖盖钮，左手大拇指、食指、中指托住碗托，逆时针轻轻转动盖碗2～3圈，使茶叶苏醒，香气漫出。按从前到后或先左后右的顺序，依次完成3只盖碗的润茶蕴香过程。

（5）冲泡候汤　用凤凰三点头或悬壶高冲的技法向碗中注水，使茶叶在沸水中翻滚回荡，注水至七八分满，盖上碗盖，静候15~30s，使茶叶充分吸水、舒展下沉，尽显茶味茶香。

（6）奉茶　将两杯茶移入奉茶盘中，端向品茗者。奉茶时，双手端盖碗底托，按长幼、主次顺序奉茶给品茗者，并行伸掌礼示意，品茗者点头微笑或行叩指礼致谢。

双手端奉茶盘，至胸前。起身，从茶桌左侧出，端盘至品茗者前一米位置，行鞠躬礼，品茗者回礼。奉茶者前进一步，至品茗者桌，恭身将奉茶盘放于茶桌一侧。然后双手持盖碗底托，轻轻举至额眉，恭身向前奉茶，将盖碗置于品茗者正前方，行伸掌礼示意请用茶，品茗者回礼。后退一步，行奉后礼，品茗者回礼，转身离开品茗者的视线。移动奉茶盘内盖碗，使盖碗居中，奉茶盘重心平稳，端盘至下一位品茗者前，继续依次奉茶。

（7）品茶　收盘，从左侧进入茶桌，放下奉茶盘，入座。双手将盖碗端至面前，左手持盖碗底托，右手揭盖闻香，并持盖向外拨去浮叶花瓣，观色闻香，然后将杯盖一侧斜搭在碗口，留出一小缝隙，啜饮。将盖碗放回原位，面带微笑，用目光与品茗者交流，行草礼，示意冲泡结束。

3. 退场阶段

（1）收具　将器具按原路轨迹依次放回，最后一件从茶盘里移出的茶具最先收回，并放回至茶盘原来的位置上。如依次序将盖碗、茶叶罐、茶巾、茶荷、水盂、水壶等放回茶盘原位。

（2）退回　起身，左脚上前一步，右脚并上，行鞠躬礼，端茶盘退场。

扫码观看花茶盖碗茶艺演示

七、实验要领

（1）需要重点反复训练盖碗的温具、蕴香、品饮三个步骤。操作过程中的眼神与面部表情也需要反复练习。

（2）泡茶水温对茶汤质量影响较大。高档茉莉花茶内含物丰富，香气鲜灵馥郁，水烧开后可凉至85~95℃再冲泡，让茶叶香味缓缓释出；低档茉莉花茶宜用沸水，否则茶叶上浮不沉，不仅香低味淡，也不方便啜饮。

八、实验考核

请参考评分标准将实验考核结果填入表4-8。

表4－8　花茶盖碗茶艺考核测评表

班级：　　　　组别：　　　　姓名：

序号	测评内容	评分标准	分值	扣分	扣分记录
1	上场入座	姿势正确、动作规范	10		
2	备具布具	动作规范有条理，摆放整齐，便于操作，有美感	10		
3	取茶赏茶	手法正确，动作规范、优美	10		
4	温具	手法正确，动作规范、优美	15		
5	置茶冲泡	手法正确，动作规范、优美	15		
6	奉茶	手法正确，动作规范、优美	15		
7	茶汤质量	能充分表现茶汤的色、香、味、形	15		
8	姿态、礼仪	姿态正确、优美，礼仪周全	10		
合计			100	总分	
整体评价					

九、实验思考

（1）使用盖碗直接冲泡与品饮茉莉花茶，应该如何续水？

（2）茉莉花茶除本实验泡法外，是否还有其他冲泡品饮方式？请尝试并记录。

（3）其他茶类如绿茶、白茶等，是否也可以使用花茶盖碗茶艺的冲泡方式？假如可以，泡茶三要素是否需要调整，该如何调整？

实验十二　盖碗创新茶艺

一、实验目的

（1）了解茶艺编创的基本知识，理解基础茶艺与创新茶艺的区别。

（2）基本掌握盖碗创新茶艺的编创技能与要领。

（3）训练创新思维能力，提升茶艺的应用场景与价值。

二、实验说明

中国茶文化源远流长，在历史的长河中，饮茶方式不断推陈出新，茶艺形式也在继承的基础上不断创新，传承与创新相互交织，共同推动着茶文化的前行。茶艺作为茶文化传播的重要窗口，必须紧贴时代发展才能更好地讲述茶故事，弘扬茶文化，因此茶艺创新需与时俱进。茶艺创新包含主题创新、背景创新、茶具创新、音乐创新、冲泡流程创新等多种形式，其中主题是茶艺作品的灵魂，主题创新对茶艺作品至关重要。茶艺作品的主题来源广泛，大到家国情怀，小到家风传承；悲有爱恨情仇，喜有团聚庆生。主题的选择是奠定茶艺作品基调的关键，也是能够给观众留下深刻印象及深层思考的关键。

本实验要求采用盖碗为主茶具，以家国情怀和古今事件为选题范围，自选茶品，自拟题目进行茶艺编创实践。将创作者的审美、情感及观点融入茶艺作品中，让作品可以传达创作者思想、彰显时代精神。

三、实验准备

1. 物资准备

实验需要准备茶艺室、茶桌椅、茶席底布、桌旗、茶匙、茶荷、玻璃提梁壶、泡茶用水等，主要实验器具见表4－9，可以结合实际作品对器具进行调整。

表4－9　盖碗创新茶艺主要实验器具

器具名称	容量、尺寸或其他备注	器具名称	容量、尺寸或其他备注
茶桌	泡茶桌：120cm × 60cm × 65cm 辅桌：60cm × 40cm × 65cm	海浪白瓷盖碗	180mL
茶凳	与茶桌配套	公道杯2只（海浪白瓷公道1只，玻璃公道1只）	200mL
茶席底布	颜色：蓝色底布，涤纶带绸缎感 长：180cm，宽：260cm	海浪白瓷品茗杯5只	40mL
茶席表层铺垫物	颜色：白色轻纱	玻璃提梁壶1只	容量：800mL
茶匙	竹质	水盂1只	容量：600mL
茶荷	透明玻璃	船型白瓷杯垫5只	直径：115mm
玻璃净瓶	瓶口：2.7cm，高：23cm，宽：7cm	茶巾1条	淡蓝色棉质
帆船模型工艺品	长32cm，宽6cm，高32cm		

2. 茶品准备

实验需要准备老丛水仙。

3. 茶席准备

茶具参考红茶盖碗茶艺摆放茶具，搭配相应的席布与装饰。具体茶席设计见以下实验案例。

四、实验学时

实验共4学时。

五、实验方法

1. 作品评价

教师组织讨论本实验茶艺案例的创新点，对作品进行客观评价，并以此启发茶艺师以生活中的所见、所思、所想为素材进行茶艺创意构思。

2. 小组讨论

分组讨论，以某一事件（历史事件或现实事件皆可）为素材或背景，以盖碗为主茶具，展开头脑风暴，选定主题，构思茶艺作品。

3. 小组汇报

以小组为单位分享创新茶艺编创思路，师生共同点评并完善创作思路。

4. 文本撰写

结合点评意见，各小组修改完善茶艺作品，撰写茶艺文本。

5. 茶艺编排

茶艺排演、展示。

六、实验案例

1. 作品名称

本次茶艺作品名称为《海之路》。

2. 茶品选择

茶品选择为武夷岩茶——老丛水仙。老丛水仙选用60年以上的武夷水仙茶树制作而成，是优秀而极具代表的武夷茶（bohea tea）。老丛水仙茶汤稠滑醇厚，润口润心，香气为兰花香，带木质香或粽叶香，极具自然之气，其品质好坏也与自然生态息息相关。

3. 创作背景

海上丝绸之路，是古代中国与外国交通贸易和文化交往的海上通道，也称为海上茶叶之路。泉州是古代海上丝绸之路的重要起点，泉州海港见证了历史上福建茶叶的贸易盛况，闻名世界的武夷茶就是从这里走出去，香飘海外。自从2013年我国“一带一路”倡议提出，海上丝绸之路再次成为热点。然而，带给人们希望、生机、力量与梦想的海洋，正面临着污染危机，海洋正在“褪色”。

2018年，福建泉港碳九泄漏事件发生，造成泉州港附近大面积海域污染。创作者由此次事件引发深思，以武夷岩茶老丛水仙为载体，借这一古老的东方树叶，传达保护海洋、节俭节约的环保意识。本作品曾荣获2018年第四届全国大学生茶艺技能大赛个人创新作品一等奖。

4. 创意构思

碧蓝的大海带给人们无限的憧憬与梦想，作品整体以碧蓝色为基调，营造出海洋的氛围。背景音乐为《海的思念》，优美的旋律伴随着海浪声扣人心弦，表达了人们对大海的深情和向往，也引导聆听者反思人与自然的关系。茶艺背景选择与大海、丝绸之路、茶等相关主题的图片进行幻灯片播放，并配以文字解说，随着内容的层层递进，升华主题。通过故事讲述以及茶香的传递，茶叶这一古老的海上运输货物，仍需要通过21世纪海上丝绸之路到达远方，再次唤起人们对海洋的保护与关怀。作品所选用的茶器、茶品、音乐以及解说等皆表达了人们对大海的向往，传达了生态环保理念。

5. 茶席设计

茶桌铺以天蓝色的席布作底，再铺上一层白色网纱垂到地面延伸向远方，似蓝色的大海上卷起的白色浪花。在茶席左侧用玻璃净瓶插上一杯象征生态和平的绿植，右侧放置了一艘帆船模型。桌上的茶具选用绘有蓝色浪花的白瓷盖碗、公道杯和品茗杯套组合，搭配白瓷船形杯托，符合海洋的主题。再准备另一只玻璃公道杯，承载第一泡茶汤，用以观察汤色。选用透明的玻璃提梁壶配酒精灯，整体呈现出晶莹剔透之感，象征着大海的纯洁与纯净，而那一点火光又似星火与希望。茶艺师身着天蓝色棉质斜襟上衣，搭配白色棉质长裤，朴素简雅、宽松舒适，与主题相符。

6. 茶艺步骤与解说

茶艺操作基本步骤及动作规范参考实验十。其中，冲泡流程稍作调整。

（1）入场阶段

①入场背景：随着音乐响起，茶艺师缓缓走入舞台，同时娓娓道来茶的海上故事，慢慢将观众带入茶艺之境。

[入场解说]：我来自美丽的滨海省份，它有一个美丽的简称：闽。这里的青山绿水孕育万物，生生不息；这里有碧海蓝天承载着无数梦想，扬帆远航。

②行礼入座：从舞台中央走向茶桌，行礼落座。

（2）行茶阶段

①茶艺流程：翻杯—温杯—赏茶、置茶—醒茶—冲泡、分茶—奉茶—品茶。

②茶艺动作及解说：

[翻杯] 这里有一片小小的东方树叶，带着家乡山川的气息。茶叶是中国献给世界的礼物。

[温杯] 千百年来，茶影响着全球人类的生活方式，也构建了一幅巨大的贸易地图。土耳其人作为海外茶客最早尝到了茶叶的滋味，阿拉伯人大约在公元850年通过海上丝绸之路闻到了茶香，这一时期，茶叶是商船上的常客，一箱箱茶叶从泉州港出发，漂洋过海，迎接高温沸水的“洗礼”。

[赏茶、置茶] 我，不曾走到海的那一头，但手中这份茶，它走到过了。习茶数载，深知海上丝绸之路对闽茶文化的重要性。我对这片大海啊，爱得愈加深沉。

[醒茶]（提水壶逆时针向盖碗中注水至浸润茶叶，要求水流细匀连贯，注水毕将水壶放回原处。然后快速出汤，将茶汤转移到预备的玻璃公道杯中，起到温润唤醒茶叶的作用，可有效提升下一泡茶汤的品质。）“闽中茶品天下高，倾身事茶不知劳。”古往今来，有着1600多年悠久历史的闽茶，以其独特的韵致与魅力，引得无数海内外友人尽情讴歌，我多想让闽茶的芳香，在这条古老的航线上，长长久久地飘去呀……

可是……（茶艺师暂停手中动作，引导评委、观众关注背后大屏幕播放的海洋污染事件内容）

这些年，由于人类活动的加剧，过度捕捞、非法捕捞，原油泄漏，海洋生态遭到破坏，每年约有800万吨塑料制品等垃圾倾倒入海洋，几乎需要几百年才能完全降解，这片美丽的海洋，正渐渐被淹没……而我们能做些什么呢？

[冲泡、分茶]（向盖碗中注水至八层满，出汤至公道杯，分茶至品茗杯。）21世纪海上丝绸之路建设如火如荼，海洋的重要性不言而喻。因此，我们应加强环保意识，从小事做起，从点滴做起。当我们饮茶时，减少茶叶不必要的包装，采用环保材料，用心对待每一泡茶，将茶底埋于花下，也许我们能做的有限，但这些都可以为环保作出贡献。

[奉茶] 每每赤脚踩在沙滩上，那份柔软就像母亲的双手轻轻地将我托着，海边的日出和日落，就像手边常有的一盏温暖的茶汤，永远都伴着我们的欢喜。

[品饮] 此处无解说。

（3）退场阶段

[行礼退场] 海洋拥有心跳，地球才有脉搏。我希望在很久很久之后，在这壮美辽阔的大洋之上，百舸争流，千帆竞发。手中的这盏闽茶，在新世纪的海上丝绸之路上越走越远。在海的那一边，茶香氤氲。

扫码观看茶艺作品《海之路》

七、案例启发

创新茶艺不仅主题鲜明、艺术感染力较强，还常带有强烈的时代气息，以茶艺的形式反映人们当下的生活与关注的内容。一个事件、一则新闻、一个感动的瞬间，你见过的一个器物或故事，你阅读过的一本书，你听过的一首诗、一句歌词等都可以是创新茶艺的创作灵感，生活百态皆可入茶。从灵感找寻，到内容精选，再到主题提炼，最后到作品定型与舞台演绎，每一个步骤都见证着创作者的思考与选择，创作过程见证着创作者的成长与成熟，作品展现了茶香茶韵与生活智慧，启迪着人们继续探索茶之美、生活之美。

八、实验考核

请参考评分标准和要求将实验考核结果填入表4－10，然后进行小组内部自评，再由小组间互评，并给出客观评语，使作品更加完善。

表4－10　盖碗创新茶艺考核测评表

序号	项目	分值	评分标准和要求	案例评价	小组自评	组间互评
1	作品名称	10	题目点睛、扣题，与主题关联紧密，且有一定的文化气息			
2	主题思想	20	①主题鲜明，纯粹单一，立意新颖，有原创性； ②意境高雅，有人文内涵； ③能够呼应时代精神； ④选题及思想积极健康，符合人学生形象及主流旋律			
3	茶品与茶具选配	15	①茶品选择得当，与主题相宜； ②茶具选择得当，与茶品相宜； ③茶具选择得当，与主题相宜； ④茶具组合协调，具有美感与实用性			
4	茶席设计	15	①器具摆放位置、大小搭配协调美观； ②茶席上有明确的主色调，色彩搭配合理，与主题呼应； ③器具、装饰物品与主题贴合，有助于主题表达，能传达设计者的心意； ④茶席有创意，与主题充分呼应； ⑤服饰与茶艺师气质稳合，能凸显茶艺主题； ⑥音乐贴合主题并具有艺术感染力； ⑦整体皆给人以美感、和谐感、主题感			

续表

序号	项目	分值	评分标准和要求	案例评价	小组自评	组间互评
5	茶艺流程	10	①流程科学合理具有可操作性； ②流程具有创新性和设计感； ③流程能服务于一杯好茶； ④流程能服务于茶艺主题			
6	茶艺文本与解说	25	①文本阐释有内涵，语言有逻辑性，能够阐述清晰主题与流程； ②文字与茶艺内容、茶席设计等贴合； ③文字要精练、简明、生动，具有一定的文学性； ④解说有感染力			
7	整体性	5	主题思想、茶席设计、茶艺流程等局部或局部具有创新性，且需相互关联，表现出整体性			
合计		100	总分			
整体评价						

九、实验思考

（1）如果将上述案例作品进行修改演绎，结合你熟悉的新闻或故事，你会做哪些修改？

（2）完善各小组创新茶艺作品，课后完成茶艺排演、展示，并拍摄成品视频。

本章拓展

1. 拓展阅读

茶艺师国家职业技能标准：GZB4–03–02–07[S]．北京：中华人民共和国人力资源和社会保障部，2018.

杨江帆．福州茉莉花茶（“八闽茶韵”丛书）[M]．福州：福建科学技术出版社，2019.

刘绍文．福建名茶冲泡与品鉴[M]．福州：福建科学技术出版社，2019.

张渤，卢莉．武夷红茶[M]．上海：复旦大学出版社，2021.

黄大．第一次品红茶就上手[M]．2版．北京：旅游教育出版社，2023.

中国茶叶学会标准化工作委员会．茶艺职业技术竞赛规程：T/CTSS 3—2024[S].

杭州：中国茶叶学会茶艺专业委员会，2024.

2. 拓展课程

学银在线/智慧职教《中华红茶：红茶鼻祖正山小种》（武夷学院，程曦等主讲）

学银在线《茶艺学实践》（武夷学院，郑慕蓉等主讲）

中国大学MOOC（慕课）《闽茶艺韵》（福建农林大学，邓婷婷等主讲）

3. 拓展实践

观看历届全国大学生茶艺技能大赛作品视频，感受大学生茶艺风采，从主题选择、场景设置、茶席设计、茶艺展示等方面学习借鉴，提升自己的茶艺创编能力，激发茶艺学习热情。

第五章
紫砂壶茶艺

本章导读与思政点

紫砂壶乃我国艺术瑰宝，用其泡茶历史悠久，茶韵独特。本章设置了四个以紫砂壶为主茶具的茶艺实验，分别为乌龙茶紫砂壶茶艺（代表乌龙茶紫砂壶国标泡法）、潮州工夫茶艺（代表乌龙茶紫砂壶传统泡法）、黑茶紫砂壶茶艺（代表乌龙茶、黑茶的紫砂壶日常泡法）和紫砂壶创新茶艺。通过本章的学习，应掌握紫砂壶茶艺的基础知识以及乌龙茶、黑茶的紫砂壶冲泡技艺，能够根据茶品特性选择适合的紫砂壶茶具组合，对中国传统文化有更深刻的理解，能较好地传承和传播传统经典文化。通过紫砂壶创新茶艺的学习实践，培养茶艺编创能力与创新思维，提升对茶艺美学的鉴赏力。

实验十三 乌龙茶紫砂壶茶艺

一、实验目的

（1）认知紫砂壶的特点和乌龙茶的品质特征。

（2）掌握紫砂壶冲泡乌龙茶的技能与要领，理解不同形态乌龙茶（颗粒状与条索状）的冲泡差异。

（3）探究紫砂壶文化与乌龙茶制作技艺，传承中华传统茶文化。

扫码观看乌龙茶紫砂壶茶艺介绍

二、实验说明

1. 紫砂壶特点

紫砂壶以紫砂泥为原料，因壶体上有气孔，具备一定的通气性被称作“会呼吸的壶”。紫砂壶泡茶不走味，能呈现出茶汤的纯正与醇香。同时，紫砂壶古朴典雅，与诗、书、画、印等艺术相结合，极具艺术观赏性，一直以来都受到文人雅士的喜爱，且与茶道含蓄内敛的气质极为相符。

2. 乌龙茶特性

乌龙茶又名青茶，因制作泡饮颇费工夫，因此饮乌龙茶也称饮工夫茶。乌龙茶是我国特色茶类，根据产地可分为闽北乌龙、闽南乌龙、广东乌龙和台湾乌龙。乌龙茶是半发酵茶，其原料成熟、滋味醇厚、香气馥郁，风味兼具绿茶的鲜爽与红茶的甜醇，有天然花果香味。按外形不同可分为条索状与颗粒状，武夷岩茶、凤凰单丛等呈条索状，干茶色泽青褐或乌润；安溪铁观音、台湾高山乌龙等呈颗粒状，干茶色泽绿润，韵味独特。乌龙茶泡饮方法极为讲究，十分注重茶品、茶具的选择，也极重视冲泡技法。自乌龙茶诞生，文人之家就有用紫砂壶泡乌龙茶的习俗，在现代盖碗泡法普及之前，紫砂壶一直是冲泡乌龙茶的首选茶具。

3. 冲泡参数

乌龙茶虽制作工艺相似，但因不同茶品的外形有所差异，颗粒型和条索型的乌龙茶在冲泡参数上也有所不同。乌龙茶整体追求香高馥郁、滋味浓醇，冲泡时投茶量一般较大，茶水比常在（1∶10）~（1∶20），水温高（水即沸即冲），每次出汤要快并需沥尽茶汤。“茶量多、高温泡、出汤快、趁热饮”是乌龙茶冲泡的秘诀。

铁观音（清香型），颗粒肥壮圆结重实，色泽砂绿翠润，冲泡后清高持久，汤色金黄明亮，滋味清醇鲜爽，“音韵”明显，叶底软亮有余香。冲泡参数参考DB35/T 1623—2016《铁观音冲泡与品鉴方法》略微调整，茶汤浓淡可以根据品茗者的饮茶习惯进行茶水比例与浸泡时间的调整，冲泡参数参考值见表5－1。

表5－1　铁观音冲泡参数参考值

茶品	茶具	茶具容量/mL	投茶量/g	水温/℃	第1～3泡的浸泡时间/s
铁观音（清香型）	紫砂壶（其他茶具：盖碗）	110	7	100	40；30；40（第4泡后每泡递增10s）

武夷岩茶，条索紧结，色泽青褐或乌润，冲泡后香气具花果芬芳，汤色金黄或橙黄明亮，滋味醇厚回甘，“岩韵”明显，叶底软亮。冲泡参数参考DB35/T 1545—2015《武夷岩茶冲泡与品鉴方法》略微调整，茶汤浓淡可以根据品茗者的饮茶习惯进行茶水比例与浸泡时间的调整，冲泡参数参考值见表5－2。

表5－2　武夷岩茶冲泡参数参考值

茶品	茶具	茶具容量/mL	投茶量/g	水温/℃	第1～3泡的浸泡时间/s
武夷岩茶	紫砂壶（其他茶具：盖碗）	110	8	100	10；15；20（第4泡后每泡递增10s）

本次实验操作参考T/CTSS 3—2024《茶艺职业技能竞赛技术规程》要求设计，可为各类茶艺赛事及茶艺师等级认定中“乌龙茶紫砂壶规定茶艺”提供参考，同时也是乌龙茶单壶双杯冲泡从入场到退场整体过程的详细参考。

三、实验准备

1. 物资准备

实验需要准备茶艺室、镜子、水壶、茶叶等，主要实验器具见表5－3。

表5－3　乌龙茶紫砂壶茶艺主要实验器具

器具名称	数量	质地	容量或尺寸
双层茶盘	1	木质	长：450mm，宽：270mm
奉茶盘	1	木质	长：300mm，宽：200mm
紫砂壶	1	紫砂	容量：110mL
紫砂闻香杯	5	紫砂	容量：25mL
紫砂品茗杯	5	紫砂	容量：25mL
紫砂杯垫	5	紫砂	长：120mm，宽：65mm
水壶	1	不锈钢	容量：700mL
白瓷茶荷	1	瓷质	长：100mm，宽：
茶叶罐	1	陶瓷	直径：80mm，高：85mm
茶巾	1	棉质	长：300mm，宽：300mm
桌子	1	木质	
椅子	1	木质	

2. 茶品准备

实验需要准备12g铁观音或者13g武夷岩茶，5g用于审评。首先鉴别茶叶品质，按照茶叶感官审评的方法对茶叶的外形、汤色、香气、滋味和叶底进行评价，审评结果填入表5－4。

表5－4　乌龙茶紫砂壶茶艺茶品品质记录表

茶品	外形	汤色	香气	滋味	叶底
铁观音					
武夷岩茶					

3. 茶具摆放

将盛水的随手泡放于茶桌右侧上方，提前打开随手泡煮水开关，加热并保持水温。其他茶具摆放于双层茶盘中待用。具体备具参照实验六的图2－16进行茶具摆放。

四、实验学时

实验共4学时。

五、实验方法

1. 教师示范讲解

教师做整体示范和分步骤示范讲解。实验步骤分为入场、行茶、退场三个阶段，其中行茶阶段又分为本实验步骤中“2.（1）取茶～2.（4）置茶”“2.（5）冲泡～2.（8）分汤”“2.（9）奉茶、2.（10）品茶”三个小节。

2. 分组练习

认真观看教师示范，倾听讲解，再根据教师指导，分节完成练习，每小节至少练习3遍。

3. 点评与总结

展示阶段性练习成果，师生共同点评，并评选出本次实验的“茶艺之星”。

六、实验步骤

1. 入场阶段

入场阶段包括入场、放盘、行礼、入座、布具。其中入场、放盘、行礼、入座流程参考实验七，布具参考实验六的图2－17。将小型奉茶盘置于双层茶盘的右侧下方，提前将杯托按顺序放置于奉茶盘中。

2. 行茶阶段

（1）取茶　捧茶叶罐，移至胸前，双手护住罐身，用两个拇指沿缝隙开启盖子，向里沿弧线放下罐盖。右手托住茶叶罐底部，左手握住罐身向右倾斜旋转至茶叶倒出；也可左手握住茶叶罐向右倾斜，右手持茶匙将茶叶从罐中拨出。合盖，将茶叶罐放回原处。

（2）赏茶　待茶叶移至茶荷后，双手手心朝下，手指并拢，虎口成弧形，握茶荷。接着左手下滑托住茶荷左侧，右手下滑托住茶荷右侧，双手持茶荷向胸前移动。赏茶，双手托茶荷至胸前，呈放松的弧形，上身保持正直挺立，用腰带动身体从左转向右，目光与品茗者交流。茶艺师可简要向品茗者介绍茶叶产地与品质特点。赏茶毕，将茶荷放回原处。

（3）温壶　打开紫砂壶盖，壶盖走从里往外的弧线，将壶盖放于品茗杯上。提水壶，走从外至里的弧线，移动至紫砂壶上，注水至满，水壶放回，加盖。拿起紫砂壶，将壶内的水依次分入闻香杯，水量约为闻香杯的1/2，继续将水依次分入品茗杯，水量约为品茗杯的1/2，注水完毕，将紫砂壶放回原位。

（4）置茶　打开茶壶盖，置于品茗杯上，左手拿茶荷，右手取茶匙，将茶叶投入紫砂壶中，然后将茶匙、茶荷放归原位。

（5）冲泡　提壶高冲，注水至水将溢出壶面，方便刮除茶沫。水壶放回，盖上壶盖。

（6）淋壶　盖上壶盖，沿紫砂壶边缘进行环圈注水，淋湿壶身，提高壶温。此处，也可以使用闻香杯中的水浇淋壶身。双手依次取闻香杯将水淋到紫砂壶上；也可单手握茶夹夹取闻香杯，将水浇淋紫砂壶上。

（7）温杯　闻香杯中水倒出后，需要将温热品茗杯的水也倒出。此时，可以使用传统狮子滚绣球的手法（参考实验十三的滚杯手法），也可以使用杯夹夹取品茗杯进行温杯操作，还可以参考本实验教学视频中的温杯手法。

（8）分汤　用循环分茶法将茶汤注入闻香杯中至七分满，需将最后几滴茶汤点入杯中，以调节各杯的浓度，分汤毕，紫砂壶放回原位。然后将品茗杯倒扣在闻香杯上，双手拇指压住品茗杯杯底，食指和中指挟住闻香杯底，先移至胸前，再向内倒转，把扣合的杯子翻转过来，然后统一放置于杯托的左侧或右侧。前四杯茶汤按顺序放置于奉茶盘中，最后一杯茶汤留在茶盘上。

（9）奉茶　端起茶盘，起身，端盘至品茗者前，行奉前礼，品茗者回礼；左手托茶盘，右蹲姿，端杯托，送至品茗者伸手可及处，伸出右手，行奉中礼，品茗者回礼；起身，后退一步，行奉后礼，品茗者回礼。转身，移动紫砂杯托，使剩余的三杯呈“品”字形均衡分布，接着向另一位品茗者奉茶，依次奉完盘中的四杯茶。

（10）品茶　收奉茶盘于体侧，匀步回到冲泡席入座。随即用拇指、食指和中指捏住闻香杯，使其成一定倾斜度，并慢慢转动，将茶汤倾注入品茗杯中，再将闻香杯送入鼻端闻香。之后，可利用手中热量，将闻香杯挟于双手的手掌心间，一边闻香，一边来回搓动，使留在闻香杯中的香气得到充分挥发。将闻香杯放于杯托左侧，拿起右侧的品茗杯分三口，细细品尝杯中茶汤，最后将品茗杯放回原位。略带微笑，用目光与品茗者交流，行草礼，表达冲泡结束。

3. 退场阶段

（1）收具　将器具按原路轨迹从左至右或某一顺序规律放回，最后一件从茶盘里移出的茶具最先收回。收紫砂壶、茶叶罐、茶荷、茶巾、水盂、水壶等，放回茶盘原位。

（2）退回　起身，左脚后退一步，右脚并上，行鞠躬礼，端茶盘退回。

七、实验要领

（1）操作过程中，茶艺师需要做到“眼动、手动、心动”，保持眼神、手势、内心的统一，做到全身心地专注，专注于手上的动作，专注于每一杯茶汤。不同的乌龙茶，其冲泡程序、手法会存在细微差异，注意用最合适的方式冲泡每一款茶叶。

（2）茶汤从紫砂壶分至闻香杯时，要巡回往复地低斟茶，动作要流畅快速，同时将最后几滴茶汤均匀地点进每只品茗杯中，以保证各杯中茶汤量与浓淡的均匀和一致。

（3）在练习翻杯动作时，手指要将闻香杯与品茗杯扣紧，若是两杯松动，在翻转时会洒出茶汤。同时，在将茶汤从闻香杯转移至品茗杯以及杯身翻转的过程中，视线要跟随双杯移动，保持专注。此动作有一定难度，需要勤加练习。

（4）置茶后可以加入一个摇壶的步骤，摇壶需刚柔并济，有律动感，动作太硬或太柔则艺术效果减少，此步骤可起到一定醒茶的作用，摇壶闻干香的动作略有难度，需要勤加练习，对于初学者，此步骤可以省略。

（5）茶艺演示中的眼神交流和奉茶礼仪要训练到位。此外，在做好茶艺冲泡演示的同时，也需要关注茶汤质量，做到美感和口感俱佳。

扫码观看乌龙茶紫砂壶茶艺演示

八、实验考核

请参考评分标准将实验考核结果填入表5－5。

表5－5　乌龙茶紫砂壶茶艺考核测评表

班级：　　　　组别：　　　　姓名：

序号	测评内容	评分标准	分值	扣分	扣分记录
1	上场入座	姿势正确、动作规范	10		
2	备具布具	动作规范有条理，摆放整齐，便于操作，有美感	10		
3	取茶赏茶	手法正确，动作规范、优美	10		
4	温壶	手法正确，动作规范、优美	10		
5	置茶冲泡	手法正确，动作规范、优美	10		
6	淋壶温杯	手法正确，动作规范、优美	10		
7	分汤	手法正确，动作规范、优美	10		
8	奉茶	手法正确，动作规范、优美	10		
9	茶汤质量	能充分表现茶汤的色、香、味、形	10		

续表

序号	测评内容	评分标准	分值	扣分	扣分记录
10	姿态、礼仪	姿态正确、优美，礼仪周全	10		
合计			100	总分	
整体评价					

九、实验思考

（1）了解闻香杯在乌龙茶艺中的使用历史，分析闻香杯对乌龙茶的品质呈现有何优缺点？

（2）对比同一乌龙茶使用紫砂壶与其他茶具冲泡，茶汤风味是否会有变化？有何变化？

（3）泡茶三要素如何影响乌龙茶的茶汤品质？

（4）传统工夫茶不带闻香杯，非物质文化遗产潮州/汕头工夫茶、闽南功夫茶、武夷茶艺皆是如此。去掉闻香杯，将茶汤直接从紫砂壶中分斟入品茗杯，感受冲泡的变化，并比较最终的茶汤温度与品质。

（5）冲泡颗粒型、条索型、紧压型乌龙茶（漳平水仙）时，在冲泡技法上有哪些不同？

（6）乌龙茶传统冲泡中的润茶弃头道汤是否应为必要环节？如果省略此道程序，对茶汤质量有影响吗？用什么方法可以在最大限度上减弱这种影响？

实验十四 潮州工夫茶艺

一、实验目的

（1）了解乌龙茶的冲泡演变历史以及工夫茶艺的起源。

（2）掌握潮州工夫茶艺的冲泡技能与要领。

（3）了解茶叶非物质文化遗产，领悟非遗精神，树立文化自信。

二、实验说明

1. 工夫茶特性

工夫茶是用小壶配小杯冲泡和品饮乌龙茶的独特泡饮方式，最早发源于武夷山一带，是我国东南地区的传统饮茶方式。工夫茶按照地区和民俗可划分为武夷、闽南、潮汕和台湾等多个流派，各流派在茶具、茶品选择上基本相似，但在茶艺流程、茶礼茶俗与茶艺精神追求上各有特色，且随着时代发展，差异性越来越大。在众多工夫茶流派中，潮州工夫茶独树一帜，异常繁荣。经过多年的发展，潮州工夫茶逐渐由茶俗发展成茶艺，并形成了完整的茶艺技术规程。潮州工夫茶艺2008年入选我国非物质文化遗产名录，2022年“中国传统制茶技艺及其相关习俗”入选联合国教科文组织人类非物质文化遗产代表作名录，潮州工夫茶艺为重要组成部分。

潮州工夫茶艺，是生活，是习俗，也是艺术，更是精神和礼仪的融合，是潮州人“习尚风雅，举措高超”的象征。传统潮州工夫茶艺讲究茶具搭配、茶品选择与冲泡技艺。茶具有18件套之多，其中“茶房四宝”必不可少，分别是孟臣罐，即精美的紫砂壶；若深瓯，即精致的白瓷小品茗杯；玉书煨，一种扁形的烧水小陶壶；潮汕风炉，指潮汕本地烧制的红泥小火炉。茶品可选择凤凰单丛、武夷岩茶、铁观音等乌龙茶，冲泡时要求技艺精湛、心手闲适，把握好出汤的时间与速度。三只品茗杯在茶盘中呈品字型摆放，茶汤泡好后提起紫砂壶在茶杯上方作圆周运动，依次循环分斟，将壶中茶汤沥尽，力求每杯茶汤均匀、滋味醇厚、香气馥郁。品饮时长辈和客人先请，观色闻香、（热饮）细品慢饮、交流分享，然后轮番冲泡，再换由他人品饮，在品茶交流中感受茶韵生活。

本次实验参考T/CTSS 5—2019《潮州工夫茶艺技术规程》编写。

2. 工夫茶冲泡

工夫茶追求茶汤的香高味浓。相比其他茶类，乌龙茶在投茶量上更多，茶水比例更大，水温更高，宜即沸即冲。潮州工夫茶的冲泡参数如下。

（1）茶水比　（1∶12）~（1∶16）（g/mL）。

（2）冲泡水温　100℃。

（3）出汤时间

①浓饮（传统）：以二级乌龙茶为例，将8g茶叶投入容量100mL的泡茶具中，润茶后冲泡30~40s出汤，第2~5道22~35s出汤，6道后出汤时间逐渐增加。

②醇饮（普及）：以二级乌龙茶为例，将7g茶叶投入120mL的泡茶具中，润茶后冲泡30~40s出汤，第2~5道15~30s出汤，6道后出汤时间逐渐增加。

三、实验准备

1. 物资准备

实验需要准备茶艺室、镜子、音乐、水壶、山泉水等。传统潮州工夫茶茶具繁多，在操作时可以根据实际情况酌情略减，但其中“茶器四宝”必不可少，主要实验器具见表5-6，可参考潮州工夫茶“茶器四宝”团体标准。

表5－6　潮州工夫茶艺主要实验器具

器具名称	容量、尺寸或其他备注	器具名称	容量、尺寸或其他备注
朱泥紫砂壶	120mL（90～150mL皆可）	橄榄碳	若干
壶承	圆形浅腹瓷盘，高4～5cm	茶叶罐	陶瓷、锡罐皆可
品茗杯	35mL，3只	储水器具	陶瓷水罐
砂铫	500mL	竹薪	若干
泥炉	直径12～20cm，高25～40cm	素纸	用于炙茶、倾茶
茶洗（3个）	口径12～18cm，高4～5cm，正茶洗1个，副茶洗2个	茶巾	颜色：白色或其他色，长：300mm，宽：300mm
敞口浅腹茶盘	口径15～22cm，高2～5cm，用于置放茶杯	生火工具	茶铲、碳夹、铜钳（夹冷碳）、铜钳（夹热碳）、炭锤、铜筷

2. 茶品准备

实验需要准备乌龙茶类如武夷岩茶、铁观音或凤凰单丛13g，其中5g用于审评，8g用于冲泡练习。首先鉴别茶叶品质，按照茶叶感官审评的方法对茶叶的外形、汤色、香气、滋味和叶底进行评价，审评结果填入表5－7。

表5－7　潮州工夫茶艺茶品品质记录表

茶品	外形	汤色	香气	滋味	叶底

3. 茶具摆放

紫砂壶水平放置在壶承内，壶嘴不可对着品茗者。品茗杯呈“品”字形置于茶盘中央，品字头朝向茶艺师。茶巾、壶承和茶盘，三者按先后顺序，从茶艺师正前方延伸，成一条直线。

炙茶素纸需要提前对折成小正方形，与茶叶罐一同放置在茶桌左上方，正茶洗左侧。

正茶洗置于茶桌上方左侧，盘内放有干净备用茶杯；副茶洗置于茶桌上方右侧，洗内装冷水（或热水，视情况）用以浸泡茶壶；另一副茶洗置于壶承左侧茶叶罐后方，用以倾倒茶渣与废水（图5－1）。

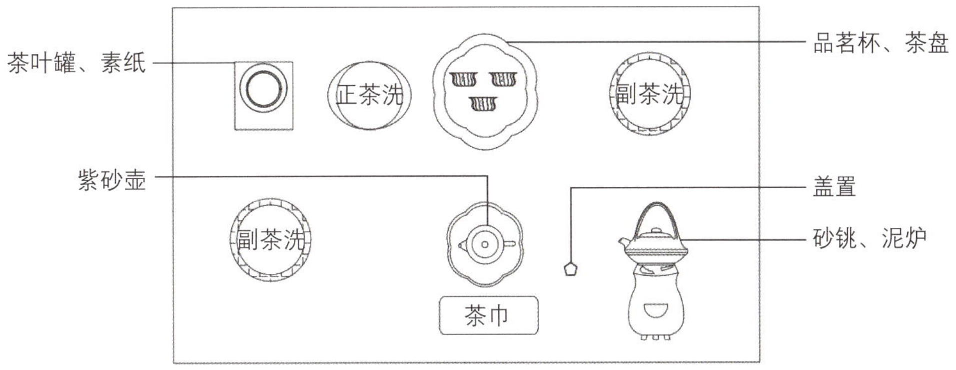

图5－1　**潮州工夫茶艺布具**

四、实验学时

实验共4学时。

五、实验方法

1. 教师示范讲解

教师做整体示范和分步骤示范讲解。本实验步骤共分三个小节，分别为“（1）备器~（6）炙茶”“（7）温壶~（12）烫杯”“（13）高冲~（21）谢宾”。

2. 分组练习

认真观看教师示范，倾听讲解，再根据教师要求，分节完成练习，每小节至少练习三遍。

3. 点评与总结

展示阶段性练习成果，师生共同点评，最后评选出本次实验的“茶艺之星”。

六、实验步骤

（1）备器（精心备器具）　按图5－1将茶具摆放在相应位置上，俗话说：“茶三酒四”，品茗杯呈“品”字形摆放。

（2）生火（榄炭烹清泉）　泥炉生火，砂铫添水，添炭扇风。

操作：砂铫添水，竹薪点燃引火，用坚炭或橄榄炭生火，待生火完成，将砂铫放置于泥炉上烹煮。

（3）净手（沐手事佳茗）　茶艺师进场，面带微笑向品茗者弯腰行礼（鞠躬时应呈30°），从椅子左侧入座后净手并擦干。烹茶净具全在于手，洁手事茗，滚杯端茶。

（4）候火（扇风催炭白）　扇风助燃，炭火燃至表面呈灰白色，表明炭火已燃烧充分，杂味散去，可供炙茶。

（5）倾茶（佳茗倾素纸）　所使用的素纸为绵纸，柔韧且透气，适合炙茶提香。

操作：泡茶者左手拿住茶叶罐上方1/3 处，将茶叶罐移至胸前，转交给右手，右手拿住茶叶罐下方，左手旋转开盖，将盖子与罐身分置于左右两侧。左手拿起素纸移至胸前，双手打开素纸后置于左手掌心，用右手食按压纸张中心，形成自然弧度。右手将茶叶罐拿起，倾倒适量茶叶于素纸上。盖好茶叶罐，双手行弧线将茶叶罐放回原位；双手沿原弧线归位。

（6）炙茶（凤凰重浴火）　炙茶能使茶叶提香净味。炙茶时，茶叶在炉面上移动而不是停留，中间翻动茶叶一两次至闻香时香味清纯即可。

操作：将砂铫轻放在茶桌右下角的位置，然后双手拿捏素纸两端对角，将盛有茶叶的素纸移至泥炉上方10～15cm处，顺时针和逆时针方向交替移动。中间翻动茶叶一两次并上下移动，直至茶叶散发出清纯香味即可。

（7）温壶（孟臣淋身暖）　壶必净、洁而温，温壶可以提升壶体温度，有助于增发茶香。

操作：茶艺师左手将壶盖揭开，右手将砂铫移至高于壶口约5cm处，淋壶口一圈后拉高水注至 10cm处将水注满，盖上壶盖，在高于壶盖5cm处绕淋盖眉后将砂铫放回原处。

（8）温杯（热盏巧滚杯）　滚杯要快速轻巧，轻转一圈后，务必将杯中余水点尽，这是潮州工夫茶艺独特的温杯方法。

（9）纳茶（朱壶纳乌龙）　纳茶时，茶叶应按一定顺序放入壶中。

操作：茶艺师双手持壶把和壶嘴，将茶壶抬高3～4cm处，将茶壶转动约90°，使壶嘴朝内（朝向茶艺师方向），然后放回壶承，左手揭开壶盖置于盖置上。泡茶者左手托住素纸，右手中指轻压素纸上方的同时，左手食指和中指顺势夹住素纸。用右手食指和中指，将部分条状茶叶纳于壶底和近壶嘴处，细末部分放置中层，再将余下的条状茶叶置于上面。茶叶用量约占茶壶八成为宜。纳茶完毕，将素纸折好归位。双手端起茶壶，左手托壶，右手轻拍壶身后将茶壶旋转90°水平放回壶承。

（10）润茶（甘泉润茶至）　将沸水沿壶口低注一圈后，提高砂铫，沿壶边缘注入沸水，至水满溢出。

操作：茶艺师取水，左手开盖，右手取砂铫将沸水沿壶内低注一圈后，提高砂铫，选择茶壶内侧某一点定点注入沸水，注水至水满溢出壶口。

（11）刮沫（移盖拂面沫）　提壶盖将茶沫轻轻旋刮，盖定，再用沸水淋于盖眉。

操作：茶艺师用左手捏住茶壶盖钮，沿壶口行“之”字形走向，将茶沫轻轻旋刮，盖定，再用沸水淋于盖眉后将砂铫归位。

（12）烫杯（斟茶提杯温）　运壶至三个杯子之间，倾洒茶汤烫杯，然后将杯中茶汤弃于副茶洗，提高茶杯温度。

操作：茶艺师提壶在茶巾上轻点擦拭壶底水渍，行弧线至茶盘上，从“品”字头的杯子开始，沿逆时针方向，在各个杯子之间倾洒茶汤烫杯，倾尽茶汤后将茶壶归位，然后将茶杯绕茶壶近主泡内侧行弧线把茶汤弃于副茶洗，再沿原弧线归位。

（13）高冲（高位注龙泉）　高注有利于起香，低泡有助于释韵，高低相配，茶韵更佳。

操作：茶艺师左手开壶盖，右手取砂铫将沸水沿壶内均注一圈，再定位壶口内沿某点，拉高并均匀注入沸水。注水时不可断续，不可急迫，忌直冲壶心。水满盖定，再淋壶身。

（14）滚杯（烫盏杯轮转）　用沸水依次烫洗茶杯。潮州工夫茶讲究茶汤温度，再次热盏必不可少。

操作：滚杯俗称狮子滚绣球，滚杯使用左右手皆可进行。以右手为例，右手食指和拇指拈起最右边的品茗杯，杯口向左，置于茶盘顺时针方向上的另一杯中，食指松开，中指托底沿，拇指快速拨动杯口边缘，使茶杯轻巧向前滚动一圈即可。后用拇指、食指轻拈杯沿，中指轻抵杯底轻点一次，将杯中余水点尽后归位，其余茶杯的滚杯同上述操作。

（15）低斟（关公巡城池）　每一个茶杯如一个“城门”，斟茶过程中，每到一个“城门”需稍稍停留，注意每杯茶汤的水量和色泽，三杯均匀，称“关公巡城”。

操作：茶艺师提壶行弧线移至右边副茶洗中，冷水（或热水，视情况）浸泡2s左右，再提壶移回茶巾上擦拭壶底后移到茶盘，先将壶嘴前部的少许淡茶汤倾倒于茶盘中，然后沿逆时针方向给各杯斟茶，先注五分，再斟至七分，斟茶过程中需茶汤均匀。

（16）点茶（韩信点兵准）　茶壶内茶汤将尽之时，巡回向各杯点滴茶汤，手法要稳、准、匀，必使余水沥尽，称“韩信点兵”。

（17）请茶（恭敬请香茗）　行伸掌礼，敬请品茗者品茗。

操作：右手手指并拢掌心向上，拇指稍微内收，沿顺时针方向走弧线，敬请品茗者品尝茶汤。如有主客，主客为第一位；如无主客，第一轮冲泡从茶艺师左边的第一位开始，由左往右，依次由第一、第二、第三位品茗者品饮，第二轮冲泡则为第二、第三、第四位品饮，并以此循环为规则。

（18）闻香（先闻寻其香）　用拇指和食指轻捏杯缘，顺势倾倒表面少许茶汤，中指托住杯底端至鼻前嗅闻，此时杯缘接唇、杯面迎鼻，香味齐到。

（19）啜味（再啜觅其味）　分三口啜品，第一口为喝、第二口为饮、第三口为品，芳香溢齿颊，甘泽润喉吻。

（20）审韵（三嗅审其韵）　品饮茶汤后，轻扇茶杯，然后吸嗅杯底，赏杯中余韵。一泡茶可重复冲泡数次。

（21）谢宾（复恭谢嘉宾）　茶事毕，将茶杯收回，微笑并弯腰行礼，退场。

扫码观看潮州工夫茶艺——二十一程式

七、实验要领

（1）滚杯手法需要勤加练习，转杯时要手握杯沿，顺时针快速转动，否则易烫伤手指。

（2）高冲低斟要加强，即泡茶注水时水壶要高，以充分激发茶香释放茶味，在分斟茶汤时茶壶要低，以充分保留茶汤的温度减少物质流失。

（3）关公巡城需要快速，力求分汤均匀，韩信点兵手法需稳、准、匀，每次茶汤要沥干净。

（4）传统分茶讲究“低、快、匀、尽”。低，即茶香不飘失、茶汤不起泡沫；快，即保持茶的热度，又不致茶汤浸泡过久、滋味过浓；匀，即平均分配，杯中茶色香味一致，充分体现平等待客的意味；尽，即滴尽壶中茶汤余沥，使茶汤不在茶壶中有余留。

八、实验考核

请参考评分标准将实验考核结果填入表5-8。

表5-8　潮州工夫茶艺考核测评表

班级：　　　　组别：　　　　姓名：

序号	测评内容	评分标准	分值	扣分	扣分记录
1	备具布具	动作规范有条理，摆放整齐，便于操作，有美感	10		
2	倾茶炙茶	手法正确，动作规范、优美	10		
3	温具纳茶	手法正确，动作规范、优美	15		
4	润茶冲泡	手法正确，动作规范、优美	15		
5	斟茶点茶	手法正确，动作规范、优美	15		
6	请茶品茶	手法正确，动作规范、优美	10		
7	茶汤质量	能充分表现茶汤的色、香、味、形	15		
8	姿态、礼仪	姿态正确、优美，礼仪周全	10		
合计			100	总分	
整体评价					

九、实验思考

（1）本套茶艺中，你认为操作的关键点与难点在哪里？

（2）你如何理解此套茶艺实验的低斟（关公巡城池）步骤中“泡茶者提壶行弧线移至右边副茶洗，冷水（或热水，视情况）浸泡2s左右……然后沿逆时针方向给各杯斟茶”，你认为此步骤是否有实际意义，有何意义？

（3）潮州工夫茶艺的“茶器四宝”在选择上有何要求和窍门？

（4）在传统工夫茶艺中增加公道杯或闻香杯，并感受和记录茶汤的变化。

（5）工夫茶为何诞生于乌龙茶产区，流行于闽、粤、台一带，此种饮茶方式与当地人的生活习惯、地方文化等有何关系？

（6）潮州工夫茶艺为何能成为人类非物质文化遗产，它有何特点与内涵？我们应该如何传承？

实验十五　黑茶紫砂壶茶艺

一、实验目的

（1）了解黑茶的冲泡要求，认知黑茶的品质特性。

（2）熟练掌握黑茶的紫砂壶冲泡技能与要领。

（3）了解黑茶的历史文化，尤其是促进边疆稳定的作用，培养民族团结意识和家国情怀。

二、实验说明

1. 黑茶特性

黑茶发酵程度高，其原料采摘成熟粗老，制作以紧压的砖饼型居多，茶性温和，滋味醇和顺口。黑茶历史上属于边销茶，有云南普洱茶（如普洱茶砖、普洱茶饼、马邦茶、沱茶），湖南黑茶（如黑砖茶、千两茶、茯砖茶），四川雅安藏茶，湖北青砖等。当地人多用大的粗陶壶或锅釜煮饮紧压黑茶。而云南普洱茶中的宫廷普洱、七子饼茶，湖南黑茶中的天尖、贡尖，四川雅安藏茶中的撒尖等高级别黑茶，则可选用紫砂壶冲泡。紫砂壶宜选圆肚、扁腹、宽口、砂粗的器型。冲泡时，茶水比宜为（1：30）~（1：60），沸水冲泡，不同的茶水比，沏出的茶汤香气高低、滋味浓淡各异。

2. 冲泡参数

本次茶品选择普洱熟茶紧压茶饼，其外形端正匀称，松紧适度，色泽红褐，汤色红浓明亮，香气有独特陈香，滋味醇厚润滑回甘，叶底红褐油润。冲泡参数综合DB53/T 236—2007《普洱茶冲泡方法》与冲泡经验，冲泡参数参考值见表5－9。

表5－9　紧压普洱茶冲泡参数参考值

茶具	茶具容量/mL	投茶量/g	水温/℃	第1～5泡的浸泡时间/s	浓淡度
紫砂壶	200	5	100	30；20；20；30；40	中等

注：正常冲泡前，通常需要润茶40～50s，使茶块吸水松散，便于出味；如果茶块本身较松或者为普洱散茶，则润茶时间相应减少至10～30s。如果冲泡时不润茶，直接冲泡，则第一泡的浸泡时间可以延长到60s以上。普洱茶耐泡度高，可冲十泡有余。

三、实验准备

1. 物资准备

实验需要准备茶艺室、镜子、水壶、茶叶、泡茶用水等，主要实验器具见表5－10。

表5－10　黑茶紫砂壶茶艺主要实验器具

器具名称	数量	质地	容量或尺寸
水壶或随手泡	1	金属或陶瓷	容量：1000mL
电陶炉或酒精炉	1	金属或陶瓷	
紫砂壶	1	紫砂	容量：200mL
品茗杯	4	紫砂、陶瓷或玻璃	容量：60mm
公道杯	1	紫砂、陶瓷或玻璃	容量：250mm
茶叶罐	1	紫砂或陶质	高90mm，直径75mm
茶荷	1	竹质或瓷质	长：145mm，宽：55mm
杯托	4	竹质或紫砂	
茶匙	1	竹质	
茶巾	1	棉质	长：300mm，宽：300mm
水盂	1	玻璃	容量：600mL
奉茶盘	1	竹木质	长：400mm，宽：300mm
茶席布	1	棕色棉质	长：180mm，宽：300mm

2. 茶品准备

实验需要准备普洱茶8g，其中3g用于审评，5g用于冲泡。首先鉴别茶叶品质，按照茶叶感官审评的方法对茶叶的外形、汤色、香气、滋味和叶底进行评价，审评结果填入表5－11。

表5－11　黑茶紫砂壶茶艺茶品品质记录表

茶品	外形	汤色	香气	滋味	叶底
普洱茶					

3. 茶具摆放

将煮水炉放于茶桌面的右侧靠近右手处，并提前打开烧煮。称取备好的普洱茶5g，提前置入茶叶罐。参照实验六的图2－18备具，将茶具有序放置于茶盘中，便于端盘入场。

根据需要，有时也可以提前将泡茶席布好，方便入场后直接冲泡。

四、实验学时

实验共4学时。

五、实验方法

1. 教师示范讲解

教师进行整体示范和分步骤示范的讲解。

2. 分组练习

认真观看教师示范，倾听讲解，再根据教师指导，分节完成练习，每小节至少练习三遍。

3. 点评与总结

展示阶段性练习成果，师生共同点评，并评选出本次实验的“茶艺之星”。

六、实验步骤

1. 入场阶段

入场阶段包括入场、放盘、行礼、入座、布具，其中入场、放盘、行礼、入座可参考实验七。

布具操作：移水壶于茶桌右上方，双手捧水盂置于水壶后方，与水壶成一条直线。移茶巾于胸前，移茶荷茶匙于茶盘外左侧后方，移茶叶罐于茶盘外左侧前方，成一条直线。适当移动紫砂壶与公道杯于正中央，将四只杯托适当移开成均匀排列，排成直线形或半弧形，然后从左往右翻动品茗杯。布具参考实验六的图2－19。布具完成，行注目礼，目光与品茗者交流。

2. 行茶阶段

（1）取茶赏茶　双手取茶荷茶匙，置于胸前茶巾左侧。再双手取茶叶罐于胸前，再左手持罐，右手揭盖将之放下。左手握罐体，右手取茶匙轻轻拨动茶叶至茶荷内，右手放下茶匙，然后取盖盖上，双手放回茶叶罐。双手取茶荷，端至胸前，以腰带动上身，从左向右赏茶，目光与品茗者交流。赏茶完毕，将茶荷放置于茶巾左侧。

（2）烫壶　先揭开紫砂壶盖，然后右手提起水壶，呈环弧形将其提至紫砂壶上方，向壶中注入约2/3的沸水，沿原路将水壶复位。盖上紫砂壶盖，右手提起紫砂壶，左手托住壶底，沿逆时针轻轻转动壶身2～3圈，然后将水倒入公道杯中。

（3）投茶　左手持茶荷，右手持茶匙，将茶荷中的普洱茶轻轻拨入紫砂壶内。

（4）润茶　润茶也称醒茶。陈年普洱茶，需要“唤醒”。向紫砂壶中轻注入约2/3的沸水，没过干茶，待过30～40s后，茶块吸水松动，将醒茶的水注入公道杯中。

（5）注水冲泡　为保证茶汤醇和柔顺，注水时应选用定点低冲，不急不缓。

（6）候汤温杯　普洱茶多为紧压茶，第一泡茶常需等待。因此，利用候汤时间，将公道杯中的热水用于温热品茗杯，再将品茗杯的热水倒入水盂。

（7）出汤　右手提起紫砂壶至公道杯上方，壶嘴向左倾斜，将茶汤轻缓地注入公道杯。为保证温度，茶汤应低斟注入公道杯内。

（8）分汤　将公道杯的茶汤按从左至右，均匀分斟入各品茗杯中，至品茗杯的七分满。

（9）奉茶　留出一杯，其余三杯置于奉茶盘中。起身，端起茶盘，小步走至宾客正前方一米处，行鞠躬礼，再向前一步至品茗者面前，左手端托盘，右手端取杯托奉茶至品茗者手旁，行伸掌礼示意品茗者饮用。

（10）品饮　单手端起品茗杯，先观汤色，再闻茶香，然后小口吞咽，细细感受普洱陈韵。

（11）再次注水冲泡　普洱茶耐泡度高，可多次向紫砂壶中注水循环冲泡品饮。

扫码观看黑茶紫砂壶茶艺演示

3. 退场阶段

退场阶段操作请参考实验十四。

七、实验要领

（1）黑茶原料成熟粗老，需要保证泡茶的水温，一般需用初沸之水冲泡。

（2）黑茶以紧压茶为主体，在冲泡时，视黑茶紧压程度，第一泡茶的浸润时间有时可以延长至1～2min。第一次冲泡紧压茶时，可揭开壶盖观察茶叶，若水中有小气泡冒出，说明茶叶在吸水松动，待气泡减少，可以出汤。

（3）黑茶重在感受茶汤的顺滑度、层次感及岁月陈韵，注水需要柔和，多采用低冲注水，低冲还可以保持水温。

（4）黑茶常在5～6泡以后，采取留根泡法，即每次出汤后留下一部分茶汤，再续水冲泡，一般采取“留二出八”或“留半出半”，这样能够增加耐泡度，调节茶汤滋味。

（5）陈年黑茶，若第一、第二泡的陈味过重稍有杂味，则在出汤后不加盖，帮助散去陈杂味，使茶汤与茶香更纯正。

八、实验考核

请参考评分标准将实验考核结果填入表5－12。

表5－12　黑茶紫砂壶茶艺考核测评表

班级：　　　　　　组别：　　　　　　姓名：

序号	测评内容	评分标准	分值	扣分	扣分记录
1	上场入座	姿势正确、动作规范	10		
2	备具布具	动作规范有条理，摆放整齐，便于操作，有美感	10		
3	取茶赏茶	手法正确，动作规范、优美	10		
4	温杯	手法正确，动作规范、优美	15		
5	置茶冲泡	手法正确，动作规范、优美	15		
6	奉茶	手法正确，动作规范、优美	15		
7	茶汤质量	能充分表现茶汤的色、香、味、形	15		
8	姿态、礼仪	姿态正确、优美，礼仪周全	10		
合计			100	总分	
整体评价					

九、实验思考

（1）使用本套茶艺冲泡乌龙茶，对比乌龙茶与黑茶在紫砂壶选择与冲泡方法上有哪些不同？

（2）若用紫砂壶同时冲泡陈年黑茶与陈年白茶，你会如何设计茶艺冲泡步骤，两者是否完全相同？

（3）冲泡陈年黑茶，在冲泡时可以采用哪些方法来降低茶汤的异杂味和陈味等缺点，突出茶汤的润滑与醇厚等优点？

实验十六 紫砂壶创新茶艺

一、实验目的

（1）熟悉茶艺编创的基本知识，理解基础茶艺与创新茶艺的区别。

（2）掌握紫砂壶茶艺的编创技能与要领。

（3）提升文化生产力，培养创意思维和创新能力，增强文化自信。

二、实验说明

传统文化要以人们喜闻乐见、具有大众参与性的方式进行推广。茶艺是茶文化与茶道思想的直观表现形式，也是极具参与感的大众文艺。茶艺不仅带给人以真、善、美的高雅享受，同时可引发观众情感共鸣，启人思考。在茶艺编创的过程中，编创者可以多关注身边人、身边事，将生活中的茶人故事、茶人精神进行挖掘整理，塑造榜样力量。例如种茶人对自然的敬畏，制茶人对一泡好茶的精雕细琢，泡茶人对茶汤的极致追求，科研学者对茶叶科学指标的反复求证，这些都体现了茶人匠心，也蕴含着“精行俭德”的茶人精神。发掘整理古今茶人茶事，将更多的优秀茶人故事以鲜活的茶艺作品形式表现出来，进行传播与弘扬，对我国茶产业的发展、茶文化的普及具有重要意义。

三、实验准备

1. 物资准备

实验需要准备茶艺室或舞台、茶桌椅、茶席底布、桌旗、茶匙、茶荷、提梁水壶、泡茶用水等，主要实验器具见表5－13，可以结合具体茶艺作品进行器具调整。

表5－13 紫砂壶创新茶艺主要实验器具

器具名称	容量、尺寸或其他备注	器具名称	容量、尺寸或其他备注
茶桌	120cm×60cm×45cm，1张； 120cm×60cm×70cm，1张	朱泥紫砂壶	2把（1把作主泡器，1把作公道杯）
坐几	蒲团，1个	品茗杯	6只
茶席底布（棉质）	颜色：深蓝色，长：180cm， 宽：260cm，手绘福建八闽地图	水盂	1只
桌旗（棉质）	颜色：猪肝红， 长：160cm，宽：30cm	水壶	陶质
茶匙	竹质	杯垫	6只，瓷质

续表

器具名称	容量、尺寸或其他备注	器具名称	容量、尺寸或其他备注
茶荷	竹质	茶巾	白色棉质，1条
花瓶	青瓷		

2. 茶品准备

实验需要准备福建乌龙茶。

3. 茶席准备

采用双壶冲泡，即两只朱泥紫砂壶共同完成冲泡，一壶作主泡器，一壶作公道杯，茶具摆放与黑茶紫砂壶茶艺类同，搭配相应的装饰物品。同时设计辅助副席，帮助表达主题。

四、实验学时

实验共4学时。

五、实验方法

1. 作品评价

教师组织讨论本实验茶艺案例的创新点，参考表5－14中的评分标准评价案例作品，并以此为借鉴，以茶人为素材，进行创意构思。

2. 小组讨论

小组成员共同选定一个喜爱的茶人（历史茶人或现代茶人），展开头脑风暴，选定主题，确定题目，围绕此茶人构思茶艺作品。

3. 小组汇报

以小组为单位分享各组的创新茶艺编创思路，师生共同点评完善创作思路。

4. 文本撰写

结合点评意见，各小组修改完善茶艺作品，撰写茶艺文本。

5. 茶艺编排

茶艺排演、展示。

六、实验案例

1. 作品名称

本次茶艺作品名称为《思·行》，取“思念·前行”的首字，一是表达作者对前辈茶人的思念，二是作者希望将这种思念化作后辈茶人前行的动力。

2. 创意构思

张天福，福建福州人，中国当代十大茶人。张天福早年提出的“科教兴茶”战略，促进了福建省茶教育、茶科研与茶产业的进步，至今仍是福建茶人始终坚持的发展理念；晚年提出的“俭清和静”茶礼精神，也仍是很多茶人遵守的精神操守。

本次茶艺作品一方面是对张天福人生历程的挖掘整理，表达对他的深切怀念；另一方面希望张天福身上热爱家国、刻苦钻研、求真务实、无私奉献、爱岗敬业等优秀品质能够得到广大一线茶业科教人员的传承和发扬，鼓励青年茶人传承老一辈茶人的精神。本作品曾荣获2018年福建省茶业职业技能赛事茶艺师竞赛创新茶艺作品组最高分。

3. 茶品选择

乌龙茶是张天福家乡的特色茶叶，他一生致力于乌龙茶的研究，对其情有独钟。乌龙茶品类众多，以武夷山大红袍与安溪铁观音为代表，因此茶品锁定在这两款茶中。因编创者来自武夷山，取用大红袍更为方便，考虑到比赛评委来自不同地区，更容易接受清雅的香气与滋味，最终选择了一款清香型大红袍。

4. 茶具选择

福建不仅是乌龙茶的故乡，也是工夫茶的发源地之一。传统工夫茶专为冲泡乌龙茶而生，紫砂壶搭配小瓷杯堪称经典。本次茶艺选用两把温润古雅的朱泥小紫砂，一把用于冲泡，一把盛放茶汤，与张天福低调内敛的茶人品性相契合；再配仿古若深杯6只，黑陶水洗一个，大号紫砂提梁水壶一把。

5. 茶席设计

舞台共设两席，一主一副。主茶席为泡茶席，副茶席作为辅助席。两席一前一后，一低一高，错落有致。主茶席选用矮几，置于舞台正前方，茶席底布上绘制福建八闽地图，代表张天福在福建省内的足迹，茶杯沿着地图的线条摆开。副茶席设计为一张书桌，置于舞台侧后方，书桌上放有厚厚的书籍、笔墨纸砚，以及当年张天福立誓的挂字，以还原张天福年轻时刻苦奋进、为振兴祖国茶业而努力奋斗的场景。两席皆选用深蓝色底布辅以红色窄桌旗，起到呼应效果。插花选用菊花，以表达思念。主茶桌前方使用碎石与马蹄灯装饰烘托主题，碎石铺就的小路表达了年轻茶人努力的方向，马蹄灯发出的灯光代表着我国茶产业的希望。

茶席背景采用动态的幻灯片，投影出深蓝色星空，在星空的远方有一盏温暖的灯，似一个耀眼的星塔，它就像慈祥的前辈张天福，为后辈指引前进的道路。《思·行》茶席设计见图5－2。

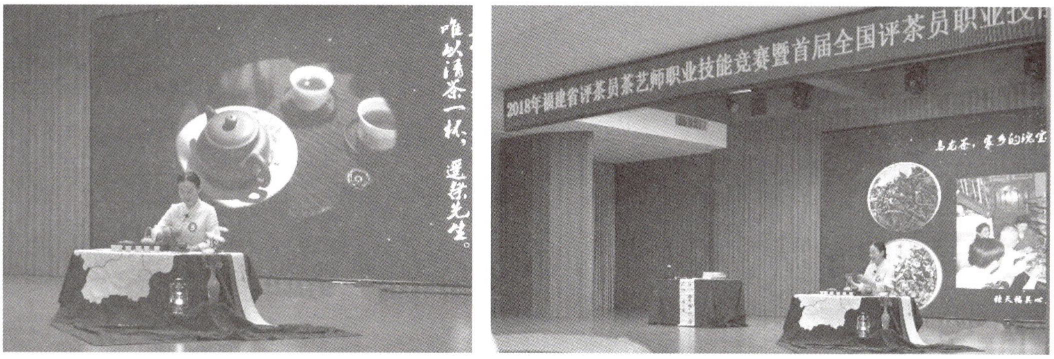

图5－2　《思·行》茶席设计

6. 茶艺步骤与解说

（1）入场阶段

入场表演：茶艺师模仿张天福当年的状态，手持书卷从舞台一侧上场，情绪激昂走到副茶席处，手挥毛笔写下“科教合一，实事求是，身体力行”大字，并悬挂于副茶席桌一侧。

扫码查看《思·行》茶艺作品资料

[解说]中国，自古以农立国。福建，著名的茶乡，茶业生产联系着八闽大地万千百姓的生计。但是，在20世纪初的中国，却是农业落后，茶业衰败，广大的茶区沦陷在日本侵略军的铁蹄之下，万般凋零。当您看到日本报纸上嘲弄敞露上身、赤脚揉茶的中国茶农的照片时，您悲愤至极，立志要改变中国茶业的落后。您高呼：“……如欲振兴茶业，则培养专才，设立茶业研究机关，谋栽培与制造上之改良……实为当前之急务也。”是您以身许茶，立下“科教合一，实事求是，身体力行”的誓言。从此，您用毕生来践行！

[幻灯片背景]20世纪初中国的照片以及张天福立志科教兴国，发展茶业的誓言。

（2）行茶阶段

①行礼入座：参考实验一与实验二的行礼、入座相应动作规范。

[解说]今夕何夕，先生不来。先生不来，思念何穷，唯以清茶一杯，遥祭先生。

②烫具静心：参考实验十五的实验步骤。

[解说]1935年，您临危受命，前往福安，创立福建省首个茶业改良场和省立农业职业学校，开创了茶业科研与教学合一的先河。

[幻灯片背景]张天福参与筹建的福建示范茶厂、崇安县立初级茶业职业学校、福安农校、中央（崇安）茶叶研究所等历史图片。

③鉴赏干茶：参考实验十五的实验步骤。

[解说]先生，您说乌龙茶是家乡的瑰宝，清香甘醇，馥郁芬芳，它值得世界人民拥有和喜爱。您用毕生精力研究它，推广它，如今它已香飘国内外。

[幻灯片背景]张天福指导家乡人民生产乌龙茶的照片。

④冲泡：参考实验十五的实验步骤。

[解说] 先生，您说，人生的意义不在于享受多少，而是奉献多少。就如同这茶，一生奉献，不问回报，却在默默奉献中实现自身的价值，让人难忘它的清香。

[幻灯片背景] 张天福指导家乡人民生产乌龙茶的照片。

⑤候汤：参考实验十五的实验步骤。

[解说] 您，高风亮节，将全部心力投身于茶业科教发展，并成立基金，鼓励年轻一辈投身到茶业科研教育中来。

[幻灯片背景] 张天福茶学基金成立的照片。

⑥出汤：参考实验十五实验步骤。

[解说] 八十多年的时光，您将全部心力投身于茶业科教发展，八闽茶区无一处没有您的足迹。即使已过百岁，我们仍常在一线见到您走访的身影。

[幻灯片背景] 张天福晚年考察有机茶园的照片。

⑦斟茶：参考实验十五的实验步骤。

[解说] 茶尚俭，茶贵清，茶导和，茶致静。您说，俭清和静，是茶人的品性。

[幻灯片背景] 张天福亲笔书写的中国茶礼“俭清和静”的书法照片。

⑧敬茶祭先生：将首杯茶汤端至副茶席，祭奠茶人张天福，此处奉茶只需行真礼，无需行伸掌礼。

[解说] 我乘上思念化作的船，漂啊，漂啊，去看您！我翻山越岭跨过山河走啊，走啊，去寻您！一身正气，两袖清风，一杯清茶，敬予先生。

[幻灯片背景] 张天福生前微笑品茶的照片。

⑨奉茶给评委：继续奉茶给评委嘉宾。参考实验十五的实验步骤。

[幻灯片背景] 张天福生前微笑品茶的照片。

⑩品茶：参考实验十五的实验步骤。

[解说] 桃李不言，下自成蹊。先生，请您安心，您像一盏明灯，指引我们在“科教兴茶”的道路上砥砺前行。“科教合一，实事求是，身体力行”，已经深入我们的心中，我们将一往无前，在芬芳的茶路上，继续探索。

[幻灯片背景] 满天星辰的照片，图片上配有一盏灯与一张张天福微笑品茶时的照片。

（3）退场阶段

行礼退场：此处暂不收具，茶艺师走到舞台中央解说，然后行礼退场即可。

[解说] 闽山苍苍，闽水泱泱！八闽茶业，兴盛无央。让茶香飘向远方，飘出国门，飘向世界，飘到您的身旁！

[幻灯片背景] 满天星辰的照片，图片上配有一盏灯与一张张天福微笑品茶时的照片。

七、案例启发

张天福是老一辈茶人的缩影，而历代的优秀茶人事迹都可以是茶艺表现的素材，通过茶文化工作者进行艺术加工，以鲜活的茶艺形式表现出来。对茶人们的先进事迹、优秀品质以及茶人精神进行传播与发扬，在新时代背景下，对于促进我国茶产业的发展、茶文化的传播具有现实意义。

八、实验考核

请参考评分标准将实验考核结果填入表5－14。然后进行小组茶艺作品内部自评，再由组间互评，并给出客观评语，使作品更加完善。

表5－14　紫砂壶创新茶艺考核测评表

序号	项目	分值	评分标准和要求	案例评价	小组自评	组间互评
1	作品名称	10	题目点睛、扣题，与主题关联紧密，且有一定的文化气息			
2	主题思想	20	①主题鲜明，立意新颖，有原创性； ②意境高雅，有人文内涵； ③能够呼应时代精神； ④选题及思想积极健康，符合大学生形象及主流旋律			
3	茶品与茶具选配	15	①茶品选择得当，与主题相宜； ②茶具选择得当，与茶品相宜； ③茶具选择得当，与主题相宜； ④茶具组合协调，具有美感与实用性			
4	茶席设计	15	①器具摆放位置、大小搭配协调美观； ②茶席上有明确的主色调，色彩搭配合理，与主题呼应； ③器具、装饰物品与主题贴合，有助于主题的表达，能传达设计者的思想； ④茶席有创意，与主题充分呼应； ⑤服饰与茶艺师气质稳合，能凸显茶艺主题； ⑥音乐贴合主题并具有艺术感染力； ⑦整体给人美感、和谐感、主题感			
5	茶艺流程	10	①流程科学合理具有可操作性； ②流程具有创新性和设计感； ③流程能服务于一杯好茶； ④流程能服务于茶艺主题			

续表

序号	项目	分值	评分标准和要求	案例评价	小组自评	组间互评
6	茶艺文本与解说	25	①文本阐释有内涵，语言有逻辑性，能够阐述清晰主题与流程； ②文字与茶艺内容、茶席设计等贴合； ③文字要精练、简明、生动，具有一定的文学性； ④解说具有感染力			
7	整体性	5	主题思想、茶席设计、茶艺流程等局部或整体具有创新性；但各要素在创新上不孤立，需相互关联，表现出整体性			
合计		100	总分			
整体评价						

九、实验思考

（1）上述“思・行”茶艺作品，如果你来命名，你会如何命名本作品，以充分表达主题思想？

（2）以小组为单位将实验课上所编创的茶艺作品修改完善形成作品文本，并完成动态茶艺演示，拍摄制作成茶艺视频作品。

（3）收集历史上、生活中的茶人代表事件充实自己的创新茶艺素材库，并从具体事件中获得感悟，提炼茶人精神。

本章拓展

1. 拓展阅读

刘黎平. 紫砂壶典[M]. 武汉：湖北美术出版社，2015.

陈国义. 壶中日月[M]. 上海：上海三联书店，2018.

中国茶叶学会. 潮州工夫茶艺技术规程：T/CTSS 5—2019[S]. 杭州：中国茶叶学会，2019.

叶汉钟. 潮州工夫茶艺概述[M]. 广州：广东人民出版社，2021.

周红杰. 第一次品普洱茶就上手（图解版）[M]. 2版. 北京：旅游教育出版社，2021.

李远华. 第一次品乌龙茶就上手（图解版）[M]. 3版. 北京：旅游教育出版社，2022.

2. 拓展课程

中国大学MOOC（慕课）《神秘的大红袍》（武夷学院，郑慕蓉等主讲）

中国大学MOOC（慕课）《茶韵茶魂——安溪铁观音》（福建农林大学，林金科等主讲）

学银在线/智慧职教《中华乌龙茶——魅力武夷岩茶》（武夷学院，郑慕蓉等主讲）

学堂在线《神奇的普洱茶》（云南农业大学，周红杰、李亚莉主讲）

中国大学MOOC（慕课）《紫砂文化与壶艺审美》（江南大学，胡付照等主讲）

3. 拓展实践

体验紫砂壶制作与乌龙茶制作技艺，感受匠心精神。

第六章

茶汤质量训练

本章导读与思政点

茶汤是茶艺师的作品呈现。本章设置了三个实验，分别为茶叶品质认知、茶叶冲泡方案设计、茶汤质量比拼。通过训练，深入认识茶品，能灵活应用泡茶三要素，逐步科学泡好一杯茶，以提升日常生活与茶事服务中茶汤的质量。通过认知不同茶叶，了解我国茶类的丰富性与茶人的创造力；通过不同茶类冲泡程序的设计与实训，培养精益求精的工匠精神和科学探索精神；通过茶汤服务训练，提升职业素养。

实验十七 茶叶品质认知

一、实验目的

（1）了解茶叶感官品质评定的基本知识，熟悉六大茶类的基本品质特性。

（2）掌握茶叶审评技术，了解茶叶审评与生活品饮的茶汤感官品质区别。

（3）培养自主学习与合作协同能力，锻炼语言表达能力，从而提升自信心。

扫码学习茶叶品质基础知识

二、实验说明

我国有六大基本茶类以及再加工茶类，茶叶种类丰富、花色众多，各地茶产品从外形到内质都存在巨大差异。识茶是茶艺师的基本功，只有充分认识并了解所泡茶品的特性，选用合适的茶具，才能自如调整泡茶三要素，把握冲泡过程与细节，充分发挥出该茶品的风格，呈现出理想的茶汤品质。在冲泡过程中，绿茶需要体现茶品的“鲜爽”，红茶在清饮时要突出“甜醇”的特点，乌龙茶要凸显“香高味浓”的品质，而黑茶则追求“陈醇”的风格，白茶追求“鲜甜”，黄茶追求“醇和”。只有充分认识茶品特性，茶艺师才能完美诠释出所泡茶品的特征，真正达到“看茶泡茶”。本课程实验结合茶叶审评知识，在于充分认知茶叶品质，通过反复训练对茶品的感知灵敏度，加深对茶叶的认识与记忆，为后续的茶汤冲泡实验做准备。

三、实验准备

1. 场地准备

实验需要准备茶艺室，配有茶艺桌凳、音响、水电等。

2. 茶品准备

实验需要准备六大基本茶类代表性茶品及地方特色茶品，如不同等级、不同形状、不同地域的代表性绿茶、红茶、白茶、乌龙茶、黑茶、黄茶以及本地特色名茶，可结合实际情况准备。

3. 器具准备

实验需要准备审评用具、泡茶用具、煮水器、茶席布等，主要实验器具见表6－1。

表6－1　茶叶品质认知训练主要实验器具

种类	器具名称	容量、尺寸或其他备注
审评用具	审评柱状杯	150mL
	审评盖碗	110mL
	审评茶碗	200mL，240mL
	汤匙	白瓷
	电子秤或天平	可精确到0.1g
	温度计	可测到100℃
	计时器	可精确到分、秒
	量杯	可精确到毫升
泡茶用具	白瓷壶	容量：140mL，160mL，200mL
	不同花色瓷壶	容量：140mL，160mL，200mL
	玻璃壶	容量：140mL，160mL，200mL
	紫砂壶	容量：110mL，130mL，160mL
	白瓷盖碗	容量：140mL，160mL，180mL

续表

种类	器具名称	容量、尺寸或其他备注
盛汤用具	不同花色瓷质盖碗	容量：140mL，160mL，180mL
	不同花色陶质盖碗	容量：140mL，160mL，180mL
	玻璃盖碗	容量：140mL，160mL，180mL
	白瓷公道杯	容量：200mL，250mL，300mL
	不同花色瓷质公道杯	容量：200mL，250mL，300mL
	不同花色陶质公道杯	容量：200mL，250mL，300mL
	玻璃公道杯	容量：200mL，250mL，300mL
	紫砂公道杯	容量：200mL，250mL，300mL
品茶用具	白瓷品茗杯	容量：25mL，30mL，50mL，70mL
	不同花色瓷质品茗杯	容量：25mL，30mL，50mL，70mL
	不同花色陶质品茗杯	容量：25mL，30mL，50mL，70mL
	玻璃品茗杯	容量：25mL，30mL，50mL，70mL
	紫砂品茗杯	容量：25mL，30mL
	紫砂闻香杯	容量：25mL，30mL
盛茶用具	茶叶罐	各种花色
	茶荷	各种花色
盛水用具	水盂	各种花色
煮水用具	随手泡	1200mL
	电陶炉	最大功率1500W（功率可调节）
	玻璃提梁壶	1200mL
	陶瓷提梁壶	1200mL
其他用具	桌布	各种花色
	茶帘	各种花色
	茶旗	各种花色
	茶道组	茶匙、茶则、茶针、茶漏、茶夹、茶筒
	茶滤	各种花色
	茶巾	各种花色
	茶匙架	各种花色

续表

种类	器具名称	容量、尺寸或其他备注
其他用具	盖置	各种花色
	杯垫	各种花色
	壶承	各种花色
	奉茶盘	各种花色

四、实验学时

实验共4～8学时。

五、实验方法

本实验为半开放性探究实验，在教师指导下以小组为单位自主完成实验。

（1）教师介绍茶叶审评内容、审评技术流程和审评要领。

（2）分组后，在教师的指导下，各小组自主完成茶样观察和开汤审评，并形成审评记录报告。

（3）各小组成员准备茶品知识，分工查阅资料，进行知识点整合。然后小组成员内部练习茶品讲解，并相互点评。小组成员还可以拍摄讲解视频，通过回看视频了解自身的不足，以便改进和提升。

（4）小组同学自由探讨茶具与茶品搭配，可以结合具体茶品挑选多款主泡茶具进行开汤对比实验，然后挑选出最佳主泡茶具，结合主泡茶具挑选辅助茶具、茶席布等，进行日常泡茶席的设计。

（5）进行阶段性实验成果汇报，评选出优秀小组方案。各小组挑选一款茶品，然后展示泡茶席（重点看茶具搭配是否得当，茶具摆放是否科学、色彩美感是否和谐等），同时由小组代表向其他小组介绍茶品，由师生共同点评打分，评选出优秀小组方案。

六、实验步骤

1. 对茶叶品质的科学认知

结合茶叶审评知识，对代表性茶品进行科学的审评，充分了解每款茶品的优点和缺点，为之后的冲泡打下基础。

（1）准备审评茶具。

（2）观看干茶。

（3）开汤审评。

（4）填写表6－2。

表6－2　茶品品质记录表

小组：　　　　　　　记录人：

鉴别内容	品质特征			
	茶品名称或编号	茶品名称或编号	茶品名称或编号	……
干茶				
汤色				
香气				
滋味				
叶底				
茶品品质整体分析				

注：如果完成感官审评后，茶艺师对于茶叶品质仍把握不准，可以使用该茶品进行一次日常冲泡，设定每次出汤时间为30s或1min，至少连续出汤3次，感受茶汤的品质变化。结合前面的审评记录，加深对茶叶的认识，尤其是要把握好每款茶的优点和缺点，以便在后期冲泡时能够扬长避短。

2. 全面解读茶品

（1）由教师分发或各小组选择一款茶品。结合本茶品的审评结果，分析茶品的品质特征（重点关注茶品品质的优点和缺点），小组探讨茶品冲泡的技术重难点。

（2）查询茶品的产地、工艺、品质、历史、故事等内容，并填写表6－3。

（3）介绍茶品特征　向他人介绍茶品的特点，传播名茶知识、科学饮茶常识和茶文化等，其他小组成员参考表6－4的评价指标给汇报小组评级，评选出“五星级茶文化传播专员”。

表6－3　茶品分析与记录表

小组：　　　　　　　记录人：

茶品			
序号	要素	内容	重要性
1	茶品的主要特征（审评八因子）		必须认知
2	茶品的产地、工艺		建议了解
3	茶品的冲泡技术重、难点		必须分析

续表

茶品			
序号	要素	内容	重要性
4	茶品的历史人文（如历史记载、传说故事、名人轶事、文学诗词、新闻报道等）		选择性了解
整体评价			

表6－4　茶品讲解评价表

讲解人：　　　　　　评价人：

茶品			
序号	要素	评价指标	星级（★★★★★）
1	讲解内容	讲解内容知识点准确、科学，描述用语客观	
2	讲解表达	语言简练、准确，语意清晰，语气柔和，语速适中，表达流畅，自信大方	
3	讲解情绪	情绪饱满或平静，自信大方，不紧张、不懈怠	
4	讲解气氛	表达幽默，应变灵活，能够营造愉悦轻松的交流氛围	
整体评价			

3. 搭配生活茶席

结合茶品的特性选择合适的冲泡茶具。此外，可以实验并比较多款主泡具对茶汤品质的影响，然后再挑选出理想的主泡具并搭配相应辅助茶具。

在茶具基础上，结合茶品的文化特性，并融合地域文化、季节环境等，设计简易生活茶席。通过实物多次反复对比，搭配出小组最佳方案，并拍摄茶席照片，同时完成表6－5。

表6－5　茶席搭配方案

小组：　　　　　　记录人：

茶品			
要素	分值	内容	评分
茶品			
茶具组合			

续表

茶品				
要素	分值	内容		评分
茶席布				
茶艺服饰				
其他装饰				
背景音乐				
满分		100	总分	
整体评价				

七、实验要领

（1）教师在示范时要把其中的关键点告知组员，并督促组员行茶的动作、礼仪要到位。在生活茶席搭配时，茶具要与茶品特性融合，茶席布的色彩、材质要与茶具相协调，此外还要考虑到冲泡操作是否安全、方便。

（2）同一茶类，以绿茶为例，不同形状、不同嫩度、不同产区的绿茶，在冲泡时的要点略有不同，因此对泡茶要素（投茶量、泡茶水温、注水手法和出汤时间）的掌握是关键，需要在不断的实操练习中总结经验。

（3）在进行茶品解读和与品茗者交流时，除介绍茶品特征外，还需要将茶叶的产地、工艺、品饮、历史人文等知识应用起来，将所学知识融会贯通，更加全面地介绍茶品，同时营造轻松、愉快的品饮氛围，让品茗者更容易理解与接纳。

八、实验考核

在开汤审评表6－2的记录基础上，参考表6－6的评价指标进行评分与评价，并将实验考核结果填入表6－6。评分采取百分制，整体评价采取描述性评语，综合对其方案的可操作性、操作的科学性与艺术性进行评价。

表6－6　茶品冲泡考核测评表

茶品				
序号	要素	评价指标	评分	得分
1	茶叶名称、等级与品质特征（50%）	茶叶名称、等级与品质特征描述准确	90～99	
		茶叶名称、等级与品质特征描述较准确	80～89	
		茶叶名称、等级与品质特征描述不准确	60～79	

续表

茶品				
序号	要素	评价指标	评分	得分
2	茶品的冲泡技术重点难点分析（25%）	茶品的冲泡要素与冲泡技术总结准确到位	90～99	
		茶品的冲泡要素与冲泡技术总结较准确	80～89	
		茶品的冲泡要素与冲泡技术总结不准确	60～79	
3	茶品冲泡器具选择与茶席搭配（25%）	茶具选择合理，器物位置摆放科学，茶席搭配美观实用	90～99	
		茶具选择合理性或器物摆放科学性欠缺其一，茶席搭配美观度或实用度欠缺其一	80～89	
		茶具选择不够合理，器物摆放不够科学，茶席搭配美观度与实用度不足	60～79	
满分	100		总分	
整体评价				

九、实验思考

（1）选择一款你熟悉或感兴趣的茶品，自信大方地向他人推荐，并将你的讲解拍摄成短视频，分享到社交平台，在班级内评选出“十佳茶讲解员”。

（2）收集生活中不同地区的茶品，通过审评实验感受不同茶品的品质差异。

（3）为什么茶艺实验中要开展茶叶感官审评实验？审评冲泡与茶艺冲泡出的茶汤有何区别？

（4）器为茶之父，水为茶之母。除了茶具对茶汤品质影响外，泡茶之水也极为重要。请选择不同水质的水对同一茶品进行冲泡实验，记录下茶汤的感官品质，对比感受水质对茶汤的影响。如果实验室条件允许，可以测定不同水质与所泡茶汤的内含成分差异。

实验十八　茶叶冲泡方案设计

一、实验目的

（1）掌握泡茶三要素知识，理解泡茶三要素对茶汤品质的影响。

（2）能够应用泡茶三要素知识设计冲泡方案。

（3）增强动手能力与实验设计能力，培养严谨的科学探索精神。

二、实验说明

通过茶叶感官审评了解茶品的品质特征及优缺点，结合已学的茶艺冲泡理论为茶品设计科学的冲泡方案。实验探索不同茶品的泡茶三要素（即茶水比例、泡茶水温、出汤时间）的准确参数，重点通过泡茶要素及冲泡手法的调整，提升茶汤感官品质。通过日常强化训练，细腻感知不同要素对茶汤品质的影响，灵活运用冲泡参数为茶艺服务，培养良好的冲泡习惯，为呈现出一杯高质量的茶汤而努力。

三、实验准备

1. 场地准备

实验需要准备茶艺室，配有茶艺桌凳、音响、水电等。

2. 茶品准备

实验需要准备六大茶类代表性茶品及地方特色茶品，如不同等级、不同形状、不同地域的代表性绿茶、红茶、乌龙茶、黑茶、白茶、黄茶以及本地特色名茶，可结合实际情况准备。

3. 器具准备

实验需要准备主要实验器具见实验十七的表6－1。

四、实验学时

实验共4学时。

五、实验方法

本次实验为开放性合作探究实验，采用比较法与车轮式泡茶法，小组成员通过对同一款茶品的不同冲泡要素的多次对比与重复实验，感受冲泡要素对茶汤品质的影响，从而找出适合本款茶品的最优冲泡参数。

（1）教师准备六大茶类样品或本地特色茶品，各小组成员随机抽取或者自由选取一款茶品。

（2）各小组成员结合实际茶品，探讨本款茶品适合的茶具与冲泡流程，完成实验设计表6－7。

（3）通过设计实验方案，对比找寻本款茶品最合适的泡茶水温与茶水比例，完成实验记录表6－8、表6－9。

（4）通过车轮式冲泡练习，让小组成员轮流冲泡一款茶，共同感受不同人泡出的茶汤品质差异，仔细探究注水方式与出汤时间对茶汤的影响表现，完成实验记录表6－10。

（5）进行阶段性实验成果汇报。各小组选派代表汇报本小组的冲泡设计方案、实验过程以及得出的最佳冲泡参数，由其他小组进行重复实验，以确保提供参数的真实性与可重复性，通过小组自评、组间互评与教师点评，评选出优秀小组方案。

六、实验步骤

1. 冲泡流程讨论

认真观察茶品，结合实验十七的表6－2，整理本款茶品的特点，探讨本款茶品的适合冲泡流程，完成表6－7，后期以此流程为基础，再结合实验过程进行调整。

表6－7　泡茶流程实验设计表

实验地点：　　　　　　　实验天气：

茶品		冲泡器具	
适宜冲泡流程			

2. 冲泡水温与茶水比例

结合已学理论及参考文献，确定茶品的适宜冲泡水温与茶水比例区间，在这个区间内进行实验验证，并设定统一的出汤时间，记录每次冲泡后的茶汤品质，最后得出这款茶品的最佳泡茶水温与茶水比例，并完成表6－8、表6－9。

表6－8　泡茶水温实验记录表

实验地点：　　　　　　　实验天气：

茶品		投茶量/g		
冲泡器具				
冲泡流程				
茶汤品质	出汤时间/s		不同冲泡水温/℃	
第一泡				
第二泡				
第三泡				
……				

实验小组：　　　　　　　实验时间：

表6－9　茶水比例实验记录表

实验地点：　　　　　　　实验天气：

茶品		冲泡水温/℃	
冲泡器具			
冲泡流程			
茶汤品质	出汤时间/s	不同投茶量/g（茶水比）	

续表

茶品		冲泡水温/℃		
第一泡				
第二泡				
第三泡				
……				

实验小组：　　　　　　实验时间：

3. 冲泡手法与出汤时间

综合前两次实验的结果，选定好最优投茶量与泡茶水温，此处采用车轮式冲泡练习法，小组成员轮流主泡，通过茶汤品质对比，给出本款茶品的小组建议冲泡手法与出汤时间。

车轮式冲泡法：以小组为单位，每组4～6人，设定好各小组的泡茶顺序，先选定首位冲泡组员。由首位组员先将茶品传递给其他组员查看，设定好投茶量、泡茶水温然后开始冲泡。由第一位组员冲泡出汤，第二位组员记录时，所有组员共同品鉴并评价茶汤，如果茶汤浓淡合适，说明浸泡时间合适；如果偏浓或偏淡，说明时间需要调整。第二位组员坐上主泡台时，先传递盖碗或茶壶，让组员们查看前一泡茶叶的形态，再重复前面的操作。一般茶品可以持续泡四、五道以上，即每轮可以有4～5位及以上组员参与泡茶。在此过程中，也需要观察组员们的注水手法，感受茶汤细微的差异。然后再重复实验1～2次，重新置茶，更换首泡组员，完成表6－10。

表6－10　茶叶浸泡时间实验记录表

实验地点：　　　　　　实验天气：

茶品		投茶量/g		水温/℃	
冲泡器具					
冲泡流程					
冲泡次数	第一道茶汤	第二道茶汤	第三道茶汤	……	
注水与出汤方式（参照实验五）					
出汤时间/s					
茶汤感官记录					
冲泡调整					

实验小组：　　　　　　实验时间：

4. 冲泡方案评价与重复

各小组完成本组的冲泡实验方案并先自评。各组公开本组茶品的最优冲泡参数与注水行茶手法，再由两小组搭配，相互重复对方实验并相互评分，评分表见表6－11。最后各小组进行实验结果汇总参数优化，并汇报实验方案，推荐实验茶品的最优冲泡参数。教师完成各小组的方案点评。冲泡方案的最终成绩由小组自评、组间互评与教师评分综合组成，评价标准参考表6－12。

表6－11　茶叶冲泡方案评分表

小组名称	小组自评（30%）	组间互评（50%）	教师评分（20%）	总分

七、实验要领

茶叶用量、泡茶水温和出汤时间是冲泡一杯茶的基础，只有科学掌握这三大要素，才能轻松享受一杯好茶。在三要素相同情况下，茶艺师可以通过微调注水方式来调整茶汤风味。相同的茶品，不同的泡茶三要素组合和注水方式，可以呈现出丰富的茶汤感官形态，为品茗者带来不同的味觉体验。因此，组员们需要反复练习，训练冲泡敏感度。同时要学会养成“习茶笔记”的记录习惯，以图文形式记录下每一次的冲泡细节及茶汤品质，为后期实验参数优化积累经验，也为自己的习茶之路留下痕迹。

八、实验考核

各小组成员及互评小组及教师结合表6－12的评价指标，为每个小组的实验方案进行科学评分，最后按比例综合（小组自评30%，组间互评50%，教师评分20%）即为小组同学方案的总分。

表6－12　茶叶冲泡方案设计考核测评表

序号	泡茶流程及要素	评价指标	评分	得分
1	茶品冲泡流程设计（20%）	科学合理，可操作性强，茶汤品质佳	90～99	
		较合理，有可操作性，茶汤品质较佳	80～89	
		不够合理，茶汤品质表现不足	70～79	
2	该款茶品的茶水比例（20%）	比例适中，茶汤浓淡适宜，能体现茶品风味特征	90～99	
		比例较适，茶汤偏农或偏淡，茶品风味未能充分体现	80～89	
		比例不合适，茶汤浓苦或淡薄，茶品风味不能充分体现	70～79	

续表

序号	泡茶流程及要素	评价指标	评分	得分
3	该款茶品的冲泡温度（20%）	水温合适，能够完全体现茶品风味特征	90～99	
		水温不太合适，不能完全体现茶品风味特征	80～89	
		水温不合适，不能体现茶品风味特征	70～79	
4	该款茶品的浸泡时间（20%）	浸泡时间适当，能够完全体现茶品风味特征	90～99	
		浸泡时间较合适，尚能够体现茶品风味特征	80～89	
		浸泡时间不合适，不能完全体现茶品风味特征	70～79	
5	该款茶品的注水出汤方式（20%）	注水出汤手法优美，且有利于茶汤品质表达	90～99	
		注水出汤手法优美，但不利于茶汤品质表达	80～89	
		注水出汤手法不美观也不利于茶汤品质表达	70～79	
满分	100		总分	
整体评价				

九、实验思考

（1）泡茶要素中的茶水比（或投茶量）、冲泡水温、浸泡时间以及注水手法，你认为哪一个因素对茶汤品质的影响最大？

（2）是否所有茶叶都必须使用恒温冲泡？可否使用变温冲泡？例如第一杯西湖龙井使用85℃开水润茶与冲泡；第二杯使用100℃开水润茶，再用85℃开水冲泡；第三杯使用85℃开水润茶，再用100℃开水冲泡。请对比三杯西湖龙井茶汤的品质。

（3）冲泡白茶可以选择哪些茶具？在泡茶要素的把握上，冲泡白茶与红茶有何异同？

实验十九　茶汤质量比拼

一、实验目的

（1）熟悉六大茶类的品质特性，掌握六大茶类的冲泡技术与要领。

（2）熟练搭配茶具和应用泡茶三要素，冲泡好与讲解好一杯茶，提升专业技能与沟通表达能力。

（3）增强学生创造美、鉴赏美、分享美的能力，促进人际关系与身心健康。

二、实验说明

本次实验内容以T/CTSS 3—2024《茶艺职业技能竞赛技术规程》为基础，结合国家茶艺技能赛事中“生活茶艺”的规则要求来设定，模拟生活或茶事工作中的饮茶交流场景，考查的是茶艺师在日常工作或生活中的泡茶水平，待人接物的交流能力以及礼仪水平。在这个过程中，茶艺师是核心，不仅要为品茗营造轻松愉悦的氛围，向品茗者科普茶知识，传播茶文化，更要让品茗者感受到茶汤的美好风味，体验愉快的茶饮享受。

1. 茶汤质量比拼流程

抽签确定冲泡茶品→熟悉茶品→选取与所泡茶品相匹配的茶具→入场→布席→冲泡（出三道汤）→奉茶→品饮→收具→退场。

2. 其他要求

服饰简洁大方，无须设置主题、背景音乐和解说词，但应与品茗者有适当交流，交流的内容围绕所冲泡的茶品。此外，需有自品环节。每道茶除奉给品茗者外，还应自饮，并对每道茶汤做色泽、香气、滋味的评价。

3. 实验时间

从入场到退场的时间应控制在10～15min。

三、实验准备

1. 场地准备

实验需要准备茶艺室。

2. 茶品准备

实验需要准备代表性绿茶、红茶、白茶、乌龙茶和黑茶、花茶。

3. 器具准备

实验需要准备主要实验器具参考表6－1。

四、实验学时

实验共4学时。

五、实验方法

本次实验模拟真实茶室中或茶艺大赛中的生活茶艺现场，以冲泡好一杯茶、讲解好一款茶，让品茗者感受美好的茶汤与茶文化氛围为目的。

（1）首先进行抽签，分为茶艺师与品茗者两大组；然后再互换角色。

（2）教师解读“茶汤质量比拼”实验方案步骤、要求及重点注意事项，并进行答疑。

（3）按照分组进行模拟实验。每5人为一组，1人担任茶艺师，4人担任品茗者，一款茶冲泡结束后轮换角色。每个小组的品茗者需为茶艺师打分，教师则在旁侧观察。

（4）实验结束，以小组为单位进行实验感受分享，总结自己及小组成员在实验过程中的表现，教师点评总结。

六、实验步骤

1. 抽签定茶

抽签确定冲泡茶品。

2. 熟悉茶品

利用10min熟悉茶品，确定所抽茶品的种类、老嫩度等，并同时思考所要选取的茶具等。

3. 选取茶具组合

依抽取的茶品品质特点选取所需用品。

茶汤质量比拼最能考察茶艺师在日常生活和工作中的泡茶功底以及综合素养。泡茶用具的选择，泡茶三要素的把握至关重要。

（1）选取泡茶用具　泡茶器具的选择是否得当，与茶汤质量的好坏密切相关。需要观察茶叶的老嫩度、形状（如条形、颗粒形等），并结合冲泡当天的气温，选择合适的茶具。

壁薄散热好的茶具适合冲泡细嫩的绿茶、红茶、白茶等，部分轻发酵的高香乌龙茶在夏季冲泡也适合选用此类茶具；壁厚保温性好的茶具则适合冲泡较粗老或对水温要求较高的茶叶，在秋冬季使用也适合，如黑茶、传统焙火的乌龙茶、寿眉等。此外，在茶具色泽的选择上，绿茶常选透明、白色、青花等素色花纹；红茶以白色、暖色、透明茶具为佳；乌龙茶选择色泽范围广，可结合其香型、焙火程度等选择相宜色泽的茶具，轻发酵的乌龙茶选择清淡雅致的素色茶具为佳，重发酵的乌龙茶以暖色调的茶具为宜。若对色彩把握不准，可选择通用色彩——白色。

（2）选取品茶、盛汤、盛茶用具　品茶、盛汤、盛茶用具依泡茶用具配套选择。闻香杯的选用可依照平时的泡茶习惯。

（3）选取煮水用具　冲泡需要较高水温的乌龙茶时，需选用可保温的电陶炉及提梁壶，以保持水温。

（4）选用其他用具　依选取的泡茶茶具和品饮器具的材质、色泽选取桌布、茶帘（茶旗）、壶承、杯垫、茶巾等其他用具。以色彩协调、简洁大方为原则。

4. 端具入场

双手端取或提取盛放有茶席布、茶具的茶盘或茶篮上场。以端盘上场为例，茶盘离身体约半拳距离，上身放松，挺胸收腹，目光平视，上手臂自然下坠，与身体约一拳距离，腋下自然放松、小臂与肘平，茶盘高度以舒服为宜。右脚先迈步，左脚跟上，走到离椅子约30cm处向右直角转弯面向品茗者，身体为站姿，两脚并拢，表情自然，面带微笑。

所选器物用品最好一次性拿完。如果一次无法拿完，可分多次拿取，但需有条不紊。

5. 布具

先将茶席布铺于茶桌上，注意桌布要左右对称，边角整齐。再依壶承、主泡器、公道杯、品茗杯、水盂、茶叶罐、茶荷、茶巾、提梁壶（或随手泡）的顺序有序布具。所布茶席以方便拿取茶具、美观实用为原则。

6. 行礼

布具完毕后立于座位一侧，正面对着品茗者，面带微笑，眼神柔和，用目光同品茗者交流，示意已做好泡茶准备。随后向品茗者行礼，邀品茗者入席。

茶艺师准备好后，向品茗者行鞠躬礼表示茶艺开始，再行伸掌礼邀请品茗者入席，过程中可配合适当语言。品茗者回礼，与茶艺师形成互动，并入席准备品茗。

7. 入座

以身体立于座位左侧为例。入座时，右脚向前一步，左脚并拢，右脚向右一步，左脚并拢，身体移至凳子前，坐下。

8. 取茶

捧茶叶罐，移至胸前，双手护住罐身，用两个拇指沿缝隙启开盖子，向里沿弧线放下罐盖。右手持茶匙，虎口呈弧形，掌心为空，缓缓将罐内茶叶拨入茶荷内。完毕后，将茶匙搁于茶匙架上或茶筒内，茶罐放回原处。

9. 赏茶

双手手心朝下，手指并拢，虎口呈弧形，握茶荷。接着左手下滑拖住茶荷，右手下滑拖住茶荷，双手托住茶荷。用腰带着身体从右转至左，目光与品茗者交流，身体保持正直。

可将茶荷递于品茗者，鉴赏干茶。此时可与品茗者有适当交流，交流内容以茶叶产地、色泽、条索，饮茶习惯等为主，拉近主客间的距离。

10. 温具

右手提水壶，先沿弧线收回至胸前，再向前推出，逆时针向盖碗或茶壶中注满水，放回水壶。此时稍停留片刻，以提高杯温。接着将盖碗或壶中的水倒入公道杯，再由公道杯分入品茗杯中，温公道杯和品茗杯。绿茶玻璃杯和花茶盖碗茶艺温具略有不同。

11. 投茶

左手拿茶荷，右手取茶匙，置茶于盖碗或茶壶中。右手放回茶匙后，双手放回茶荷。

投茶量依茶类不同、老嫩不同、茶条松紧度不同、所选泡茶具容量不同等灵活掌握。细嫩的茶叶投茶量稍多一点，成熟的茶叶投茶量稍少一点；茶条疏松的茶叶投茶量稍多一点，紧实的茶叶投茶量稍少一点；选用较大泡茶具时投茶量稍多一点，选用较小泡茶具时投茶量稍少一点。

12. 嗅干茶香

双手拿起盖碗或茶壶，右手抵住盖钮，抖动盖碗或茶壶2～3次，促使干茶香气散发。将盖碗或茶壶递于品茗者，引导品茗者嗅干茶香，并对茶香类型等内容进行适当评价。

13. 润茶

润茶并非必需程序，但润茶有利于茶叶内含物质有序溶出，提升茶汤品质。润茶通常分为浸润泡和温润泡两种形式。

（1）浸润泡　细嫩的绿茶、黄茶、红茶、白茶采用浸润泡。提水壶逆时针注水于盖碗或茶壶中，注水量约1/3。左手托住盖碗底部，右手轻握碗沿，抵住盖钮，运用右手手腕逆时针旋转盖碗，左手配合做相应运动，促使茶叶吸水，浸出茶汤。

（2）温润泡　乌龙茶、黑茶可选择温润泡。提水壶逆时针注水于盖碗或茶壶中，注水量约2/3，快速出汤至公道杯中，接着将公道杯中茶汤分至品茗杯中，起到温品杯的效果，然后将水倒至水盂中。

在水温的选择上，原则为细嫩的茶叶，水温宜低；粗老的茶叶，水温宜高。一般绿茶常用80～90℃的水；一般红茶常用90～95℃的水；一般乌龙茶、黑茶宜用95～100℃沸水。

14. 冲泡

向盖碗或茶壶中注满水。采用定点注水或悬壶高冲可视具体茶叶而定。茶叶的冲泡时间，差异较大，与茶叶种类、泡茶水温、投茶量等都有关系，应结合各茶品的地方冲泡标准与茶艺师的冲泡经验灵活掌握。

在等待茶汤浸出的时间里，茶艺师可与品茗者进行适当交流，交流内容可以是冲泡此款茶品的方法、注意事项以及品茗者的饮茶习惯等。

15. 分茶

出汤后，先将温杯的水依次弃去，再以从左到右或从右到左的顺序依次分茶。

16. 奉茶

手拿杯托，依次将茶奉于每一位品茗者面前，并行伸掌礼，同时说："请用茶"。

17. 品饮

茶艺师和品茗者一起品茶，在品茶的同时可以进行适当交流。交流的内容以茶汤色泽、香气、滋味为主，也可以穿插茶的制作工艺、历史人文等内容。

茶艺师依次出第二道、第三道汤，奉茶、品饮，并进行适当交流。茶艺师在冲泡三道茶时，第一道茶体现了茶叶的基本风味，第二道茶体现了茶汤的层次感，第三道茶则体现了茶叶的耐泡度。虽然对于三道茶汤的考察略有不同，但是三道茶汤间需要浓淡相近、风味相似，品质稳定在一个水平上。

18. 收具、退场

当第三道茶汤品饮结束后，茶艺师与品茗者互道感谢，送别品茗者。然后茶艺师将茶具依次放入奉茶盘，起身，立于座位一侧，行礼。端茶盘，转身退场。

七、实验要领

不同种类、不同嫩度的茶叶在冲泡时的要点略有不同，需灵活应用泡茶三要素与注水方式来提高茶汤品质，通过反复训练感受不同冲泡要素对茶汤品质的影响。

茶艺师冲泡的前三道茶汤要保持品质的稳定，茶汤在色泽、浓淡、风味上应该接近一致，这充分体现出茶艺师的技艺水平，并为品茗者提供了良好的品饮体验。茶艺师需要在不断的实操练习中体会、总结并掌握茶艺冲泡细节，提升冲泡茶汤品质。

此外，茶艺师在与品茗者交流时，还要与茶文化、茶叶加工、茶叶审评、生活常识等知识结合起来，将所学融会贯通，并应用于实践。茶艺师需与品茗者保持融洽的沟通，并努力创造良好的品茶意境，帮助品茗者建立美好的饮茶体验，推动科学饮茶、大众饮茶，提升品茗者的茶文化素养。

在茶事服务过程中，茶艺师要树立“利他”思想，即多为对方着想，这样品茗者才能够充分沉浸于茶饮体验。

八、实验考核

请参考评分标准将实验考核结果填入表6－13，分别从茶汤质量、说茶、冲泡过程等多个角度对各小组的茶汤质量进行考核评价。

表6－13　茶汤质量比拼考核测评表

学号：　　　　　　姓名：　　　　　　冲泡茶品：

序号	测评内容	评分标准	分值	扣分	扣分记录
1	茶汤质量（40%）	汤色明亮，深浅适度	5		
		汤香持久，能表现所跑茶叶品质特征	12		
		滋味浓淡适度，能突出所泡茶叶的品质特色	15		
		所奉茶汤温度适宜	5		
		所奉茶汤适量	3		

续表

序号	测评内容	评分标准	分值	扣分	扣分记录
2	礼仪、仪容、神态（15%）	服饰得体，仪容、神态自然端庄，站姿、坐姿、行姿大方，礼仪规范	15		
3	说茶（20%）	表达清晰，色香味描述准确，知识点到位，亲和力、感染力强	20		
4	冲泡过程（20%）	茶具准备有序，茶席布置合理	5		
		冲泡程序契合茶理，动作自然，冲泡过程完整、流畅	12		
		收具动作干净、简洁	3		
5	时间（5%）	在10～15min完成	5		
合计			100	总分	
整体评价					

地点：　　　　　　　　时间：

九、实验思考

（1）将本节课的实验表现与心得进行总结记录，撰写实验报告。

（2）为何实验要求出汤三次，在你看来三道茶汤是否有区别？每一道茶汤是应该突出层次感，还是保证风味一致更好？如果作为品茗者，你希望喝到一杯怎样的茶汤？

本章拓展

1. 拓展阅读

许玉莲. 茶铎八音[M]. 北京：中华工商联合出版社，2014.

蔡荣章. 现代茶道思想[M]. 北京：中华书局，2015.

黄建安，施兆鹏. 茶叶审评与检验[M]. 5版. 北京：中国农业出版社，2022.

周炎花，李清. 茶叶感官审评技术[M]. 北京：中国农业出版社，2022.

林燕萍. 茶叶审评实验[M]. 上海：复旦大学出版社，2024.

2. 拓展课程

中国大学MOOC（慕课）《茶叶感官审评》（安徽农业大学，戴前颖主讲）

中国大学MOOC（慕课）《中国茶道》（湖南农业大学，朱海燕主讲）

3. 拓展实践

试着用不同的方式为同一组人冲泡你非常了解的一款茶品，一边冲泡一边讲解茶知识、茶文化，和品茗者共同探讨茶汤品质。

试将同一冲泡技术得到的同一茶汤分给不同的人，听听他们对茶汤品质的评价，了解不同人群对茶汤品质的嗜好与差异。

关注泡茶数据与智能泡茶机。使用泡茶机应提前设定好泡茶三要素，对比泡茶机与茶艺师冲泡的茶汤品质差异与品饮感受，并分别总结优点和缺点。

第七章

仿古茶艺

本章导读与思政点

我国饮茶历史悠久，在灿烂的茶史长河中，人们创造了丰富而浪漫的饮茶方式。不同的历史时期，因主流茶品、饮食方式与审美的不同，流行的饮茶风尚也不同。古典茶艺是我国茶文化发展的历史写照，也丰富着现代茶艺的形式与内容，是珍贵的文化遗产。为了深入学习古典茶艺，本章设置了仿唐煎茶茶艺、仿宋点茶茶艺与碗泡法茶艺三个实验。通过训练，可以了解饮茶方式的演化，感受中华茶艺的丰富形式与内涵、丰富茶艺视野，增强民族自豪感和文化自信。

实验二十 仿唐煎茶茶艺

一、实验目的

（1）了解我国唐代的饮茶历史及饮茶形式。

（2）掌握煎茶法技能与要领。

（3）感受我国唐代盛世中的饮茶艺术，体会中华茶文化的源远流长。

扫码学习唐代煎茶文化

二、实验说明

煮茶法，即直接将茶放在茶鍑中烹煮，是我国唐代以前最普遍的饮茶法。随着唐代陆羽《茶经》的问世和茶政改革的推动，我国茶叶事业在唐代进入一个兴盛的发展时期，而陆羽所推崇的煎茶法由此盛行于唐并传承至今。陆羽煎茶法有别于以往的煮茶法，他崇尚清饮，对所用之茶、水、器具以及烹煮程序等提出了具体的要求，更注重茶饮仪式，看重茶汤品质，这种清逸脱俗的饮茶方式受到了当时文人雅士的追捧，并迅速成为唐代最为流行的饮茶方式。

据陆羽《茶经》记载，煎茶法首先要将饼茶研碎待用，然后以炭火煮水，一沸时，鱼目似的水泡微露，调入食盐，将水调制成咸味；二沸时，当锅边缘水如连珠，舀出一瓢水置于碗中，然后向锅中心投入茶粉，用竹筴环搅汤心使茶水交融；继续烧煮，茶与水进一步融合，波滚浪涌，称为三沸，此时将二沸时盛出之水浇入鍑中，称为“救沸”“育华”。待茶汤的精华——“沫饽”均匀，茶汤便煮好了。茶汤煮好，均匀地斟入各碗中，有雨露均施、同分甘苦的含义。从中可以看出唐代的煎茶法是连汤带茶粉吃，故称“吃茶”。现代的煮茶则是在水开后，将茶叶投入锅中，煮沸，过滤茶渣，品饮茶汤。本实验是参考陆羽煎茶法程序，以仿制法门寺地宫出土的唐代宫廷茶具为主茶具，编排的一套仿唐煎茶茶艺。

扫码查看仿唐煎茶茶艺图

三、实验准备

1. 物资准备

茶艺室，唐装或茶服，茶鍑、风炉、炭火炉、鹾簋（cuó guǐ，即盐台）、茶罐（贮存茶饼）、茶合（贮存茶粉）、捣茶器、茶碾、罗合、捣杆、拂末、茶则（用于取茶粉）、长柄竹杓、纸囊、茶夹、揭（用于取盐）、琉璃盏、奉茶盘等，主要实验器具见表7－1。

表7－1 仿唐煎茶茶艺主要实验器具

器具名称	数量	质地	容量、尺寸或其他备注
茶鍑	1	铁	口径：9.7cm，最大直径：约20cm， 底部直径：约9.7cm
风炉	1	铁	内口径：约18.8cm，外口径：约20.6cm， 最大直径：约34cm，炉高：约22cm
炭火炉	1	陶	宽：14cm，高：12.5cm
鹾簋	1	瓷	高：约9cm，口直径：约7cm
茶罐（盛放茶饼）	1	铜	直径：约12cm，高：约22.5cm
茶合（盛放茶粉）	1	合金、镀金、 镀银、铜	长：约24.5cm，宽：约14cm，高：约12cm
捣茶器	1	铜	铜身12.3cm（不含盖），宽9cm
茶碾	1	木、石、 瓷、铁	长：28cm，宽：7cm，高：8.5cm，轴直径：9cm， 长：20.5cm
罗合	1	木	长：约14.5cm，宽：约9cm，高：约9cm
捣杆	1	铜	捣杆长：23cm

续表

器具名称	数量	质地	容量、尺寸或其他备注
拂末	1	竹、木	
茶则	1	竹	
长柄竹杓	1	竹	直径：21cm，高：14cm
纸囊	1	纸	
茶夹	1	竹	长：约17cm
揭	1	竹、铁、瓷	
琉璃盏	4	玻璃	200mL以下
奉茶盘	1	木	长：30cm，宽：16cm
茶巾	1	棉	
都篮	1	竹	
木炭	若干		

2. 茶品准备

实验需要准备仿唐蒸青茶饼或茶粉。

3. 茶具摆放

备具、备水、备茶后进行茶具的摆放（炉火需要提前生好），具体布具可参考图7－1。

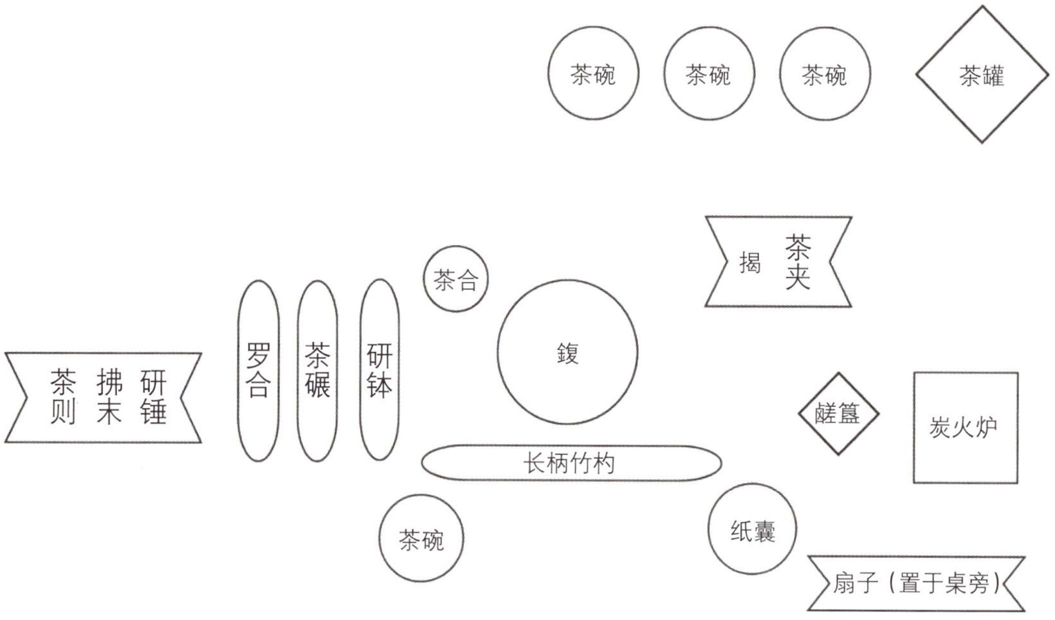

图7－1　煎茶茶席布具

四、实验学时

实验共4学时。

五、实验方法

1. 教师示范讲解

教师做整体示范或者播放完整视频，再分步骤演示讲解。

2. 分组练习

参照教师的步骤进行分组煎茶练习。在练习之初，可以将本实验的实验步骤1～5与6～10分开练习，熟练后再合并练习。若是使用茶粉直接煎茶，则实验步骤2～5可省略。

3. 点评与总结

展示阶段性练习成果，交流练习感受，师生共同点评，并评选出本次实验的“茶艺之星”。

六、实验步骤

1. 入场行礼

缓步入席，使用唐代叉手礼，并微屈膝或微俯首向宾客行礼，然后跪坐于茶席旁。叉手礼是汉唐时期十分日常的见面礼仪。男士行叉手礼时要两手交握于胸前，左手包住右手拇指，右手拇指上翘，右手其余四指伸直。女士行叉手礼则反之，即用右手压左手。男士见面时还可以行揖礼，女士见面时也可行万福礼。此外，现代被简化过的煎茶茶艺也可行鞠躬礼入席。

2. 缓火炙茶

用茶夹将茶饼取出，用文火缓缓炙烤，不停翻动，直至烤出茶香，饼冒热气。

3. 轻捶慢敲

将烤好的茶饼置于纸囊上，随后缓慢转移放入研钵中，研碎开来，将研碎的碎茶块倒入茶碾中，前后推动茶碾碾茶。碾茶完毕后，用拂末将茶粉拂扫至茶合中待用。

4. 过筛取精

将茶合中的茶粉倒入罗合中，将其铺平筛动，然后取过筛后的下层精细茶末。

5. 茶合候用

将筛好的茶粉再置存于茶合中，用茶则量取一定量的茶粉，轻放于茶合中备用。

6. 清泉煮水

用扇子扇火提升水温。唐代陆羽认为，煮茶之水，山水上，江水中，井水下，煎茶最宜选用上好的山泉水。

7. 煎茶三沸

煎茶分为三阶段，即三沸。一沸调盐：当水煮到鱼眼大的气泡，并微微有声响时，用揭从鹾簋中取适量食盐，加入茶鍑中，将水调制成咸味；二沸投茶：当锅边缘水如连珠，舀出一瓢水置于碗中，用茶则取适量的茶粉投入鍑中，环搅茶汤；三沸育华：茶汤出现腾波鼓浪，奔腾溅沫，此时将之前舀出的水倒回鍑中止沸，以孕育沫饽汤花。

8. 分斟沫饽

酌茶于碗，用长柄勺从鍑中舀出茶汤分入茶碗中，每碗的沫饽要均匀。沫饽是茶汤的精华，薄的叫沫，厚的叫饽，细轻的叫汤花。锅中煮出的前三碗，香味尤其浓重。

9. 共享精华

沫饽是茶汤的精华，将盛有茶汤的茶碗依次端入奉茶盘中进行奉茶。主客端取茶碗，先观茶汤，再赏茶碗，然后大口品啜。趁刚烹好时饮用，才能充分感受到浓郁的茶香与鲜醇的滋味。

扫码观看仿唐煎茶茶艺

10. 理器退场

返回茶席，收拾茶具，整理入都篮中，然后行礼退场。

七、实验要领

（1）注意茶艺解说和动作的协调性，以及古代泡茶手法和现代泡茶手法的差异性。如果完全参照古法，入场行礼需使用唐代盛行的叉手礼，更符合整体风格。

（2）投盐适量，需要反复试验并品尝其滋味咸淡。程启坤等人于2022年进行“陆羽煎茶法茶汤的模拟试验”，发现600mL的水中投盐1.2g，煮出的茶汤滋味协调适口。

（3）投茶量取决于茶鍑内的水量。煎茶煮1L水，通过换算，用6～9g茶粉。

（4）注意水沸的时机，一沸投盐，二沸投茶，三沸育华，随后可分茶于碗中饮用。

八、实验考核

请参考评分标准将实验考核结果填入表7－2，分别从备茶、备具、煎茶过程、茶汤质量等多个角度对各小组煎茶茶艺操作进行评价。

表7－2　仿唐煎茶茶艺考核测评表

班级：　　　　组别：　　　　姓名：

序号	考核内容	评分标准	分值	扣分	扣分记录
1	礼仪	服饰妆容协调，仪容端庄自然，动作轻稳，礼仪规范到位	10		
2	备具	物资准备齐全，摆放整齐，具有美感，便于操作	10		

续表

序号	考核内容	评分标准	分值	扣分	扣分记录
3	备茶	炙茶、碎茶、罗茶动作规范优美	10		
4	煎茶	能正确掌握煮茶三沸时机，调盐、投茶与育华顺序正确	20		
5	分茶	分茶于碗，每碗茶水量及沫饽控制均匀适量，斟茶手法优美	5		
6	奉茶	双手奉出，使用礼貌用语	10		
7	品茶	姿态规范、优美	5		
8	茶汤质量	茶汤浓淡、咸度适口，香气浓郁滋味鲜醇	20		
9	总体艺术表现力	能表现出茶艺的动态美和神韵美，以及唐茶的韵味美	10		
总分			100	得分	
整体评价					

九、实验思考

（1）试对比陆羽二十四器与法门寺地宫出土的唐代宫廷茶具，有何异同。

（2）试找一首唐代茶诗，解析唐诗里面唐人的品茶艺术。

（3）如何看待唐人煮茶加盐的行为？

（4）煎茶三沸中“一沸、二沸、三沸”之水的温度分别是多少，请用温度计测量。陆羽使用二沸之水煎煮蒸青饼茶，是否科学？

（5）陆羽煎茶法的投茶量、投盐量与水量是多少，结合你的实验结果给出最佳茶盐比例与茶水比例。

（6）若要复原唐代煎茶茶艺，有哪些注意事项？

实验二十一 仿宋点茶茶艺

一、实验目的

（1）了解我国宋代的饮茶历史及代表饮茶形式。

（2）掌握点茶操作技能与要领。

（3）感受我国宋代饮茶艺术，学会利用茶创造美，培养生活审美情趣。

扫码学习宋代点茶文化

二、实验说明

宋代是我国历史上茶文化的繁荣期，点茶艺术风靡一时。点茶始见于唐，兴盛于宋，到近代几近失传，直到2009年后点茶和茶百戏的抢救性恢复，才逐渐开始再次流行。蒸青团饼茶是我国唐宋时期的主流茶品，饮用时需将其碾细成末。点茶即将茶末投于茶盏中，用汤瓶注汤并用茶筅击拂形成汤花的饮茶方式。在宋代，文人雅士热衷点茶，斗茶盛行，风尚一时。“冲淡简洁，韵高致静，碎玉锵金，啜英咀华”，宋代文化的高度繁荣也成就了优雅闲适的点茶文化，在点茶基础上，发展起来的分茶游戏（又称茶百戏、水丹青），将茶由品饮上升为艺术，并赋予思想内涵，点茶由此逐渐发展到极致。中国的点茶法在宋代传入日本，并演变形成日本茶道并一直延续至今。学习点茶有助于我们更好地了解宋代文明，走进古人丰富的精神世界，培养闲适优雅而富于诗意的生活方式。本实验主要参考T/MCYX 001—2021《点茶技艺规程》，希望能够为点茶的学习提供参考和指导。

三、实验准备

1. 物资准备

（1）场地　茶艺室。

（2）服装　宋式服装或现代茶服。

（3）煮水器具　烧水壶、茶炉。

（4）茶粉加工器具　茶钤、茶臼、茶磨及磨架、茶罗、茶帚、茶合。

（5）点茶具　茶盏、盏托、茶筅、筅托或筅立、汤瓶、茶炉、茶合、茶匙、茶巾、水盂。

2. 茶品准备

实验需要准备仿宋蒸青研膏茶饼或研膏茶粉。

3. 茶具摆放

备具、备水、备茶后进行茶具摆放，具体布具可参考图7－2，此图为简易点茶席，即直接使用茶粉点茶。

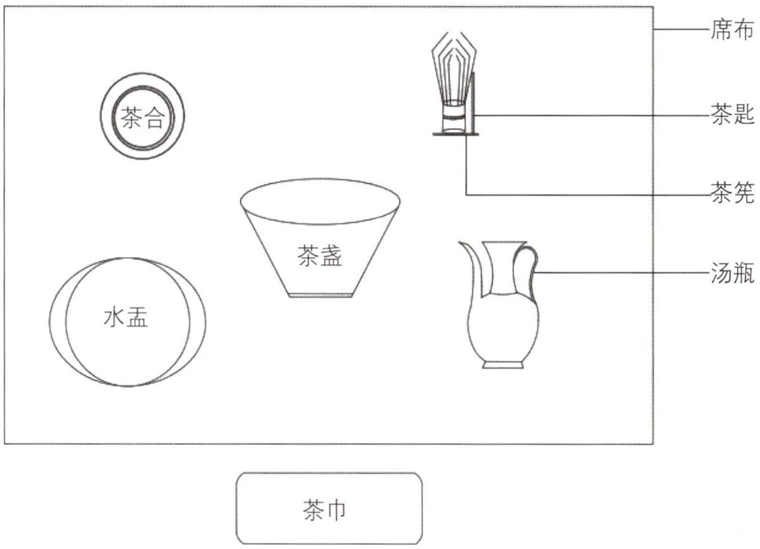

图7－2　**点茶茶席布具**

扫码查看仿宋点茶茶艺完整点茶席、简易点茶席

四、实验学时

实验共4学时。

五、实验方法

1. 教师示范讲解

教师进行整体示范和分步骤的示范与讲解。

2. 分组练习

参照教师的演示分组进行点茶练习。在练习之初，可以将本实验步骤1～5与实验步骤6～14分开练习，熟练后再合并练习。若是使用已磨好的茶粉直接点茶，则实验步骤3可省略。

3. 点评与总结

每组展示阶段性练习成果，小组成员交流练习感受。师生共同点评，并投票选出本次实验的“茶艺之星”。

六、实验步骤

1. 入场行礼

缓步入席，使用古代叉手礼，并微屈膝或微俯首向宾客行礼，然后静坐于茶席旁。男子见面时可行揖礼，女子见面时可行万福礼。（参考实验二十“入场行礼”的实验步骤）

使用古礼更显古韵，现代简化过的点茶茶艺也可选择行鞠躬礼入席。

2. 备具

依次摆放好点茶茶具，将水煮沸，稍凉后加入汤瓶中，注水七分满。

3. 备茶

（1）炙茶

右手持茶钤，夹取茶饼在茶炉上用文火烤炙，烤炙2～3min后翻到另一面烤炙，随后将茶饼放入茶臼中。

（2）碎茶

左手扶着茶臼外沿，右手握杵均匀用力敲碎饼茶。

（3）碾茶

双手握茶臼靠住石磨上盘沿，腾出右手用茶帚将臼内碎茶扫入茶磨孔内，放回茶帚、茶臼。左手扶着磨下盘外沿，右手逆时针匀速转动上磨盘，将茶碾细为粉。

（4）罗茶

左手将茶罗靠住茶磨下盘出口，右手取茶帚将茶粉扫入茶罗，双手取出罗内网筛，在罗上方轻轻摇动网筛，将细粉筛入罗内，再用茶匙将筛好茶粉装入茶荷。

4. 候汤

右手将汤瓶放置于茶炉，开始煮水。

5. 烫盏

将茶筅放入茶盏，右手四指并拢握汤瓶从炉上取出，左手持茶巾护住汤瓶下沿，注水约50mL烫洗茶筅。依次放回汤瓶、茶筅，右手将废水倒入水盂。右手再次从炉上取出汤瓶，环绕盏壁注水约50mL烫洗茶盏，右手放回汤瓶，左手持盏将水倒入水盂。

6. 取茶粉

用茶匙将茶粉从茶合中取出，倒入茶盏内，轻敲茶盏内壁，将黏附于茶匙上的茶粉敲入茶盏。动作宜轻，茶粉不外扬。

7. 注汤

右手从炉上取出汤瓶，左手持茶巾护住汤瓶下沿，向茶盏内注汤。注汤时应低位，水流匀速，水流不飞溅。

8. 调膏

左手虎口呈“八”字形按在盏口左侧，右手拇指、实指、中指三点握住筅把，无名指、小指紧靠，从垂直方向沿盏壁将茶粉和水缓缓调匀，使茶汤不结团。

9. 再注汤

右手取汤瓶，左手持茶巾护住汤瓶下沿，向有茶膏的茶盏内再次注水，应低位沿盏内壁环注，水流匀速，茶汤不飞溅。

10. 击拂

左手虎口呈“八”字形按在盏口左侧，右手拇指、食指、中指从三点握住筅把，无名指、小指紧靠，从盏壁右侧搅拌茶汤。应“手轻筅重、指绕腕旋”，手腕带动手指旋转发力，快慢结合。先“击”再“拂”，先快速搅拌茶汤形成泡沫后，再环绕盏壁汤面缓缓拂动。待汤花细腻均匀，随后将茶筅放回筅架。

11. 分汤

茶盏中点好的茶汤可一人饮用，也可以使用小勺将茶汤汤花均分至小茶盏分饮，每盏宜七分满。

12. 献茶

双手五指并拢，捧茶盏放入盏托，随后双手持盏托双侧，微微低头将茶献给品茗者。

13. 品茶

品茗者双手捧盏饮茶。

14. 退场

返回茶席，收拾茶具，整理入都篮中，然后行礼退场。

扫码观看点茶的技术规程

七、实验要领

（1）碾磨的茶粉要细腻，越细腻越有利于点茶时快速形成汤花，一般过筛的筛网需要超过100目（1目=25.4mm × 25.4mm）。

（2）点茶水温不宜过高，建议在70～90℃为宜。

（3）茶水比一般为1∶50～1∶100。

（4）点茶时注意：调膏；有节奏地注水，不可一次性加水过多；茶筅击拂的轻重缓急应视情况而定，击拂时手腕带动手指转动发力，快慢结合。

（5）点茶过程中的击拂时间需在1～3min完成，时间过长显得动作重复烦琐，同时茶汤温度的下降不利于汤花形成，茶汤口感也会下降。

八、实验考核

请参考评分标准将实验考核结果填入表7－3，分别从备茶、备具、点茶动作、茶汤质量等多个角度对各小组点茶茶艺操作进行评价。

表7－3　仿宋点茶茶艺考核测评表

班级：　　　　　　组别：　　　　　　姓名：

序号	考核内容	评分标准	分值	扣分	扣分记录
1	礼仪	服饰妆容协调，仪容端庄自然，动作轻稳，礼仪规范	10		
2	备具	物品选配合理，摆放整齐有序，具有美感，便于操作	10		
3	备茶（炙碎碾罗茶）	姿势标准，动作优美。夹茶动作规范，经碎碾罗后的茶粉要细腻	10		
4	投茶	投茶量把握正确，茶粉不外扬	5		
5	点茶	能正确掌握注水时机与茶汤击打力度，动作自然、熟练、完整、流畅	20		
6	奉茶	双手奉出，礼貌和气。奉茶姿势自然，言辞得当	10		
7	品茶	姿态规范、优美	5		
8	茶汤质量	茶汤汤花厚而细腻且均匀，以洁白稍带茶色为佳，汤花持续时间长；滋味纯正饱满、爽滑、绵柔，带有纯正茶香	20		
9	总体艺术表现力	能表现出点茶的动态美和神韵美以及宋茶的韵味	10		
合计			100	总分	
整体表现					

九、实验思考

（1）分小组进行斗茶，比较在相同时间内、相同茶水比的条件下，不同组员的点茶汤花效果差异，比较汤花沫饽粗细、厚薄与水痕出现时间，分出斗茶技艺的高下。

（2）在点茶汤花基础上，尝试在茶汤上写字作画，体会古人“分茶”的闲情雅趣。

（3）点茶动作中“击”和“拂”有何不同，为什么要“手轻筅重、指绕腕旋”？

（4）尝试分别用1∶50和1∶100的茶水比点茶，感受茶汤的汤花品质差异，你更喜欢哪一款？

（5）探究影响点茶汤花的因素有哪些。

实验二十二　碗泡法茶艺

一、实验目的

（1）了解茶叶碗泡法的形成与历史发展。

（2）掌握茶叶碗泡法的操作技术与要领。

（3）丰富茶艺体验，培养生活审美情趣。

二、实验说明

碗，传统的食器，日常而经典，也是最古老且最易获取的茶具之一。“无由持一碗，寄予爱茶人。”在茶具未从传统食器分化出前，人们皆用碗饮茶，用大碗泡茶开汤历史久远。唐代酌茶于碗，宋时直接在碗中点茶然后品饮，明清后泡茶法流行，乡野民间也时常投茶于碗，注水冲泡。北京的大碗茶就是碗泡法的典型例子，茶叶在碗中浮动，饮用时不需拘谨，更显肆意豪放。由于碗的碗口敞开，茶叶在碗中比在盖碗或者茶壶中舒展更自如，在自由空间形成的茶汤也更加柔顺自然。因用碗泡茶自然简单，古韵犹存，天趣悉备，至今仍受到人们的喜爱。现今碗泡茶的常见操作是先将适量的茶叶投入碗中，添热水浸过茶叶，待茶叶均匀散开，再用茶勺将茶汤舀至茶杯内饮用。碗泡茶的精髓在于对时间与温度的掌控，观察茶叶散开的程度和茶汤的颜色来判断茶是否冲泡好。当下茶人们融入茶事美学、茶艺流程对碗泡法重新演绎，让这一古朴的民间泡茶法也变得雅趣重生，美好无限。

扫码查看
碗泡法茶艺图

三、实验准备

1. 场地准备

实验需要准备茶艺室。

2. 器具准备

实验需要准备玻璃茶碗（1只）、斗笠杯（3只）、杯托（3个）、随手泡（1只）、茶则（1个）、茶勺（1只）、水盂（1只）。

3. 茶品准备

实验需要准备绿茶、白茶或者其他散茶。

四、实验学时

实验共2学时。

五、实验方法

1. 教师示范讲解

教师进行整体示范和分步示范讲解。

2. 分组练习

分组后，参照教师的步骤与讲解进行练习。

3. 点评与总结

展示阶段性练习成果，交流练习感受，师生共同点评，并评选出本次实验的“茶艺之星”。

六、实验步骤

1. 入场

提都篮入场，然后行礼、入座、布具。

2. 赏茶

将茶叶从茶叶罐中取出至茶荷。双手托起茶荷，缓缓移至胸前停留约2s，再从左至右移动并向品茗者展示，眼神需与品茗者交流，最后在右边收回茶荷，轻嗅干茶香气，约3s后放回原位。

3. 温碗

右手拿起水壶，沿着碗壁逆时针注水一圈，水壶按原路线放置原位。双手大拇指张开，其余四指并拢，平稳地捧起玻璃碗到胸前，按逆时针方向将碗内的水倾斜至碗口旋转一周，让水能均匀地烫洗整只茶碗，再将碗放回原处。

右手拿起茶勺，将水分至斗笠杯中，剩余的水倒入水盂中。

4. 投茶

双手取茶荷至胸前停顿，然后左手持茶荷，右手取茶匙，使用茶匙将茶荷中的茶叶分2～3下拨入碗内。

5. 润茶

右手提起水壶，将水环圈注入玻璃茶碗内，水完全浸润过茶叶，然后放回水壶，双手捧起茶碗，按逆时针方向转动茶碗1～2圈，然后将碗放下，让茶叶充分吸水舒展。

6. 泡茶

右手再次提起水壶，定点低斟注水至玻璃茶碗的1/2～2/3，然后静待茶叶散出香味。如果直接使用大茶碗品饮，则可省略本实验步骤8、步骤9。

7. 温杯

依次温杯，右手取斗笠杯，左手护杯，双手持杯逆时针转动（水倾斜至碗口旋转）杯子2～3圈，然后右手持杯将水倒入水盂中，再放回原处。

8. 分茶

待茶汤呈现出黄绿明亮的色泽，右手拿起分汤勺，大拇指与中指拿起分汤勺勺把，食指自然地搭在勺把上，将碗里的茶汤从左至右依次分入三只斗笠杯中。

9. 奉茶

将盛有茶汤的斗笠杯（留一杯自饮）移至奉茶盘中，然后端至客人面前，行奉茶礼并依次奉茶。

10. 品茶

使用三龙护鼎的手法端起斗笠杯，缓缓端至胸前停留2s后移到嘴边，先轻嗅茶香，再观汤色，然后品尝茶汤滋味。

11. 收器

返回茶桌，收拾茶具，将茶具放回都篮中。

12. 退场

行礼，提都篮退场。

七、实验要领

（1）选茶　茶品不可太过细碎，因为细碎之茶影响分汤；投茶量不宜太多，因为茶水不分离，茶叶长时间浸泡于水中，滋味易变浓苦；分汤不宜太快，相比盖碗、紫砂壶泡法，碗泡法水温下降得更快，因此茶汤滋味浸出会更慢些，出汤时间比正常冲泡时间略长。

（2）茶勺使用　茶勺盛汤时，不要随意搅动茶汤，这样易使茶汤变浑或者破坏茶叶组织；茶勺保持45°入茶汤时，动作美观且出汤速度较快；茶勺分汤时（盛舀茶汤时），茶勺需在茶碗边缘轻轻撇一下，可撇掉茶勺下方的水滴，避免滴洒在茶桌上。

（3）适宜季节　碗泡法因碗口敞开，热量散失快，温度易于下降，因此夏季更适合采用碗泡法。

碗泡法如果操作得当，茶汤则甜顺柔和，与盖碗泡法或紫砂壶泡法有所不同，会感受到茶的不同风味。碗泡法简单古朴，似乎没有太多的冲泡规则，泡茶时的茶水比例、出汤手法似乎也无迹可循，只有通过不断地练习，才能逐渐找到技巧。

八、实验考核

请参考评分标准将实验考核结果填入表7－4，分别从备具布具、取茶赏茶等多个角度对各小组碗泡法茶艺操作进行评价。

表7－4　碗泡法茶艺考核测评表

班级：　　　　　组别：　　　　　姓名：

序号	测评内容	评分标准	分值	扣分	扣分记录
1	入场退场	姿势正确、动作规范，离场不遗留器物	10		
2	备具布具	动作规范有条理，摆放整齐，便于操作，有美感	10		
3	取茶赏茶	手法正确，动作规范、优美	10		
4	温杯润茶	手法正确，动作规范、优美	15		
5	置茶冲泡	手法正确，动作规范、优美	15		
6	奉茶品饮	手法正确，动作规范、优美	15		
7	茶汤质量	能充分表现茶汤的色、香、味、形	15		
8	姿态、礼仪	姿态正确、优美，礼仪周全	10		
合计			100	总分	
整体评价					

九、实验思考

（1）使用六大茶类代表性茶样进行碗泡法实验，感受不一样的茶汤品质风味，并评选出最适合采用碗泡法的茶类或茶品。

（2）选择同一茶品，分别使用碗泡法、盖碗泡法、紫砂壶泡法和煮茶法，对比并记录茶汤风味上的变化。

本章拓展

1. 拓展阅读

刘勤晋，李远华，叶国盛. 茶经导读[M]. 北京：中国农业出版社，2015.

李曙韵. 茶味的初相[M]. 北京：北京时代华文书局，2015.

章志峰，章业成. 中华茶百戏——茶汤幻变的千年绝技[M]. 成都：西南交通大学出版社，2018.

李远华，叶国盛. 茶录导读[M]. 北京：中国轻工业出版社，2020.

张渤，叶国盛. 宋代点茶文化与艺术[M]. 上海：复旦大学出版社，2023.

2. 拓展课程

学堂在线《中华茶艺呈现》（浙江农林大学，钟裴等主讲）

3. 拓展实践

尝试进行宋代研膏茶的复原工艺，比较研膏茶与抹茶在点茶效果上的差异。

尝试使用六大茶类茶粉和茶汤进行点茶，试一试是否会成功，并找出成功的规律。

尝试将唐代煎茶、宋代点茶、茶百戏、碗泡法与现代茶艺进行创意搭配，实现饮茶方式的多元化与时尚化。

选择同一款茶，分别使用煎茶法、点茶法、碗泡茶与日常盖碗泡法，比较茶汤在风味上有何变化。

第八章

民俗茶艺

本章导读与思政点

十里不同风，百里不同俗。我国幅员辽阔，各个地区都有着不同的饮茶习俗。丰富的民俗茶饮赋予了茶叶不同的饮用方式，满足了不同人群的多元需求，充实了中华茶文化乃至世界茶文化的内容，也体现了人的智慧与创造力。本章介绍了长嘴壶茶艺、烤茶茶艺、擂茶茶艺三个特色民俗非遗茶艺，有利于挖掘民族茶文化精髓，传承优秀民族茶文化。通过训练，可汲取各民族茶文化养分，感悟不同饮茶习俗包含的内在文化底蕴，感受博大精深的中华民族文化，有助于促进民俗茶艺的研究与传播、构建新时代中国特色社会主义和谐社会。

实验二十三　长嘴壶茶艺

一、实验目的

（1）了解长嘴壶茶艺的历史与由来，以及巴蜀茶文化。

（2）初步掌握长嘴壶茶艺的基本招式和冲泡技法。

（3）感受长嘴壶龙行十八式传统技艺独特、深厚的文化魅力，培养文化自信。

二、实验说明

长嘴壶是我国的特色茶具，历史悠久。长嘴壶茶艺是我国非物质文化遗产，既具实用性又具观赏性，体现了无限的创意与智慧。表演者不仅要具备泡茶功底，还需具备杂技、舞蹈、武术、戏曲台步功底。长嘴壶茶艺动作考究、独树一帜，刚柔并济似流水，身形步法如流星，壶转乾坤展神韵，是一种赏心悦目的综合性表演艺术。随着全国长嘴壶爱好者的增多，长嘴壶茶艺也分出很多流派，每个流派各具特色，但不论哪个流派，长嘴壶茶艺训练均包括形体训练、太极基本招式训练、武术基本功训练与茶艺冲泡训练。因此，要通过长期实践，才能展现并演绎出长嘴壶茶艺的精、气、神、韵，冲泡出的茶汤香气、汤色、口感俱佳。本套长嘴壶茶艺选自四川雅安非物质文化遗产——蒙山茶技“龙行十八式”。

三、实验准备

1. 物资准备

实验需要准备茶艺室、镜子、茶桌、桌旗、长嘴铜壶（图8－1）、绿茶或茉莉花茶、盖碗、开水、热水壶等，主要实验器具见表8－1。

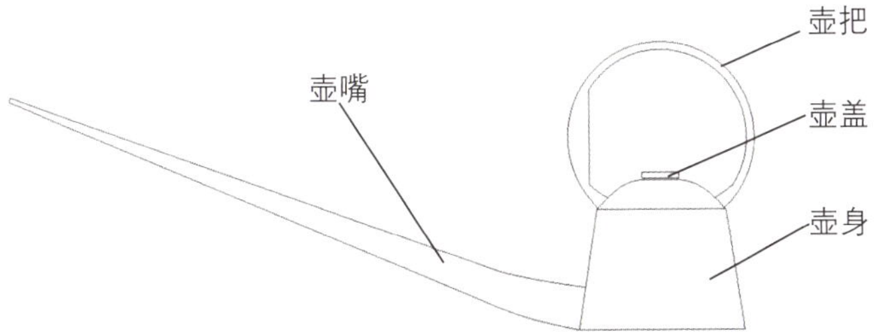

图8－1　长嘴铜壶

表8－1　长嘴壶茶艺主要实验器具

器具名称	数量	质地	容量与尺寸
长嘴铜壶	1	黄铜/青铜	容量800mL，壶嘴长1m
盖碗	3	青花瓷/白瓷	直径100mm，高100mm，容量200mL
茶几	1	木质	高600mm，宽500mm
桌旗	1	棉麻丝	长1200mm，宽400mm
奉茶盘	1	竹质/木质	长300mm，宽200mm

2. 茶具摆放

（1）布具　长嘴铜壶中装入约600mL的沸水。茶桌摆在舞台正中，桌旗平铺于茶桌上方。三才盖碗三只，呈“品”字形或“一”字形摆放于桌旗上。

（2）置茶　盖碗中依次投入等量绿茶或茉莉花茶。

3. 服装音乐准备

（1）服装

初学者在学习长嘴壶演示之前，应注重形体训练，在学习时尽量穿有弹性或宽松衣服，演示时可以根据需求选择飘逸类型的古装服饰。

（2）音乐

长嘴壶茶艺演示需动静结合。在演示过程中的移动、身体高低层次的变化，以及弓步、马步都算是演示的一部分，背景音乐既可以富有节奏感，也可以舒缓轻柔，借助不同的音乐，可以达到不同的表演效果。常选用的音乐有《中国功夫》《男儿当自强》《铁血丹心》《醉拳》《高山流水》《冰菊物语》等。

四、实验学时

实验共8学时。

五、实验方法

1. 教师示范讲解

先观看视频，教师再分步演示，并讲解茶艺内涵与操作的重点、难点。

2. 基本功训练

根据教师的示范和指导进行“太极十三式、武术基本姿势”训练。

3. 分组练习

教师进行分段演示（整套茶艺18式共分三段训练，每段6式），分组、分段模拟练习，教师进行适当指导。

4. 点评与总结

每段训练结束，各小组派代表进行展演并分享练习心得，师生共同点评交流，并评选出本次实验的“茶艺之星”。

六、实验步骤

1. 入场阶段

（1）预备站姿　两脚平行与肩同宽，脚尖朝前；头正、身直，挺胸收腹，眼睛平视前方，右手持壶，壶杆直立向上，壶身置于右侧腰部位置，左手四指并拢，大拇指内扣，背于身后。

（2）行抱拳礼

①左手在上，左手四指并拢伸直成掌，大拇指屈拢于掌内。

②右手在下，右手紧握壶把（壶杆挺立）成拳状，拇指在外，拳眼向内，斜对胸窝。

③左掌心掩贴在右拳面上，左指尖与下颏平齐。

④行礼时，屈臂成圆，肘尖略下垂，双手拳掌在胸前，与胸相距20～30cm。

2. 行茶阶段

用长嘴壶泡茶需要掌握长嘴壶茶艺——蒙山茶技“龙行十八式”。

（1）第一式——吉龙献瑞

①预备动作：预备站姿如前所述。向左转身，两脚呈前后，右脚向后退一步，左腿呈弓步，膝盖前不过脚尖，右腿绷直，挺胸收腹，眼睛平视前方，右手持壶，壶杆直立，壶身置于右侧腰部位置，左手四指并拢，大拇指内扣，背于身后。

②转壶：进行转壶，右手臂与肘部呈90°，把壶移置于与肘部持平位置，顺时针转180°后，以后颈为支撑点，左手扶壶，右手持壶向上，将壶底部置于后脑勺，左手拿壶杆（离壶约1/3处）。

③注水：向杯中注水至一半时进行拉的动作，拉的时候左腿渐渐变直，身体慢慢后仰，右腿弯曲起支撑作用，右臂打直，上身保持中正，壶杆与地面呈45°，眼睛看向壶嘴方向。

④收水：收壶时，眼睛看向正前方，左腿呈弓步，右腿绷直，挺胸收腹，左手张开与肩膀持平且指尖朝上，右手持壶与左手呈90°，右脚向前跨一步，左手摸壶杆（离壶约1/3处），向右转身，回到预备姿势。

（2）第二式——玉龙扣月

①预备动作：预备站姿如前所述。向左转身，两脚呈前后站立，左脚向前跨一步，右脚紧跟左脚向前跨一步，然后右脚向后退一步，左腿呈弓步，上身挺直不动，壶与身体平行，壶嘴朝上，左手反手摸接近壶口位置（离壶口约10cm）。

②翻壶注水：左手往下按压，右手向外抬起，壶杆与地面呈45°，身体重心向下，左腿呈弓步起支撑作用，右腿绷直，壶嘴朝正前下方45°倾斜，上身中正，眼观壶嘴方向，向杯中汼水，注水一半时进行“拉”的动作，重心由左腿后移置右腿，身体下坐，拉的时候双臂向后移动，长嘴壶随身体同时往后上移。

③收水：重心由右腿移至左腿，同时长嘴壶做收水动作，壶嘴朝上45°，随后右脚向前跨一步，回到预备姿势。

（3）第三式——惊龙回首

①预备动作：预备站姿如前所述。向左转身，两脚呈前后站立，左脚向前跨一步，右脚紧跟左脚向前跨一步，然后右脚向后退一大步，左腿呈弓步，上身挺直不动。

②移壶：右手持壶，壶嘴、壶杆和壶身从左肩绕到右边，放置左边壶身与肩平行，壶杆立直朝上，右手持壶左手置于壶盖之上，左手变掌环抱接近壶口处，右手持壶移至右上方，左手弯曲，壶杆放置于左手肘关节处作为支撑点，壶杆与地面呈45°。

③注水：进行注水，身体重心下移，眼睛看向壶嘴方向，注水一半时进行“拉”的动作，拉的时候壶与上身缓缓后移，壶杆与地面呈45°。

④收水：收壶时，右手持壶下移，左掌贴着壶杆不动做支撑点，壶身置于左胯旁即完成收壶动作。随后右脚向前跨一步，恢复准备式动作，右脚后退一小步，左脚紧跟右脚后退一小步并直接进行右转身，回到预备姿势。

（4）第四式——乌龙摆尾

①预备动作：预备站姿如前所述。向左转身，两脚呈前后站立，左脚向前跨一步，右脚紧跟左脚向前跨一步，右手持壶抬起，使得壶身和手肘在同一平面。

②转壶：右手持壶，手臂向外张开，顺时针转置于右侧腰部位置，壶杆由肩膀前侧转置肩膀后侧；随后右脚向后退一步，左脚呈正弓步，壶身放置于左胯旁。随后左手向上画一个半圆，手指展开置腹部，右手持壶向后转置右腿后根部。

③注水：注水时，重心前移，右手臂持壶伸直，左腿弓步支撑，右腿绷直，弯腰使壶口对准茶杯，眼睛看向茶杯，注水一半时进行“拉”的动作，拉的时候身体和长嘴壶缓缓后移。

④收水：右手持壶放置身体后侧，换左手拿长壶到身体前侧，递给右手拿壶把，回到预备姿势。

（5）第五式——祥龙行雨

①预备动作：预备站姿如前所述。左脚向前一步直接左转身，右脚紧跟左脚，左手拿盖碗，右脚向后退一步，左脚紧跟后脚后退直接右转身；随后向左转身，右脚后退一大步，呈左弓步，右手持盖碗置于左弓步膝盖左旁。

②注水：以后颈为支撑点，右手持壶向上，壶杆置于脖子后方，右胳膊打直，身体重心下移，眼观盖碗，使壶嘴对准盖碗，注水时注一半后进行“拉”这个动作，拉的时候左手持盖碗下移置左小腿位置，随后往上抬置左胸前。

③收水：右手持壶向下，壶杆直立，壶身放置左弓步右前侧，右腿绷直脚尖踮起，然后右脚向前迈一大步，回到预备姿势。

（6）第六式——白龙过江

①预备动作：预备站姿如前所述。向左转身，左脚向前跨一步，右脚也向前跨一步，随后右脚往后退一步，呈右弓步，身体向左后方弯腰，以后颈为支撑点，右手持壶向上，壶杆置于脖子后方，眼睛看向盖碗。

②注水：右腿呈弓步，左腿绷直，注水注到一半后进行“拉”这个动作，拉的时候壶与上身缓缓向右前方移，壶杆与地面呈45°，右腿缓缓下压，重心落在右腿。

③收水：收水时，身体重心移向左后方，右手持壶向下，壶嘴朝上，壶身置于腹前，眼睛看向盖碗，右脚往前迈一步，回到预备姿势。

（7）第七式——潜龙腾渊

①预备动作：预备站姿如前所述。向左转身，两脚呈前后站立，左脚向前跨一步，

右脚随左脚也向前跨一步，随后右脚往后退一大步，呈前弓步，右手持壶由里向外打开，使壶身置腹前，壶杆朝正左方靠左肩。

②注水：右手持壶往右后方延伸，眼观壶嘴，注水一半时进行“拉”的动作，拉的时候身体重心缓缓后移，上身随长嘴壶慢慢后仰。

③收水：右手持壶下移置前方接近肩膀位置，右手臂伸直，上身中正，壶杆朝上，眼睛平视前方；右脚后退一小步，左脚紧跟右脚后退一小步且直接进行右转身。回到预备姿势。

（8）第八式——威龙出水

①预备动作：预备站姿如前所述。向左转身，两脚呈前后站立，左脚向前跨一小步，右脚跟上随后退一大步，呈后弓步，转壶到头上，壶底正对地面，壶杆朝后。

②注水：弯腰，使壶口对准盖碗，眼观壶嘴，注水一半时进行“拉”的动作，拉时身体重心移向右弓步腿上，左腿绷直，壶杆与地面呈45°。

③收水：右手持壶下移往前方推，右脚往前迈一步，左脚后移一小步，两脚平，右脚后退一小步，左脚紧跟右脚后退一小步且直接进行右转身。回到预备姿势。

（9）第九式——青龙入海

①预备动作：预备站姿如前所述。向左转身，两脚呈前后站立，左脚向前跨一步，右脚跟上，右手持壶从里向外打开，壶杆朝正左方向，壶杆与地面呈45°，左手摸壶杆（离壶约1/3处），右手反手持靠壶口旁的壶柄，右脚往后退一大步，呈左弓步。

②转壶：右手持壶柄左手持壶杆向右翻转，随后左手持壶杆置于右肩外侧，左手掌心朝外，右手手臂与肩膀同高，壶杆与地面约呈45°，眼睛看盖碗。

③注水：以左手为支撑点，右手向上移，右边胳膊抬起打直，左手持壶杆下压，使壶嘴对准盖碗，注水一半时进行“拉”的动作，拉时右侧持壶顺时针把壶身转180°，身体重心后移。

④收水：右手持壶往前推置左弓步膝盖旁，左手与肩膀成直角，左手手臂伸直，右手持壶由外向里转置右腰旁，收水完成，立正，回到预备姿势。

（10）第十式——异龙行天

①预备动作：预备站姿如前所述。左脚向前一步直接左转身，右脚紧跟左脚，左手拿盖碗，右脚向后退一步，左脚紧跟后脚后退直接右转身，眼睛平视。退右脚，呈大弓步，左腿绷直，右手提壶，壶身位于右侧胯部，壶杆直立，左手手臂张开置腰左侧前方持盖碗，右手持壶转动，使壶杆置于头顶。

②注水：左手拿盖碗向左前方向下倾斜，右手持壶向上，壶杆搁置头上，注水一半时重复“拉”的动作，身体重心向右后方移动，右手持壶向右后方延伸，壶嘴指向盖碗方向，壶杆与地面呈45°，弓步保持不变。

③转壶：右手持壶随盖碗方向逆时针旋转90°注水，左手拿盖碗顺时针转90°置正前方，眼观盖碗。

④收水：右手持壶向右后方拉伸，然后收水，壶放置于右跨旁，壶杆直立，用时右手拿盖碗置胸前位置，右脚向左收回；随后左脚向前一步直接左转身，右脚随左脚向前，放置盖碗，右脚向后退一步直接右转身，左脚随右脚退一步；回到预备姿势。

（11）第十一式——战龙在野

①预备动作：预备站姿如前所述。向左转身，两脚呈前后站立，左脚向前跨一步，右脚紧跟左脚向前跨一步，向右转身，左脚向上提，脚尖绷直朝下，提腿。

②注水：壶杆放在左腿上，右手臂自然弯曲，壶嘴朝左下方，注水一半时重复“拉”的动作，即手持壶向右上拉，眼观壶嘴方向。

③收水：以左腿为支撑点，壶身向下收水，收水后回到预备姿势。

（12）第十二式——神龙抢珠

①预备动作：预备站姿如前所述。向左转身，左脚向前一小步，右脚紧跟也向前跨一小步，右手持壶，使壶杆朝左上方，壶杆与地面呈45°，壶底放平，左手握壶杆（离壶约1/3处），随后右手反手提壶抓壶把，右脚后退一步，呈左弓步。

②转壶：右手持壶和左手持壶杆一同上移，使壶旋转360°，将壶身倾斜放于后脑处，壶嘴斜向上朝正前方上方，壶杆对准盖碗。

③注水：眼观壶嘴方向，注水时注一半后进行“拉”的动作，拉的时候重心后移由左腿移至右腿，上身向后弯腰，身体下沉，长嘴壶随身体后移。

④收水：重心由右腿移至左腿，同时长嘴壶做收水动作，壶嘴朝上45°，壶身放置左肩处，眼观壶嘴，右手持壶和左手持壶杆一同向右下方移，使壶旋转360°，将壶身置于左弓步上方，右脚向前迈一步，后退一小步，左脚紧跟右脚后退一小步并直接进行右转身，回到预备姿势。

（13）第十三式——飞龙在天

①预备动作：预备站姿如前所述。右手捏住壶柄，左手捏住壶杆，右手反抓壶柄，掌心向外，随后向左转身，两脚向前一小步。

②转壶：右手持壶逆时针定点转壶，右手持壶往上转一圈后使壶身置于右侧腰部位置，身体保持直立。

③注水：右脚后退一步踮脚尖，腰和腹部弯曲，右手持壶置左小腿位置，左手虚靠在壶身左侧，眼睛看盖碗，壶底向上旋转，壶杆从右边腋下移至右边肩膀后，身体前倾，双手向后上方张开，壶嘴从右边肩膀上伸出，壶杆与地面呈45°，拉壶出水。

④收水：右腿弯曲，重心前移，右手持壶置于左胯旁即完成收水动作，右手持壶，壶从背后递左手，再由左手在身前传给右手持壶，回到预备姿势。

（14）第十四式——亢龙有悔

①预备动作：预备站姿如前所述。向左转身，两脚呈前后站立，左脚向前跨一步，右脚紧跟左脚向前跨一步，然后右脚向后退一大步，左腿呈弓步，上身挺直不动。

②抱壶：左手由背后转置胸前，肘部呈90°，右手持壶向前移动，随后向左转壶身，使壶杆正对左边，眼睛看向正前方。

③注水：左腿呈弓步，重心前移至左腿。以左手为支撑点，右手持壶上移，右边胳膊向上抬起，铜壶壶杆斜向下与地面呈45°，左手手掌朝下按压壶杆（离壶约1/3处），眼睛看向壶嘴方向，注水时注一半后进行“拉”这个动作，拉的时候壶与上身缓缓后移。

④收水：右手持壶下移至左膝盖平行处，左手顺从右手一同下移，左掌贴着壶杆不动作为支撑点，右腿前收，身体恢复直立，壶身置于右胯旁即完成收壶动作。随后右脚后退一小步，左脚紧跟右脚后退一小步且直接进行右转身，回到预备姿势。

（15）第十五式——龙吟天外

①预备动作：预备站姿如前所述。向左转身，两脚呈前后站立，左脚向前迈一步，右脚紧跟左脚向前迈一步。

②转壶：右手持壶向里张开，使壶杆朝正左方向，壶杆与地面呈45°，左手摸壶杆（离壶1/3处），随后右手提壶杆边壶把，右脚后退一小步，右手持壶向上，身体重心后移，把壶旋转360°，右手则反手持壶置左肩膀，左手臂张开伸直，左手持近壶口位置，壶杆与左手臂平行，挺胸收腹，稍抬头，眼睛看向正前方。

③注水：向杯中注水时，重心前移，身体力量集中左腿上，右脚踮起，眼睛看向壶嘴方向，注水一半时重复“拉”的动作，注水时需注意上下一条线，拉的时候两臂慢慢上移，壶与上身缓缓后移。

④收水：后脚蹂直，向后弯腰，右手持壶向左前方推壶至左肩，左手臂伸直与地面呈45°，壶杆与左手臂平行，身体力量集中左腿上，右脚踮起，眼睛看向壶口方向，右手臂持壶逆时针旋转置于右侧腰部位置，回到预备姿势。

（16）第十六式——猛龙越海

①预备动作：预备站姿如前所述。左脚向左前方迈一步，右脚紧跟左脚，左手拿盖碗，右脚向后退一步，左脚紧跟右脚后退，再退右脚，呈右弓步，右手提壶置右侧胯部，壶杆直立，左手拿盖碗放置左侧腰间。

②转盖碗：左手持盖碗逆时针转一圈，手腕与手臂呈90°，身体重心向下，右腿呈右弓步，左腿绷直。

③注水：眼睛看向盖碗，右手持壶抬起，右手臂伸直，身体挺直，壶嘴指向盖碗方向，注水时，左手持盖碗缓缓往上抬，右手臂持壶向右后方拉伸，当壶杆与地面呈45°时，即可收壶。

④收水：右手持壶置于身体右胯旁，壶杆直立，左手反向持盖碗顺时针转置左侧腰间，随后放回盖碗，右脚后退一小步，左脚紧跟右脚后退一小步且直接向右转身，回到预备姿势。

（17）第十七式——龙转乾坤

①预备动作：预备站姿如前所述。原地向左转身180°，身体背对茶桌，双腿张开，身体直立，壶嘴朝上，两手抱壶，下腰直到眼睛能看到盖碗即可。

②注水：双手持壶往下注水，壶嘴指向盖碗，壶杆与地面呈45°。

③收水：收水时，身体向右旋转，右手持壶伸直，右手臂与肩膀呈90°，左手臂与肩膀在同一平面，左手张开掌心朝外，时刻保持身体平行，随后回到预备姿势。

（18）第十八式——游龙戏水

①预备动作：预备站姿如前所述。向左转身，右脚后撤退一步。

②出壶：右手持壶向外张开上移，右手臂伸直，身体直立。

③注水：壶嘴对准盖碗，右脚踮脚尖，右手持壶置于与头相同高度，注水时注一半后进行“拉”的动作，右手持壶缓缓向后方延伸，壶杆与地面呈45°，右脚缓缓落地，右手持壶慢慢往下压，壶嘴指向盖碗方向。

④收水：右手持壶往前推，右脚踮起，右手臂伸直，使右手臂与肩膀呈90°，随后回到预备姿势。

3. 退场阶段

退场采用收式，具体动作：两脚平行与肩同宽，脚尖朝前；挺胸收腹，眼睛平视前方，右手持壶，壶底与地面平行放置于胸前，左手掌与右手呈抱拳姿势。

扫码观看长嘴壶茶艺——蒙山茶技“龙行十八式”

七、实验要领

（1）长嘴壶茶艺因融合武术之技与冲茶之艺，刚柔并济。茶艺师在泡茶时要有武者的潇洒气质，行礼采用武术的抱拳礼。

（2）长嘴壶注水需注意倒水的精准、收水的滴水不漏。

（3）长嘴壶茶艺动作与背景音乐要浑然天成，招式定型稳如泰山，眼神坚定，壶随身走，快慢相济，相得益彰。

八、实验考核

请参考评分内容和扣分标准将实验考核结果填入表8-2，分别从本套茶艺的布具、选乐、注水及茶艺动作姿势的规范性、准确性，对各小组长嘴壶茶艺操作进行评价。

表8－2　长嘴壶茶艺考核测评表

班级：　　　　组别：　　　　姓名：

序号	项目	评价内容	扣分标准	分值	扣分	扣分记录
1	仪容仪表	仪容仪表	发型散乱，扣0.5分； 留长指甲，扣0.5分； 服饰穿着不端正，扣0.5分	5		
2	礼仪礼貌	礼貌礼节，表情自然，具有亲和力	视线不集中，表情平淡，扣0.5分； 表情不自如，扣0.5分； 举止略显惊慌，扣1分	5		
3	动作形态	动作形态舒展、优美	形态规范、舒展、优美、自然，每一式1分	18		
4	动作招式	十八式动作熟练度	动作准确、规范，能够熟练完成。每一式1分，中断或出错一次扣1分	18		
5	衔接连贯	十八式动作衔接度	动作与动作之间衔接出现停顿，每一处扣1分	18		
6	下水与收水	十八式动作中每式下水、收水	每一式下水不准确，扣0.5分；每一式收水未收到，扣0.5分	18		
7	音乐选配	根据主题配置音乐，具有较强艺术感染力	音乐与主题不协调，扣1分；音乐与主题基本一致，欠艺术感染力，扣0.5分	10		
8	茶汤质量	投茶量与水温、汤色适宜	未能表达出茶的色、香、味，各扣1分	8		
合计				100	总分	
整体评价						

地点：　　　　时间：

九、实验思考

（1）长嘴壶茶艺“龙行十八式”每一式都有一个富有寓意的名称，这些名称和动作之间有何联系？你还能想到其他茶艺中富有寓意的步骤名称吗？

（2）测一测开水装入长嘴壶时与经过长嘴壶注入茶杯的温度相差多少度？

（3）试比较长嘴壶（功夫）茶艺与潮州工夫茶艺，感受两者的异同。

（4）对比我国不同地区长嘴壶茶艺的异同点。

实验二十四 烤茶茶艺

一、实验目的

（1）了解我国丰富的茶俗文化与茶艺表现形式。

（2）掌握陶罐烤茶茶艺的技能与要领。

（3）体验更多地区人民的特色饮茶方式，思考饮茶习俗与生活环境的关系，坚定民族团结，培养文化自信。

二、实验说明

烤茶是一种古老而普遍的饮茶方法，至今仍在很多茶区流行，烤茶与火塘文化密不可分。在我国西南的高山地区，因昼夜温差大，很多人们的家中生有火塘，火塘终日不息，人们围着火塘开始一天的生活。火塘是家里最重要的地方，因为人们的很多活动，如烧水做饭、婚丧嫁娶等都与火塘有直接联系，被称作“火塘文化”，烤茶文化自然也在其中。山区人民为祛除寒气、补充体力，都习惯喝浓酽的烤茶，有时还会在烤茶罐中加入火炭或食盐。人们常用土陶罐烤茶，用粗陶碗饮茶。烤茶茶香浓烈、滋味浓酽，饮后精神倍增，心情愉悦。我国很多少数民族同胞的生活都离不开烤茶，如彝族有罐罐茶、佤族有纸烤茶、白族有三道茶等，其制作方法大同小异，皆以烤、抖为基础程序。客人来到这些地区人民的家中，都会被主人请到火塘边喝烤茶，可见，烤茶是该地区人民日常生活中不可或缺的一部分，形成了西南民族地区独特的民俗。

三、实验准备

1. 物资准备

实验需要准备火炉（1个）、水壶（1个）、300mL陶罐（2只）、100mL茶碗（4只）、茶叶罐（1个）、茶则（1只）、葫芦滤网（1个）、奉茶盘（1个）、水盂（1个），晒青绿茶、矿泉水、木炭若干。

2. 茶具摆放

火炉生火，水壶中盛水至八成置于火炉上，事先将茶具清洁，然后按照需要将茶具摆放整齐。各民族地区茶具摆放与茶席设计有所差异，应根据实际情况摆放。

四、实验学时

实验共4学时。

五、实验方法

1. 教师示范讲解

教师进行整体示范和分步示范讲解。

2. 分组练习

分小组跟随教师分步练习，再整体练习，小组成员互相指出优点、缺点，并不断改进。

3. 点评与总结

分组展示阶段性练习成果，师生共同点评，最后评选出本次实验的“烤茶达人”。

六、实验步骤

1. 入场行礼

茶艺师入席，向品茗者行45°鞠躬礼，然后轻缓入座。

2. 装茶抖烤

将陶罐放在火炉一侧用文火先预热，再用茶则从茶叶罐中取出5～7g晒青绿茶投入陶罐中。将陶罐放于火炉上抖烤，为使茶叶受热均匀，需不停抖动，否则茶叶很容易因受热不匀而焦枯。待茶叶叶色转黄，茶香扑鼻时即可停止烤茶。

3. 冲水煮茶

将水壶中煮好的水冲入陶罐，此时会发出噼里啪啦的声音，再煮上3～5min，待茶香扑鼻，茶汤颜色呈橙黄时即可停止煮茶。

4. 烫具

利用煮茶的时间，将茶碗用沸水一一烫洗，并将烫洗之水倒于水盂中。

5. 滤茶

将煮好的茶汤用滤网过滤至另一只陶罐中。

6. 分茶

将陶罐中的茶汤均匀地分入茶碗中，每碗装五分满，然后放在奉茶盘中。

7. 奉茶

茶艺师手端奉茶盘行至品茗者面前，向品茗者躬身行草礼，将奉茶盘放在茶桌上，用双手捧茶碗递至品茗者，按先宾后主、先长后幼的顺序奉茶，品茗者回礼表示感谢。

8. 品茶

双手捧茶碗，可大口品饮也可小口细啜。

9. 收具

将奉出的茶碗收回，茶具摆放整齐，茶桌擦拭干净。

10. 行礼退场

茶艺师再次向品茗者行鞠躬礼，表示此次茶艺演示结束，退场。

七、实验要领

（1）“抖烤”要快速有力，利用手腕的力量带动陶罐上下跳动，茶叶在陶罐中上下翻动，防止茶叶焦煳。

（2）由于烤茶滋味浓厚，分茶时茶汤不宜太满，每碗五分满即可。饮完后可以再次添加。

八、实验考核

请参考评分标准将实验考核结果填入表8－3，分别从本套茶艺的布具、备料、烤茶、煮茶动作的规范性及茶汤质量、礼仪等多个角度，对各小组烤茶茶艺演示进行评价。

表8－3　烤茶茶艺考核测评表

班级：　　　　组别：　　　　姓名：

序号	测评内容	评分标准	分值	扣分	扣分记录
1	布具	器具齐全，摆放齐整，便于操作，具有一定美感	15		
2	备料	茶叶与材料齐全	10		
3	烤茶	动作规范，翻抖适度，茶黄而不焦，香气浓郁	20		
4	煮茶	动作规范、优美，茶汤浓度适中	10		
5	奉茶	手法正确，动作规范、优美，显礼仪风度	10		
6	茶汤质量	展现出茶品应有的色香味品质	20		
7	姿态礼仪	姿态正确、优美、儒雅，礼仪周全	15		
合计			100	总分	
整体评价					

地点：　　　　时间：

九、实验思考

（1）请探讨火塘烤茶形成的文化背景，并搜集对烤茶的不同称呼。

（2）请从茶艺鉴赏角度评价“抖烤”这一步骤的意义与作用？

（3）近年来都市流行的“围炉煮茶”与火塘烤茶有哪些关联？探讨其流行背后的原因。

（4）烤茶是传统的饮茶方式，如何将烤茶进行时尚演绎融入日常生活，服务于当代茶文化与茶产业？

实验二十五　擂茶茶艺

一、实验目的

（1）了解我国丰富的传统茶俗以及擂茶形成的历史渊源。

（2）掌握擂茶茶艺的技能与要领，了解擂茶食材的组合选择与风味特征。

（3）培养健康饮食习惯，合理膳食搭配，提升保健茶知识的生活应用能力。

二、实验说明

擂茶是我国茶文化的“活化石”，也是我国最古老的茶艺之一。擂者，研磨也。擂茶，就是把茶叶、芝麻、花生等物料放进擂钵里研磨成细末后冲入开水或加水煮沸后饮用的养生茶饮。擂茶，茶汤呈粥糊状，古有“茗粥”之称，部分地区又名“三生汤”，据说是取原料“三生”（即生茶、生姜、生米）之意，兼具美味与保健功效，是古老的汉族食俗。在我国福建、广东、台湾、江西、湖南、四川、贵州等地都有饮用擂茶的习惯，现今形成了将乐、桃花江、安化等分支。各地擂茶制作方法大同小异，“擂”是主要制作程序，选取的食材略有不同，人们会根据当地的饮食习惯、季节或品饮偏好，加入当地的特色食材。福建将乐的擂茶使用茶叶、芝麻、花生、黄豆、陈皮、川芎、鱼腥草等作为原料；湖南桃花源（常德）的擂茶使用生姜、生米、茶叶擂制而成；湖南安化的擂茶则以大米和茶叶为主原料，还添加芝麻、花生、黄豆、玉米、大米、绿豆以及生姜、食盐和胡椒等，制成咸味擂茶。擂茶滋味丰富，可咸可甜，既可解渴又可充饥，还具清热解毒、健脾养胃、养生美容的功能。擂茶传承至今，成为多地独特的饮茶习俗，丰富着百姓们的饮食生活与茶艺体验。

本次实验内容选取福建省非物质文化遗产——将乐擂茶。将乐擂茶不加生米，以芝麻为主料，茶叶、陈皮、花生等为辅料，在基本配方之上，还根据季节变换和客人的口味灵活调整配方。冬春一般加生姜、肉桂以温通经脉、通阳化气、祛湿驱寒；夏天可加鱼腥草、藿香及当地一种名为凤尾草的草药制成防暑的擂茶，或加金银花、荷叶、淡竹叶、薄荷等制成清凉解毒的擂茶；秋天可加贡菊或杭白菊。在将乐，擂茶不仅是日常保健佳品，客来敬擂茶也是一种隆重的待客礼仪，体现了将乐人和谐融洽、相互敬重的淳朴民风。

三、实验准备

1. 物资准备

（1）器具　擂茶三宝（即擂钵、擂棍、笊篱，见图8－2）、茶壶、茶碗、配料碗（装配料）、汤匙（饮茶、取配料）、水盂、热水壶、奉茶盘、茶巾。

（2）材料　绿茶、熟芝麻、陈皮、甘草、鸡爪草、开水等。

2. 茶具摆放

（1）备料　熟芝麻、绿茶、陈皮、甘草等适量，分别盛于碗中，每只碗中放一把汤匙。

（2）备具　将干净的擂钵、擂棍、笊篱、水盂、茶壶、水壶、备料碗、奉茶盘等有序摆放在茶桌上，将4只茶碗置于奉茶盘中，每只碗中放一把汤匙。

图8－2　擂茶三宝

（擂钵、擂棍、笊篱，从右至左）

四、实验学时

实验共4学时。

五、实验方法

1. 教师示范讲解

观看相关视频，师生讨论擂茶的操作重点和难点，然后由助教进行分步演示，教师同步讲解。

2. 分组练习

分组进行擂茶练习。

3. 点评与总结

小组成员展示阶段性练习成果。依次选派代表示范擂茶动作并分享擂茶茶汤。师生共同点评，评选出本次实验的“擂茶之星”和优秀小组。

六、实验步骤

1. 行礼

茶艺师站立于茶桌左侧，面向品茗者行鞠躬礼。礼毕，入席。

2. 温具

用温开水依次温热擂钵、擂棍、笊篱。将擂棍、笊篱放于擂钵中，向擂钵中加入1/4的开水，转动笊篱、擂棍，然后取出，再双手捧起擂钵，按逆时针方向匀速转动2～3圈，最后将水倒入水盂中。

3. 下料

下料也称打底，向擂钵中加入茶叶、陈皮、甘草、鸡爪草等，可根据季节等需要添加配料。

4. 初擂

用擂棍将茶叶、陈皮、甘草等沿擂钵壁反复擂动，待其细碎成粉状，再将主料熟芝麻倒入擂钵中，与配料混合。

5. 细擂

加入少许沸水，继续沿擂钵壁擂动，中途可多次少量加水，使物料擂成糊状。此时茶艺师也可以请品茗者参与，一起擂茶，增进情谊，营造良好饮茶氛围。

6. 冲水

当茶叶和物料擂至糊浆状，待足够细腻时，向擂钵中冲入90～95℃的开水，至擂钵的1/2，冲出的擂茶呈乳状。

7. 过滤

一人双手端起擂钵，一人手持笊篱，过滤茶汤，将茶汤倒入茶壶。

8. 分茶

使用茶壶将茶汤均匀斟于茶碗中，每碗七八分满。

9. 敬茶

双手持奉茶盘，按长幼顺序依次将茶碗敬奉给宾客。

10. 品饮

茶艺师带领品茗者品饮擂茶茶汤。擂茶因未加糖、盐等调味品，保持了食材的本味，初喝常感觉青涩，细品后渐感甘鲜爽口、清香宜人。

11. 收具

茶艺师向品茗者收回奉出的茶碗，整理桌面与器具，保持桌面干净。

12. 行礼

茶艺师起身，立于茶桌左侧，向品茗者行鞠躬礼，退场。

扫码观看将乐擂茶茶艺演示

七、实验要领

（1）擂茶的“擂”需要有一定力度，动作太轻则不易擂碎茶叶与物料，擂茶时需要沿同一个方向多次擂动直至物料成糊状。

（2）注意擂钵的选择，擂钵壁需要有一定深度的凹槽，这样易于擂细物料。

（3）擂茶冲水时注意水温，通常选择90～95℃的开水。水温太低，茶汤滋味寡淡且易出现生草味；水温太高，易造成混合物的蛋白质过快凝固，冲出的擂茶清淡而不成乳状。

八、实验考核

请参考评分标准将实验考核结果填入表8－4，分别从备具、备料、擂茶动作、茶汤质量等多个角度对擂茶茶艺演示进行评价。

表8－4 擂茶茶艺考核测评表

班级：　　　　　　组别：　　　　　　姓名：

序号	测评内容	评分标准	分值	扣分	扣分记录
1	备具	器具齐全，摆放整齐，便于操作，具有一定美感	15		
2	备料	茶叶与材料齐全	10		
3	擂茶	动作规范，轻重适当，有一定的节奏感	20		
4	注水	手法正确，动作规范、优美	10		
5	奉茶	手法正确，动作规范、优美，显礼仪风度	10		
6	茶汤质量	茶汤滋味醇香，呈现出擂茶应有的滋味品质	20		
7	姿态礼仪	姿态正确、优美、儒雅，礼仪周全	15		
合计			100	总分	
整体评价					

地点：　　　　　　时间：

九、实验思考

（1）擂茶原料可根据季节变换进行调整，夏季可添加哪些原料，既健康又风味极佳？

（2）擂茶三宝中的擂棍常用特殊的木材制作，不仅起到研磨的作用，同时还有一定的药食功效。请调查哪些木材适合制作擂棍。

（3）擂茶的擂制，即是技术活，也是体力活，同时还不失乐趣。在传统擂茶的擂制过程中，人们收获了什么？

（4）试比较不同地域擂茶的差异以及产生差异的原因。

（5）探索擂茶的新时代转型之路，如何更好地传播、传承与创新，让古老的擂茶走进人们的日常生活，焕发出新的生机与活力。

本章拓展

1. 拓展阅读

张京. 中国长嘴壶茶艺[M]. 成都：四川科学技术出版社，2010.

四川省旅游局. 蒙山茶技 龙行十八式：DB51/T1785—2014[S]. 成都：四川省质量技术监督局，2014.

廖大松，周晓红. 长嘴壶茶艺——传承与创新[M]. 北京：化学工业出版社，2018.

周红杰，李亚莉. 民族茶艺学[M]. 北京：中国农业出版社，2017.

福建博物院，将乐县博物馆. 将乐擂茶考古与研究[M]. 福州：福建人民出版社，2017.

2. 拓展实践

尝试探索传统长嘴壶、擂茶、烤茶茶艺与其他艺术的融合表达。

比较机器擂制擂茶与手工擂制擂茶茶汤口感的差异。

了解并探索国家级非物质文化遗产中的茶俗与茶艺。

第九章

海外茶艺

本章导读与思政点

茶起源于中国，传播于世界。茶在不同国家“生根”并形成各自国家的茶文化，共同构成了丰富的世界茶文化大观。联合国将每年5月21日定为“国际茶日”（International Tea Day），用以赞美茶叶对世界经济、文化和社会的价值。本章实验选取了日本茶道、韩国茶礼、英国下午茶三个典型海外茶艺，了解茶文化在传播过程中发生的衍变，理解海外茶艺与中国茶艺的深刻关系，坚定文化自信。

实验二十六　日本茶道

一、实验目的

（1）了解日本茶道的相关知识，特别是茶道在日本文化中的作用与地位。

（2）基本掌握日本茶道入门茶礼——薄茶礼平点前的技能与要领。

（3）体会中日茶文化之间的异同，感受文明交流互鉴的魅力，增强文化自信。

二、实验说明

日本茶道是以吃茶为契机，以“侘寂”为审美导向，包含哲学、宗教、道德、文学和建筑等内容的综合文化体系。日本茶道通常在茶室或茶庭内完成，讲究营造一种区别于日常生活的特殊氛围，有着严格而复杂的礼仪规则及流程，被日本人称为生活艺术的宗教。茶人常从带有仪式感的行为礼法中获取思想感悟，寻找适合自身生活的理想形式，形成独特的艺术表达方式。日本茶道尊崇自然，提倡用心去感受大自然间的美好。茶室间的画与花、窗口处的光与影、庭院中的露地与飞石、席间的茶与具，还有那一碗充满人情味的茶汤……处处都体现出美感。茶道的礼法也不仅仅是形式上的优雅，严谨的规则中也蕴含着为人处世的道理，茶人在日常生活中的思考和关注的细节都融入茶道的操作中，每一件器具摆放的位置与身体移动的顺序皆追求礼法、美感与和谐。

日本茶道可分为抹茶道与煎茶道，前者继承了我国的宋代点茶法，后者延续了我国的明代泡茶法，而人们常说的日本茶道一般指抹茶道。平点前是日本抹茶道的基础入门，本文以薄茶礼平点前为示范讲解。同时结合课堂教学实际，在不失去茶道内涵的前提下，对其进行简化，方便在教室中操作和练习。

三、实验准备

1. 场地准备

实验需要准备日式榻榻米教室、水屋（位于茶室旁的空间，用来准备及清洗茶道具）。

2. 器具准备

实验需要准备茶碗（1个）、帛纱（绢巾1块，擦干物）、白茶巾（1块，擦湿物）、茶筅（1只）、茶枣（1个，即茶粉罐）、茶杓（1把，取茶粉）、柄杓（1把，舀水）、茶釜（1个）、釜盖承（1个）、风炉（1个）、水指（即清水罐，1只）、建水（即水盂，1只）、茶具架（1个，器物多时需备此物）。

3. 物料准备

（1）茶品　日式抹茶。

（2）水　纯净水、矿泉水或自来水。

（3）茶点　和果子。

4. 茶席准备

提前将风炉与茶釜安置于榻榻米上，其他茶具先放置于水屋中准备待用。待茶道正式开始之后，即在入席礼后，按茶道礼法将水指、茶碗、茶枣、茶筅、茶杓、柄杓、建水等放置在规定位置，如图9－1所示。

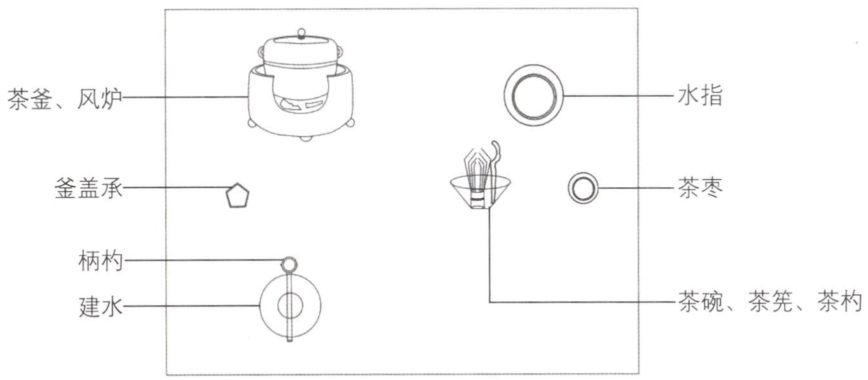

图9－1　日本茶道布具

扫码查看日本茶道布席

四、实验学时

实验共4～8学时。

五、实验方法

1. 教师示范讲解

先整体讲解示范一遍，再分步骤示范。

2. 分组练习

小组成员内部可以轮流分饰亭主（日本茶道对茶艺师的称呼）与宾客，教师在旁指导。

3. 点评与总结

展示阶段性练习成果，并分享练习感悟，师生相互点评，评选出本次实验的“日本茶道之星”。

六、实验步骤

1. 敬奉茶点

与抹茶相适应的茶点一般选用较为甜软的和果子，制作精致，选用与季节相匹配的口味、色彩以及造型。亭主入场先向宾客奉上茶点，宾客需在饮用抹茶之前先品尝和果子。

2. 点前备具

奉完茶点，亭主开始正式行茶。按照日本茶道礼法，亭主分两次从水屋端取点薄茶所需要使用的茶具入席，第一次端取茶碗、茶巾、茶枣、茶筅、茶杓等，第二次端取柄杓、建水、盖承。按茶道礼法将茶具摆放在规定位置，可参考图9－1。

3. 行礼点茶

待茶具摆放完毕，亭主呈跪坐姿势向宾客行礼，即告知宾客准备开始行茶流程。

4. 清洁茶具

“清”是日本茶道的精神之一，具体表现在茶具的洁净与心境的清明。亭主从腰间取下帛纱，细心整理帛纱，再用帛纱分别对茶枣、茶杓、柄杓进行擦拭。取温水，用茶筅清洗茶碗，用白茶巾将茶碗擦拭干净。

清洁茶具流程如下：

叠帛纱→擦拭茶枣→擦拭茶杓→擦拭柄杓→打开釜盖→舀温水入碗→清洁茶筅与茶碗→检查茶筅→弃水入建水→白茶巾拭碗

5. 置放茶粉

细腻而清香的抹茶形成一座“小山”的模样被静置在茶枣中，轻轻开盖，用茶杓在右下角处取适量的两勺（约2g）置入茶碗底部，用茶杓将其在碗底打散，然后将茶枣、茶杓放回原处。

6. 击打薄茶

取温度适宜的水（约88℃）倒入碗中，水量是柄杓的七分满（约100mL）。左手护住茶碗，右手持茶筅点茶。左手四指并拢放在碗上，拇指向后护住茶碗，右手手腕带动茶筅上下击打茶汤，由缓到快，再由快变缓，待汤沫渐起，迅速而有力地将汤沫凝聚，使茶筅置于汤沫中心，轻轻提起。

击打薄茶流程如下：

茶釜取水→置入碗中→茶筅击打茶汤→收筅

7. 按礼法奉茶

亭主将点好的茶汤先放置手边欣赏，然后将身体稍稍转向宾客，端起茶碗放在左手手心，右手将茶碗顺时针转动两次，将茶碗正面转向宾客，而后放到席面，用手推向宾客。

8. 饮茶

宾客向亭主行礼，双手恭敬接过茶碗，仔细欣赏茶碗，将茶碗的正面转向亭主，然后轻品、慢饮，分几口将茶饮尽。饮毕茶汤，宾客将茶碗放回原处，向亭主行礼表达感谢之意。

9. 收具

用清水清洗茶碗与茶筅，弃水于建水中，用白茶巾清理擦拭茶碗，再用帛纱仔细擦拭茶杓、茶枣等，随后把帛纱叠好收回腰间。将其他剩余茶具在宾客面前收拾好，茶具摆放整齐置于榻榻米上。然后按来时的顺序分两次将茶具送回水屋。

扫码观看日本茶道——薄茶礼“平点前”作法

10. 送别

亭主跪拜行礼，恭送品茗者，宾客回礼致谢，双方礼貌告别。

七、实验要领

（1）亭主献茶前通常会先上点心，宾客需在品饮茶汤前用完点心，以缓解茶的苦涩味。

（2）日本茶道表演过程中茶具的摆放位置，亭主的动作、顺序、姿势、移动路线都必须一丝不苟地按规范进行，饮茶宾客也有规范的动作。通过规范的点茶技法，谦虚诚挚的茶道心态，干净整洁的茶庭、茶室，点茶过程的节奏与韵味，体现出“和敬清寂”的茶道宗旨。

（3）传统的日本茶道是无音乐相和的，追求一种枯寂之美，并且大多是行跪礼进行表演。亭主的腰间别有一块帛纱，其中女性别在腰带上方，男性则别在腰带下方，帛纱的正确折叠是学习日本茶道的开始。

（4）亭主将茶献给宾客时，宾客要恭敬地双手接茶并致谢，而后三转茶碗，轻品、慢饮、奉还，动作轻盈优雅稳妥。饮茶完毕，按照习惯和礼仪，宾客要对各种茶具进行鉴赏和赞美。最后，宾客离开时需向亭主跪拜告别，亭主则热情相送。

八、实验考核

请参考评分标准将实验考核结果填入表9－1。

表9－1　日本茶道考核测评表

班级：　　　　组别：　　　　姓名：

序号	测评内容	评分标准	分值	扣分	扣分记录
1	礼仪	体态优美，仪容端庄，举止庄重，礼仪动作到位	10		
2	备器布具	器具齐全，动作规范有条理，摆放符合要求，兼具实用性和审美性	10		
3	清洁茶具	手法正确，操作有序，动作规范、优美	10		
4	置茶	取茶动作规范，投茶量适中，茶粉不撒落	15		
5	击打薄茶	手法正确，动作规范、优美，动作由缓及快，茶汤汤沫凝聚，出筅动作到位	15		
6	奉茶	手法正确，礼法到位	10		
7	茶汤质量	有充分表现出抹茶的色香味	10		
8	茶点	造型美丽，口感酥软，与茶品、季节、环境相宜	10		
9	饮茶	手法正确，动作规范、优美	5		
10	时间	操作时间不低于10min	5		
合计			100	总分	
整体评价					

九、实验思考

（1）在日本茶道操作过程中，应该注意哪些事项？

（2）日本茶道有平点前、盆点前、台子点前等步骤，分别是什么意思？其中“点前”指代什么？

（3）对比日本抹茶和我国绿茶在感官品质上的差异，鉴赏各自的品质和特色。

（4）列举我国宋代点茶与日本茶道在操作程序中的异同点。

实验二十七　韩国茶礼

一、实验目的

（1）了解韩国茶礼的相关知识，特别是茶礼在韩国文化中的作用与地位。

（2）掌握韩国日常茶礼“叶茶法”的技能与要领。

（3）体会中韩茶文化之间的异同，感受文明交流互鉴的魅力，增强文化自信。

二、实验说明

茶从中国传入朝鲜半岛，在高丽王朝时期，饮茶随着佛教的兴盛迎来了全盛时期，此时的佛教敬茶仪式在以燃灯会和八关会为首的许多国事活动中进行。从高丽中叶开始，饮茶日渐深入百姓日常生活中。在朝鲜王朝时期，随着儒家理学从中国的引进，佛教逐渐衰落，国家的仪式茶礼也大幅减少，加之当时茶税过重，茶叶产量大幅减少，作为普通大众的饮料，茶叶的普及受到影响。大韩民国（简称韩国）成立后，许多茶艺师和茶文化团体为恢复、继承、发展朝鲜半岛的茶文化做出了不懈的努力。如今，韩国人不仅将茶礼的学习视为传统文化的传承，也视作日常生活中放缓节奏、放松身心的一种休闲方式。韩国各地的寺庙、茶文化团体，每年举办各种各样的茶文化活动，享受品茶的乐趣。

韩国茶礼深受佛教影响，同时也融合了儒家、道家精神，以“和、敬、俭、真”为茶礼宗旨。韩国茶礼种类繁多，形式多样，除了隆重的五行茶礼、佛门茶礼、闺房茶礼、成人茶礼等之外，还有日常茶礼。日常茶礼大体分为迎宾、温茶具、泡茶、品茗四大步骤，每一步具体的操作方法因茶礼流派的不同而有所差异。韩国日常茶礼按茶叶类型，又可分为叶茶法、末茶法、饼茶法和钱茶法四种，本实验将介绍韩国日常茶礼叶茶法的操作步骤，为学习韩国茶礼提供参考。

三、实验准备

1. 物资准备

实验需要准备茶艺室、坐垫、煮水壶、陶炉、泡茶用水等，主要实验器具见表9－2，服装选用韩国传统服饰，音乐选用韩式禅乐。

表9－2　韩国茶礼主要实验器具

器具名称	数量	质地	容量或尺寸
高丽握把茶壶	1	白瓷	容量：200mL
熟盂①	1	白瓷	容量：225mm
品茗杯	3	白瓷	容量：50mL
茶叶罐	1	白瓷	直径：70mm，高：80mm
提梁壶	1	瓷质	容量：800～1100mL
退水器②	1	瓷质	容量：600mL
茶勺	1	木制	长：190mm
杯垫	3	木质	直径：95mm
茶巾③	2	棉质	长：300mm，宽：300mm
茶床④	1	木质	长：480mm，宽：300mm
茶床布⑤	1	布艺	长：680mm，宽：400mm
奉茶盘	1	木质	长：300mm，宽：200mm

注：①熟盂也称为量水器，用于晾置沸水至适宜温度，材质与茶壶类似。有时也从茶壶中将茶汤倒入熟盂，类似公道杯的功能，用于分茶。

②退水器类似水盂，用来盛放废水。

③茶巾需准备两块，一块茶巾用于擦拭，在倒茶前将残留在茶壶或熟盂底部的水擦干，还可以用来擦拭滴落桌面的茶水；另一块茶巾专用于清洁，用于清洁喝完茶后的品茗杯。茶巾一般为吸水性强的棉麻制品，为正反两色，女性用红色，男性用蓝色。

④茶床类似于泡茶台，茶床用于搁置茶壶、熟盂、茶杯等泡茶用具，形状较为规整，大小适中，高度较低，一般不超过10cm。

⑤茶床布用来盖住茶床及茶具，其大小盖过茶床即可。传统的茶桌布为里蓝外红，与茶巾一样，男性使用时蓝色面朝上，女性使用时红色面朝上。

扫码听韩式茶礼背景音乐

2. 茶品准备

实验需要准备韩国绿茶8g，其中3g用于审评，5g用于冲泡。首先鉴别茶叶品质，按照茶叶感官审评的方法对茶叶的外形、汤色、香气、滋味和叶底进行评价，审评结果填入表9－3。

表9－3　茶品品质记录表

茶品	外形	汤色	香气	滋味	叶底
韩国绿茶					

3. 茶具摆放

正确摆放茶床、茶具与坐垫，品茗杯1为主客杯，品茗杯2为次客杯，品茗杯3为主人杯，用干净的茶床布盖于茶具之上。布好茶席后，茶头跪坐于茶席后方，调整呼吸使之缓慢而均匀，等待茶礼演示开始。韩国茶礼备具见图9－2。

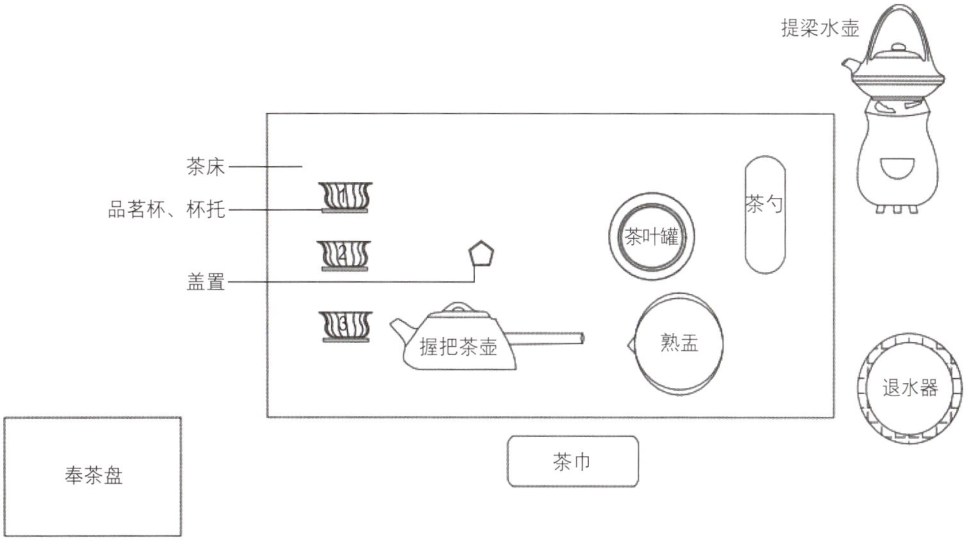

图9－2　**韩国茶礼备具**

四、实验学时

实验共4学时。

五、实验方法

1. 教师示范讲解

教师进行整体示范和分步骤示范讲解。

2. 分组练习

分组后，小组内部可以轮流分饰茶头（韩国茶礼中对茶艺师的称呼）与宾客，教师在旁指导。

3. 点评与总结

分组展示阶段性练习成果，分享练习感受，师生共同点评，并评选出本次实验的“韩国茶礼之星”。

六、实验步骤

1. 入场阶段

（1）入座　茶头跪坐于坐垫上，双脚的脚背相搭着地，臀部坐在双脚上，双手搭放于大腿上。注意手的摆放位置，男士将手握拳自然地放于膝上，女士将右手叠放在左手上面，放于右腿上。上身放松，腰背挺直，头端正，双眼平视前方，下颌略微收敛，舌尖抵上颚。然后调整呼吸，呼吸均匀缓慢。

（2）行礼　茶头以跪坐姿势鞠躬（或拱手）行礼，身体微微前倾约15°。

（3）叠放茶床布　双手轻轻从横中线处拿起茶床布，轻放大腿上，再将左手放在纵中线左侧，右手将茶床布折向左侧；重复上述动作，将茶床布折至1/8大小；双手持中线处将茶床布轻放于右侧（退水器后方）。

2. 行茶阶段

（1）布具　将杯托从茶床上捧取到茶床左下侧，置于品茗杯后方。

（2）温熟盂　右手拾起茶巾交予左手，右手提水壶，左手用茶巾按压住壶盖，将开水注入熟盂中，用茶巾擦拭水壶外壁水渍，然后将水壶归位到煮水炉上，放下茶巾。左手取下壶盖，放于盖置上。躬身拾起茶巾，再端起熟盂，将熟盂内的开水注入茶壶。之后放下熟盂，放下茶巾，盖上壶盖。双手回归，稍作停顿。

请注意拾茶巾的动作，一般为右手拿起茶巾，再由左手轻轻接过，以方便右手泡茶。

（3）温壶　双手拿过茶壶，扭转方向，将水倒入三只茶杯内，顺序依次为主客杯、次客杯和主人杯。结束后取下壶盖置于壶前方。

（4）置茶　双手捧起茶叶罐，交由左手护罐，右手轻轻旋开盖钮放置于茶壶盖旁边。然后右手取茶勺于茶叶罐处，茶头躬身前倾，使用茶勺舀取适量茶叶投入茶壶中。右手将茶勺放回原位，盖上茶叶罐盖子，再将茶叶罐放置回原位。

（5）泡茶　右手拾起茶巾交予左手，然后右手提水壶，左手用茶巾按压住壶盖，将开水注入熟盂中，用茶巾擦拭水壶外壁水渍，然后将水壶归位到煮水炉上，放下茶巾。

左手取下壶盖，放于盖置上。躬身拾起茶巾，再端起熟盂，将熟盂内的开水注入茶壶。然后放下熟盂，放下茶巾，盖上壶盖。双手回归，稍作停顿。

（6）温杯　左手持茶巾，右手取杯，温杯按照主人杯、次客杯与主客杯的顺序进行，将温杯的水倒入退水器中，完成温杯后将茶杯放回原位。

温杯手法为右手持杯身，左手持茶巾护住杯底，逆时针轻轻转动杯身，然后将水倒入退水器中，轻擦杯底的水痕，放回茶杯。停顿休息数秒后，再温下一个茶杯。

（7）分茶　提起茶壶，将茶水注入茶杯，三杯茶共分九次完成注汤。先从前到后，再从后到前，最后再从前到后（需将茶汤倒尽）；倒完后茶壶放回原处。

（8）奉茶　双手捧茶杯放置于杯托上，摆放顺序为主客杯、次客杯、主人杯，三杯皆放于奉茶盘中。茶头身体转向宾客，将奉茶盘中的茶杯按主客、次客的顺序依次传递于客人，自己的茶杯留于身体正前方。

（9）品茶　茶头向宾客鞠躬行礼，然后示意宾客可品茶。主客皆双手端起茶杯，将茶杯端至胸前，双手握杯（正面朝前），欣赏茶汤色泽及香气，再小口啜饮。茶头依前法泡第二道茶，为客人添茶，泡好的茶汤可注入熟盂中，然后将茶水分入主客杯、次客杯、主人杯，再次品茶。品茶结束后，茶头收回茶杯，将茶杯归位，杯中未喝完的茶水可直接倒入退水器。

3. 退场阶段

（1）洁具　将水注入熟盂，拿起未使用过的干净茶巾，端起熟盂，将清水注入三只茶杯中洗杯。洗杯顺序为主客杯、次客杯与主人杯，洗杯方法与温杯手法相同，待杯中水倒入退水器后，用茶巾的外侧擦拭茶杯内侧。擦拭方法为右手夹住茶杯后保持不动，左手持茶巾向内转动茶杯三次，清洗好的茶杯按照原位摆放回茶床左侧。

（2）茶床归位　放下茶巾。从身体左侧取过茶床布，一层一层打开，打开后双手拿起上面那层的两端，缓缓向前铺在茶床上。

七、实验要领

（1）韩国茶礼受到儒家与佛家思想影响较深，茶礼中也常融入禅宗修行，在茶礼操作过程中需保持庄重、肃穆、安静的环境。茶礼操作过程中全程止语，主宾之间通过礼仪、动作、茶汤交流，不通过语言交流。茶礼动作需要稳重轻缓，不可急躁。

（2）韩国茶礼需要加强坐姿训练、注目礼训练

①坐姿训练：坐姿是韩式茶礼表演中最主要的姿势，韩式茶礼采用“正坐”，即传统跪坐姿态，端庄大方符合仪规的坐姿是韩式茶礼的基础。跪坐姿态需要反复训练，尤其要把握入座和站起的平稳性，跪坐过程中身体的稳定性以及双脚的舒适性。

②注目礼训练：韩国茶礼表演过程中语言交流较少，主要通过注目礼方式交流。主客通过眼神沟通，传递情感。得体到位的注目礼，是茶头个人素质和茶文化修养的综合体现。注目礼需要反复对镜练习。

（3）韩国叶茶的投茶量多在3～5g，茶水比常在（1∶30）～（1∶50），冲泡水温为80～90℃。需多练习，掌握冲泡技巧。

八、实验考核

请参考评分标准将实验考核结果填入表9－4，分别从进场就座、备器布具、行礼、泡茶、茶汤质量等多个角度对各小组韩国茶礼的操作进行评价。

表9－4　韩国茶礼考核测评表

班级：　　　　　　组别：　　　　　　姓名：

序号	测评内容	评分标准	分值	扣分	扣分记录
1	进场就座	姿势正确、动作规范	10		
2	备器布具	动作规范有条理，摆放符合要求，兼具实用性和审美性	10		
3	行礼	端庄大方、得体	10		
4	温器	手法正确，动作规范、优美	10		
5	泡茶	手法正确，动作规范、优美	15		
6	温杯	手法正确，动作规范、优美	15		
7	斟茶	手法正确，茶量适当	10		
8	茶汤质量	能充分表现茶汤的色、香、味、形	10		
9	品茶	手法正确，动作规范、优美	5		
10	时间	操作时间不低于10min	5		
合计			100	总分	
整体评价					

九、实验思考

（1）在韩国茶礼操作过程中，应该注意哪些事项？

（2）对比我国绿茶和韩国绿茶在感官品质上的差异，鉴赏各自的品质和特色。

（3）列举我国茶艺与韩国茶礼在操作程序中的异同点。

实验二十八　英国下午茶

一、实验目的

（1）了解英国下午茶礼仪、茶会及茶文化历史等相关知识。

（2）掌握下午茶会举办的技能与要领，提高日常茶会的策划与执行能力。

（3）体会中英茶文化之间的异同，感受文明交流互鉴的魅力，增强文化自信。

二、实验说明

茶的故乡是中国，但自从茶在17世纪传入英国，英国人便深深地爱上了这种饮品，并发展成独具特色的英国下午茶文化。英国下午茶，已经成为一种英国人的生活方式与文化形态，深深地融入英国人的日常生活中。饮茶在一定程度上改变了英国人的国民气质，甚至还塑造了英国的淑女与绅士风范。英国下午茶是一门综合的艺术，高品质的红茶、精美的茶具、精致而美味的茶点必不可少，同时优雅的礼仪与典雅的环境布置也十分重要。一杯茶中，体现了英国人对于美好生活的热爱与追求（图9－3）。

（1）

（2）

图9－3　**英国下午茶**

三、实验准备

1. 场地准备

实验需要准备英伦风格茶室或茶艺室。

2. 器具准备

实验需要准备英伦风格茶具一套［茶壶容量大于500mL、茶叶罐、奶盅、糖罐、100mL单耳茶杯（7只）、茶勺（7支）、杯托（7碟）］、水盂（1个）、瓷质或金属水壶一把（容量大于1.2L）、英式三角点心架一套、点心碟（7碟）、点心夹（1个）、糖夹（1个）、茶匙（1个）、刀叉（7套）、茶巾（2条）［茶会主人（1条），助理（1条）］。

3. 物料准备

（1）茶叶及配料　正山小种或祁门红茶（英国人还喜欢饮用大吉岭红茶、伯爵红茶、锡兰红茶等）10～15g、纯牛奶250mL、方糖若干、泡茶用水。

（2）茶点　三明治、英式松饼或其他饼干、蛋糕、水果塔等若干。

四、实验学时

实验共4～8学时。

五、实验方法

（1）教师介绍英国下午茶的礼仪及要素。

（2）分组展开茶会的模拟演练，每组成员轮流扮演茶会主人与客人。

六、实验步骤

1. 准备阶段

（1）主人准备　茶会主人与助理需要提前准备茶会现场，布置英伦风格的茶席。准备欧式插花、优质红茶、美味茶点、茶具、餐具。主人席位于茶桌正位，客人席位于茶桌两侧。茶壶、茶叶罐、奶盅、糖罐以及茶杯等均置于主人席前，客人席前放置席卡（写有客人名字），摆放餐巾、茶勺、刀叉、点心架。主人与助理精心装扮，盛装出席，以表达自己对茶会的重视以及客人的尊敬。英国下午茶茶会示意图见图9－4。

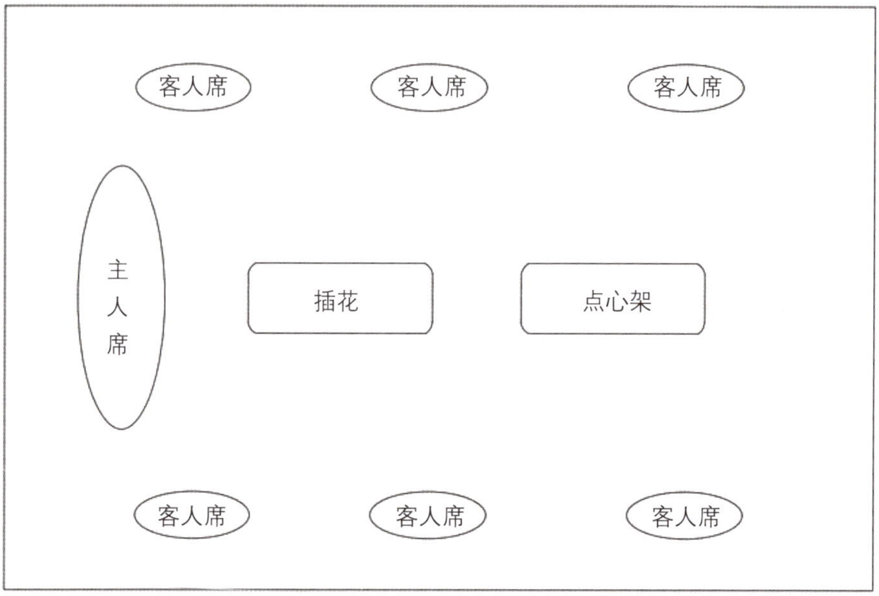

（1）茶会主客座位

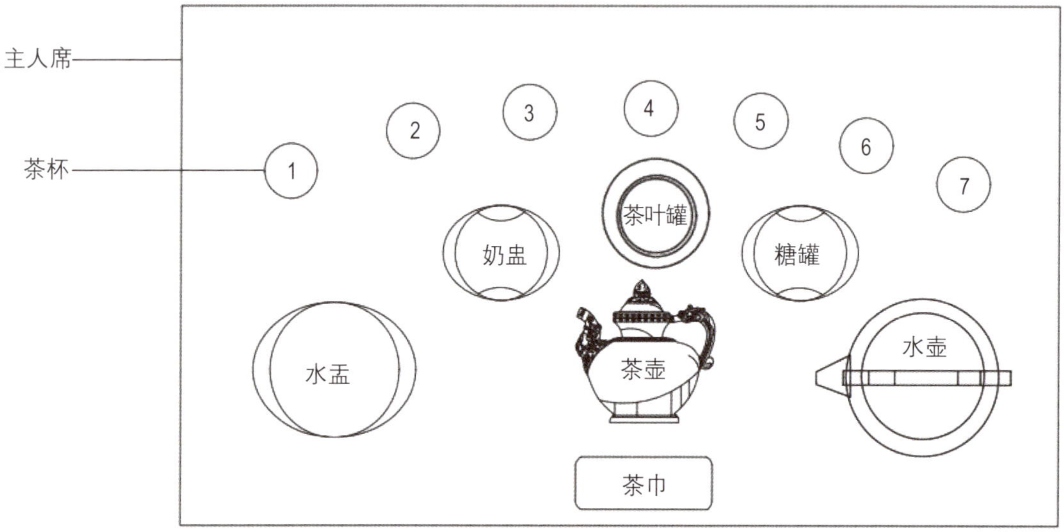

（2）茶会主人席茶具摆放

图9－4　**英国下午茶茶会示意图**

（2）客人准备 需着正装出席，女士穿长裙化淡妆，男士穿西服套装。客人需要为主人准备一份礼物，以感谢主人的盛情邀请与款待。

2. 茶会阶段

（1）主人迎客 茶会主人与助理需要在茶室入口处迎接客人，主客行握手礼或拥抱礼，客人将礼物送给主人，主人查看礼物并表达感谢，然后请助理带客人入席。

（2）主人入席 待客人全部到场入座后，主人回到茶桌，向客人行礼，致欢迎辞，介绍茶会及到访的尊贵宾客，然后入座泡茶，助理协助。

（3）煮水温壶 助理将初沸之水端至主人茶桌，主人用此水温壶。将水注入茶壶约1/2处，右手提起茶壶，左手托住壶底，逆时针转动茶壶三圈，使茶壶充分受热。再将茶壶热水分别倒入茶杯中，每杯倒1/2，然后将水依次倒入水盂中。

（4）取茶投茶 取5～7茶匙茶叶（一茶匙2～3g，常规为一人一茶匙，可酌情增减），将茶叶投入茶壶之中。

（5）注水泡茶 将沸水高冲入壶，注满或者注入4/5（根据茶壶容量与茶杯的容量而定，茶壶的注水量与茶杯容量契合即可），盖上壶盖，茶叶在壶中浸泡，浸泡时间以茶叶几乎全部沉入壶底或叶子展开为准，可视浓淡喜好调整浸泡时间，一般为2～3min或更久。

（6）调制牛奶 在候茶的过程中，按顺时针方向将方糖依次夹入茶杯中，再向茶杯中依次倒入牛奶，牛奶量约为茶杯的1/4。

（7）注汤入杯 将泡好的茶汤，从茶壶倒入茶杯中，按顺时针方向从左向右分斟，每个茶杯盛3/4的茶汤即可，不可太满。

（8）奉茶品饮 将泡好的六杯茶（茶杯配杯托）放置于托盘中，由助理按先右后左的顺序奉茶，先奉右边三位客人，再奉左边三位客人。

（9）品茶交谈 主人带领客人品茶，客人将茶勺在杯中搅拌，使茶、奶、糖充分融合，然后放下茶勺于杯托一侧，右手举起茶杯，左手托起杯托，再小口啜饮，感受茶汤的美味。如果客人仍需再加糖或奶，可向助理示意，由助理将糖缸、奶盅呈给客人。品饮茶汤后，主客之间可以自由交谈，整体氛围轻松愉快。

（10）取用茶点 饮茶后，客人取用茶点至点心碟。茶点不可一次取用过多，应分多次取用。取茶点时，应从点心碟下方的茶点开始取用，之后依次往上，每次吃几口茶点，再饮几口茶汤，充分感受茶与茶点之间的搭配，茶与茶点在口腔中的碰撞与和谐，体会英式茶点的独特魅力。此时，主客之间自由交谈，整体氛围轻松愉快。

（11）续茶 茶会过程中，主人可以多次注水泡茶，根据需要由助理将茶汤、牛奶等分斟给客人。

3. 结束阶段

主人致结束辞，客人致感谢辞，客人将茶汤与茶点食尽，将自己前方的茶具稍作整理，然后主客起身。主人一一送别客人，客人一一向主人道别。

茶会结束，主人与助理整理茶席，清理茶具及打扫茶室，清点茶具、归类礼物并收藏，共同总结本次茶会。

七、实验要领

1. 参会者礼仪

英国下午茶是英国人的生活，也是一种极具社交属性的聚会。因此，参与下午茶会的主宾都十分讲究礼仪，主人精心准备茶叶、茶具、茶点，将自己家中优质的茶叶与客人分享，亲手泡茶，精心制作茶点，将劳动成果与客人分享以示对茶会与宾客的重视。客人也需盛装出席，饮茶与取用茶点过程中要有序有礼，不可双手同时拿取点心，也不可一手取用点心，一手端茶杯，这是极不礼貌的行为；正确的做法是饮几口茶后，放下茶杯，再端起点心盘取用点心。点心取用过程中，不可浪费，根据需要取用，可少量多次。

2. 下午茶的冲泡

下午茶，既可以饮用纯茶，又可以饮用奶茶，根据主客的喜好而定。但多数情况下，英国人喜欢饮用加糖加奶的红茶。由于英国下午茶中直接将茶汤从茶壶倒出，不使用公道杯，因此泡茶者需要根据茶品的特点把握好投茶量、注水量、出汤时间。通常，每位客人配备2～3g茶，泡茶水温在90～100℃，红茶的茶水比例以1∶50为参考，牛奶与茶汤比例以1∶3或1∶4为参考，通常需要浸泡2～3min甚至更久才出汤。主人需要提前试泡茶品，以便茶会时更易掌握各方面因素，泡出理想的茶汤。

3. 茶点的取用

茶点取用顺序是由下至上，味道由咸到甜、由淡到浓的顺序。因此，茶点在摆放时，底层放咸味三明治，中间层放咸甜综合的英式松饼、培根卷、饼干类，顶层放甜味的水果塔、慕斯蛋糕等甜点。取用食物后，再啜饮几口芬芳的红茶，让食物的滋味与红茶的香味在口腔中相遇，感受英国下午茶的美好。

八、实验考核

请参考评分标准将实验考核结果填入表9－5，分别从服饰礼物、茶具与茶点选配、茶席设计、社交礼仪等多个角度进行评价。

表9－5　英国下午茶考核测评表

班级：　　　　　　组别：　　　　　　姓名：

序号	测评内容	评分标准	分值	扣分	扣分记录
1	服饰礼物	参与茶会的服饰及礼物挑选得当	10		
2	茶会礼仪	礼仪规范，语言和气礼貌，茶会氛围和睦融洽	15		
3	茶品选择	茶品选择合理，投茶量合适	10		
4	茶具选择	茶具搭配合理，茶席布具美观	10		
5	茶点选配	茶点及容器选择合适，茶点顺序摆放合理，茶点搭配协调美丽	10		
6	茶席设计	茶席美观实用，符合英式审美	15		
7	茶艺动作	泡茶手法正确，动作规范优美	15		
8	茶汤品质	茶叶浸泡时间合理，茶奶比例适宜，茶汤滋味可口	10		
9	时间管理	能有效控制茶会举办时长，不会过于仓促也不会过于冗长，参与者的体验感受刚刚好	5		
合计			100	总分	
整体评价					

九、实验思考

（1）英国下午茶可选用哪些茶叶？

（2）茶、奶的添加顺序是否有讲究，有何讲究？试验茶、奶比例为多少时茶汤品质融合度最好。

（3）英式茶点的搭配与取用有何技巧？

（4）参加英国下午茶会，在参会礼仪方面应注意哪些事项？

（5）英国下午茶体现了英国怎样的文化形象以及英国人的哪些气质及精神？

本章拓展

1. 拓展阅读

藤军. 日本茶道文化概论[M]. 北京：东方出版社，1992.

冈仓天心. 茶之书[M]. 谷意，译. 济南：山东画报出版社，2010.

关剑平. 世界茶文化[M]. 合肥：安徽教育出版社，2011.

姚国坤. 惠及世界的一片神奇树叶——茶文化通史[M]. 北京：中国农业出版社，2015.

Yoo Y S. The Book of Korean Tea：A Guide to the History，Culture and Philosophy of Korean Tea and the Tea Ceremony[J]. Seoul：Myung Won Cultural Foundation，2007.

2. 拓展课程

华文慕课《日本文化艺术专题》（北京大学，藤军主讲）

学银在线《茶艺文化》（浙江树人大学，袁微等主讲）

学银在线《中华红茶：红茶鼻祖正山小种》（武夷学院，程曦等主讲）

微纪录片《英伦茶韵》（英国川宁茶业拍摄）

3. 拓展实践

学习并实践日本煎茶道的茶道流程，有机会可参与一次日本茶会。

选择一种课堂以外的韩国茶礼形式并进行学习实践，体会丰富的韩国茶礼形式。

亲自参与一次英国下午茶会或者在班级举办一场英国下午茶会。

第十章
调饮茶艺

本章导读与思政点

清饮与调饮长期并存于人类用茶的历史中，新式茶饮即源于我国传统调饮文化。当前新式茶饮发展迅速，深受年轻茶客的青睐。学习调饮茶艺是新时代推广茶文化的需要，也为丰富创新我国传统饮茶文化提供了一个新的方向。本章实验内容丰富多样，有奶茶调饮、果茶调饮与茶酒调饮，有助于快速掌握调饮茶的基本调配技法，推动茶饮文化传承与时代创新发展。

实验二十九 奶茶调饮

一、实验目的

（1）了解奶茶调制的基础知识。

（2）掌握奶茶调制的基本方法与步骤，并具备独立设计制作一款奶茶的能力。

（3）培养创新思维，探索茶饮、茶艺的多元表达方式，推动茶艺传承与创新。

二、实验说明

调饮茶通常是指在茶叶或茶汤中加入一种或几种辅料，这些辅料通常包括但不限于调味品（如甜味、咸味、果味等）、营养品（如奶类、果酱、蜂蜜、芝麻、豆子等）等，加入的辅料可以丰富茶汤的香气与滋味，从而呈现出与众不同的风味。

当茶基相同时，辅料则会决定茶汤口感的走向。茶汤中加入牛奶或乳制品，可以使茶汤口感更加柔和醇香，如果使用乳脂量较高的奶油，会使茶饮的滋味变得更浓郁，风味变得更独特。茶奶混饮，是我国部分地区人民自古以来的饮茶习俗。奶茶还曾一度成为清代宫廷的日常饮品，有在宫廷宴请时皇帝赐入宴者奶茶的相关记载。如今，奶茶种类更加丰富，口感更加多样，红茶、黑茶、乌龙茶等皆可选为奶茶茶基，牛奶、椰奶、杏仁奶、冰淇淋、奶油、奶酪等是常用乳制品，饮用奶茶在年轻消费群体中十分流行。本实验介绍了一款日常奶茶调制方法，可以参考此方法设计制作更多样式的奶茶。

三、实验准备

1. 场地准备

实验需要准备茶艺室或茶室吧台。

2. 材料准备

实验需要准备小种红茶5g、奥利奥饼干三片、鲜牛奶200mL、手冲咖啡200mL（提前冲好）、冰块、水。

3. 器具准备

实验需要准备盖碗（120mL）、雪克杯（500mL）、冰块桶、高脚玻璃杯（220mL）、量杯、玻璃公道杯、吧勺、碎冰锤、冰块夹、配料碟、茶匙、茶荷、陶瓷杯。

四、实验学时

实验共2学时。

五、实验方法

（1）以“奥利奥雪顶茶鲜乳”调制为例，教师讲解并分步示范。

（2）分组进行调饮练习。

（3）作品展示与评比。

六、实验步骤

1. 备料

将提前冲好的咖啡、鲜牛奶分别装入量杯中待用，奥利奥饼干放于配料碟中。

2. 泡茶

将5g小种红茶加入盖碗中，沸水冲泡，闷泡3min，沥出100mL茶汤至玻璃公道杯中，冷却待用。

3. 预调

使用量杯分别量取60mL鲜奶、30mL咖啡、100mL茶汤倒入雪克杯中，加入10粒冰块。再用吧勺搅拌均匀，然后盖好雪克杯。

4. 摇制

双手握紧雪克杯，注意盖子与杯身要紧，利用腕力上下摇晃，直至冰块融化，可以通过声音的大小来判断冰块融化程度。

5. 调配

将摇匀的饮品倒入高脚玻璃杯中，再打开雪克杯的滤网，将剩余的奶泡也倒在茶饮的表面，可使用吧勺轻拂，使表面泡沫均匀。

6. 造型

取两块奥利奥饼干置于陶瓷杯中，使用碎冰锤用力将其压碎成粉末。然后将其均匀倒在已配制好的茶饮表面，不匀处可用吧勺拂匀，杯中黑白层次对比分明，成品茶饮即成。

扫码观看“奥利奥雪顶茶鲜乳”制作

七、实验要领

（1）摇制时需要手腕用力，手部握紧雪克杯的瓶口，上下快速摇晃，通过声音的大小来判断冰块的融化程度。

（2）注意茶与奶的比例，综合茶饮的口感协调性。此外，咖啡不宜加入过多，咖啡味浓，易掩盖掉茶与奶的味道，从而破坏茶饮整体口感的协调。

（3）牛奶遇酸易发生凝结与沉淀现象，影响观感与品质。避免牛奶与过酸的茶汤、水果等混合调制。

八、实验考核

请参考评分标准将实验考核结果填入表10－1，分别从创新性、茶饮质量、配方配搭、操作规范、茶席设计多个角度对各小组所制奶茶进行评价。

表10－1　奶茶调饮考核测评表

班级：　　　　　组别：　　　　　姓名：

序号	测评内容	评分标准	分值	扣分	扣分记录
1	创新性	有原创性，包括调饮的命名、配方和用具以及茶席的布置	20		
2	茶饮质量	色香味形俱佳，滋味和谐，风味独特	40		
3	配方搭配	配方科学合理，比例协调适度	20		
4	操作规范	操作流程契合茶理，调饮手法娴熟自然	10		

续表

序号	测评内容	评分标准	分值	扣分	扣分记录
5	茶席设计	调饮器具选配合理，茶席设计能充分体现调饮特点	10		
合计			100	总分	
整体评价					

九、实验思考

（1）请结合这款调饮茶的品质特征及艺术联想，为其取一个名字。同时，给出这款茶的推荐饮用时间与点心搭配建议。

（2）如果选配乌龙茶与牛奶调制茶饮，你有什么好的想法？请以乌龙茶为茶基，设计调制一款奶茶。

（3）探索不同茶品的茶、奶黄金搭配比例，并记录好每一次的实验过程与奶茶感官评价。

（4）在调制时，奶茶物料的添加顺序是否有影响？最佳的添加顺序是什么？

（5）摇制的作用是什么？若摇制不到位，奶茶品质容易出现什么问题？

实验三十 果茶调饮

一、实验目的

（1）了解果茶调制的基础知识。

（2）掌握果茶调制的基本原则与方法，并具备独立设计制作一款果茶的能力。

（3）培养创新思维，探索茶叶与果品的搭配方式，推动茶艺的传承与创新。

二、实验说明

我国历史上关于果茶的记载十分丰富，如金橙茶、梅茶、杏仁茶、木瓜茶、三清茶等，皆是现代果茶的雏形。果茶是以茶叶、新鲜水果为原料，保持水果和茶双重风味的饮料。果茶因其绿色、健康、品类丰富、色彩艳丽而受到消费者的喜爱，随着时代的发展，果茶饮品表现出个性化、健康化、时尚化的特征。

1. 茶叶的选用

我国传统六大茶类和再加工茶类的花茶均可作为调制水果茶的基底茶。水果茶一般要求香气清新，汤色清澈透亮，能体现出水果的艳丽颜色，滋味鲜甜爽口有回味，目前市场上的新式水果茶中，基底茶多选用花茶、红茶和乌龙茶。

2. 水果的选用

果茶要求同时具备水果与茶的风味，但水果的种类和质量对茶饮品质至关重要。水果能让消费者很快地从视觉到嗅觉再到味觉全方位地感知茶饮的色彩、香气和滋味，从而影响消费者的情绪和评价。因此，选择水果时通常会从果色、酸甜度、香味等几个方面来考虑。无论是什么果品，都要求果形完好、无腐烂、无病虫害，色泽鲜艳、汁多肉厚、甜酸适当、香味浓郁，绿色无公害。

在果茶调制时，为增强水果风味减少果酸味，经常会添加果葡糖浆、蔗糖糖浆、葡萄糖浆等甜味剂来改善茶饮的口感。

三、实验准备

1. 场地准备

实验需要准备茶艺室或茶室吧台。

2. 材料准备

实验需要准备小种红茶5g，苹果、西瓜、哈密瓜、菠萝、柠檬、金橘、圣女果适量，百香果1个，冰块，水，糖浆20mL。

3. 器具准备

实验需要准备盖碗（120mL）、雪克杯（500mL）、冰块碗、直筒玻璃杯（300mL）、量杯、金属勺、吧勺、冰块夹、配料碟、茶匙、茶荷。

四、实验学时

实验共2学时。

五、实验方法

（1）以“果满满百香红茶”调制为例，教师讲解并分步示范。

（2）分组进行调饮练习。

（3）作品展示与评比。

六、实验步骤

1. 备料

提前将苹果切片，西瓜、哈密瓜、菠萝、柠檬切块，金橘、圣女果洗净，用金属勺将百香果肉掏出待用，所有水果盛装至配料碟中待用。

2. 泡茶

将5g小种红茶加到盖碗中，沸水冲泡两次，首次闷泡3min、第二次闷泡5min，沥出茶汤至玻璃量杯中，冷却待用。

3. 装点

夹取苹果片放入玻璃杯底部，再取西瓜、菠萝依次放入，然后使用圣女果、金橘填充，最上方仍放入一片苹果片，有序地装入玻璃杯中。

4. 预调

向雪克杯中加入百香果肉、20mL糖浆与15～20粒冰块，使用量杯量取160mL茶汤并倒入，最后盖紧雪克杯。

5. 摇制

双手握紧雪克杯，注意盖子与杯身要紧，利用腕力上下摇晃，直至冰块融化，可以通过声音的大小来判断冰块融化程度。

6. 调配

将摇匀的百香果茶汤全部注入玻璃杯中，然后使用吧勺轻拂去茶饮表面黑色的果渣（影响视觉效果），再插入吸管，成品茶饮即成。

扫码观看“果满满百香红茶”制作

七、实验要领

（1）在进行水果摆放时，注意用不同体积、不同色彩的水果进行搭配。

（2）摇制时需要手腕用力，手部握紧雪克杯的瓶口，上下快速摇晃，通过声音的大小来判断冰块的融化程度。

（3）水果的选配可以根据季节调整，但需要注意酸甜的滋味搭配。可根据需要选配甜味剂，调整茶饮的酸甜度，提升风味。

（4）茶汤需要冷却后再加入雪克杯中，否则会影响果茶的风味。

八、实验考核

请参考评分标准将实验考核结果填入表10－2，分别从创新性、茶饮质量、配方科学、操作规范、茶席设计多个角度对各小组所制水果茶进行评价。

表10－2　果茶调饮考核测评表

班级：　　　　　组别：　　　　　姓名：

序号	测评内容	评分标准	分值	扣分	扣分记录
1	创新性	有原创性，包括调饮的命名、配方和用具以及茶席的布置	20		
2	茶饮质量	色香味形俱佳，滋味和谐，风味独特	40		
3	配方搭配	配方科学合理，比例协调适度	20		
4	操作规范	操作流程契合茶理，调饮手法娴熟自然	10		
5	茶席设计	调饮器具选配合理，茶席设计能充分体现调饮特点	10		
合计			100		
整体评价					

九、实验思考

（1）请结合这款调饮茶的品质特征及艺术联想，为其取一个名字。同时，给出这款茶的推荐饮用时间与点心搭配建议。

（2）请选择你喜欢的茶品与水果入茶，设计调制一款水果茶。

（3）改变实验中茶与水果的比例以及加入顺序，看看水果茶的风味是否有变化?

（4）利用植物的酸碱变色反应，制作一款“神奇”的茶饮。

实验三十一　茶酒调饮

一、实验目的

（1）了解茶酒调制的基础知识。

（2）掌握茶酒调制的基本原则与方法，并具备独立设计制作一款茶酒的能力。

（3）培养创新思维，探索茶饮、茶艺多元的表达方式，推动茶艺的传承与创新。

二、实验说明

茶酒是指将茶叶与酿酒原料混合发酵或直接将茶叶与酒类浸提调配而成的特色风味饮料，兼具茶与酒的风味及功能。茶是养神益气之佳品，酒是怡神酣畅之仙酿。茶与酒，一刚一柔，一凉一热，皆深得国人喜爱。在传统茶饮中，就有在泡好的茶汤中调配白酒和服饮用的习惯，起到驱寒、止痛的作用，如纳西族的茶饮“龙虎斗”。以酒入茶，既有茶的香气风味，又有酒的醇厚浓烈，还有兼具二者的健康功效。茶酒调饮让茶多了一分烈性，酒多了一分柔和，是一种有一定健康功效又风味怡人的饮料。

三、实验准备

1. 场地准备

实验需要准备茶艺室或茶室吧台。

2. 材料准备

实验需要准备小种红茶5g、鸡尾酒、柠檬片、新鲜葡萄、冰块、水。

3. 器具准备

实验需要准备盖碗（120mL）、雪克杯（500mL）、冰块桶、玛格丽特杯（180mL）、量杯、吧勺、冰块夹、配料碟、茶匙、茶荷。

四、实验学时

实验共2学时。

五、实验方法

（1）以“萄气红茶鸡尾酒”为例，教师讲解并分步示范。

（2）分组进行调饮练习。

（3）作品展示与评比。

六、实验步骤

1. 备料

将新鲜葡萄去皮，柠檬切片，放入配料碟中待用。

2. 泡茶

将5g小种红茶加入盖碗中，沸水冲泡1次，闷泡3min沥出茶汤至玻璃量杯中冷却待用。

3. 预调

使用冰块夹夹取3粒葡萄果肉置于玛格丽特杯中。

4. 调酒

用量杯量取40mL鸡尾酒、120mL红茶茶汤装入雪克杯中，然后加入10粒冰块，用吧勺搅拌，再摇晃雪克杯，待冰块融化。

5. 调配

将摇匀的茶酒缓缓注入玛格丽特杯中，将柠檬片放于杯口装饰，成品茶饮即成。

扫码观看“葡气红茶鸡尾酒”制作

七、实验要领

（1）摇制时需要手腕用力，手部握紧雪克杯的瓶口，上下快速摇晃，通过声音的大小来判断冰块的融化程度。

（2）鸡尾酒品类丰富，酒精度与风味也各不相同。在调饮时，茶汤与鸡尾酒的比例需要多次调试，使茶酒滋味和谐。

八、实验考核

请参考评分标准将实验考核结果填入表10－3，分别从创新性、茶饮质量、配方搭配、操作规范、茶席设计多个角度对各小组所制茶酒进行评价。

表10－3　茶酒调饮考核测评表

班级：　　　　组别：　　　　姓名：

序号	测评内容	评分标准	分值	扣分	扣分记录
1	创新性	有原创性，包括调饮的命名、配方和用具以及茶席的布置	20		
2	茶饮质量	色香味形俱佳，滋味和谐，风味独特	40		
3	配方搭配	配方科学合理，比例协调适度	20		
4	操作规范	操作流程契合茶理，调饮手法娴熟自然	10		
5	茶席设计	调饮器具选配合理，茶席设计能充分体现调饮特点	10		
合计			100		
整体评价					

九、实验思考

（1）请为这款“萄气红茶鸡尾酒”推荐饮用时间、搭配茶点。

（2）请发挥想象力，使用本地的特色茶品与美酒，设计一款茶酒调饮，写出你的设计思路。

（3）盛装茶酒的器具应如何选择，为什么？

（4）民俗茶饮中的“龙虎斗”可谓茶酒调饮的“先祖”，请查询其产生的背景并尝试制作。

（5）请调查市面上的成品茶酒和现制茶酒，并了解这些产品的风味特点、售价、销量以及消费者喜爱度等。

本章拓展

1. 拓展阅读

李相旼．招牌茶饮101[M]．北京：北京科学技术出版社，2020.

张士康，陈燚芳．调饮茶理论与实践[M]．北京：中国轻工业出版社，2021.

海峡两岸茶业交流会．茶类饮料　现制水果茶：T/CSTEA 00024—2021[S]．深圳：深圳市品道餐饮管理有限公司，2021.

蔡烈伟，陈开梅．新式水果茶系列产品设计与制作[J]．中国茶叶，2021，43（11）：7-10.

刘洋，李国辉，曹晓念，等．茶酒的研究进展[J]．食品研究与开发，2022，43（23）：10-216.

2. 拓展实践

以小组为单位，选取六大茶类的代表性茶品，分别进行奶茶、果茶、茶酒调饮的搭配实践，并给出小组的搭配方案。

以班级或学院为单位，策划并举办一次调饮茶大赛。

第十一章

茶艺配饰训练

本章导读与思政点

茶通六艺，琴棋书画皆可入茶。在茶艺演示过程中，适宜的插花、用香、音乐以及茶点等可以提升茶艺的表达效果，起到茶文化氛围渲染与熏陶的作用。例如，插花可以提升茶席的灵动性与色彩感；茶点可以缓解茶醉延长饮茶时间，丰富品饮体验；用香可以营造出不同的意境，引人入胜。其他艺术与茶艺的完美融入，可以丰盈茶事内容，提升茶事参与体验，营造出更具东方特点的人文美学氛围。本章分别设置了茶席插花、茶点配置和茶艺用香三个实验，帮助茶艺师快速掌握茶艺配饰的搭配技巧，传递东方生活美学态度，促进社会主义精神文明建设。

实验三十二　茶席插花

一、实验目的

（1）了解茶席插花的基础知识。

（2）掌握茶席插花的基本技能与要领，并能够运用于茶席设计。

（3）通过插花重现自然美和生活美，培养生活审美与艺术创造力，感受生命的色彩和生活的芬芳，传递美好生活态度。

二、实验说明

茶席插花常简称茶花。茶花崇尚自然雅趣，与茶性相契合，是东方文化的产物。茶花属于东方风格的小品插花，多用植物的花、果、枝叶等进行艺术创作，用于装饰茶席，提升茶席的灵动性。花材不求繁多，只需几枝起到点睛效果，追求线条美、构图美与意境美。茶花整体简洁、淡雅、精致、小巧，在茶席上不应喧宾夺主，需与茶具、茶品等共同构成茶席的主体（图11－1）。

扫码查看
茶席插花作品

图11－1　茶席插花

三、实验准备

1. 场地准备

实验需要准备插花教室或茶艺室。

2. 花器准备

花器如碗、瓶、筒、篮是常见插花器皿，以陶、瓷、铜、竹、木等器为优，典雅高古，自然朴实，花器选择尺寸不宜过大。本次花器选用小型陶碗。

3. 花材准备

花材以中国传统插花素材为主，梅、兰、竹、菊、松、柏、海棠、牡丹、芍药、石柳、水仙、荷、菊花、山茶、杜鹃等常见素材，同时可结合季节、主题以及方便性进行选择。本次实验花材选择常见的六月雪、菊花或雏菊，其中六月雪为主枝，菊花为主花。可结合茶席主题或者实际情况替换花材。

4. 其他器物准备

其他器物如花留用于固定花材，主要包括剑山、花泥、七宝等。同时还需要水、剪刀、绿胶布、绿铁丝等辅助器物，本次实验选用传统剑山固定花材。

四、实验学时

实验共4学时。

五、实验方法

1. 教师示范讲解

教师亲自示范插花步骤，并讲解插花要点。

2. 分组练习

以单人或小组为单位，参照实验步骤进行操作，模仿教师的作品进行插花实践。过程中，记录下插花笔记，并将作品绘制成简笔画写进插花笔记或实验报告中。

3. 点评与总结

展示阶段性插花成果，师生共同点评，最后评选出本次实验的“花魁”作品。

六、实验步骤

（1）将剑山放在碗中一侧，向盆中加入清水至碗口的4/5，水需要没过剑山。

（2）本次主枝为六月雪，按碗（直径+高度）×（1.5－2）倍来确定第一主枝长度，第二主枝长度约是第一主枝的2/3，第三主枝长度约是第二主枝的2/3。即当存在三条主要花枝时，三枝的长短比例约为8：5：3时最为耐看。主枝呈三丛，插于主花后方，往东北或西北走向。第一主枝略为直立与中轴线呈15°，第二、第三主枝则略带倾斜与中轴线分别呈45°、75°，但第二、第三主枝的倾斜方向需相反。花材与花器的比例关系见图11－2。

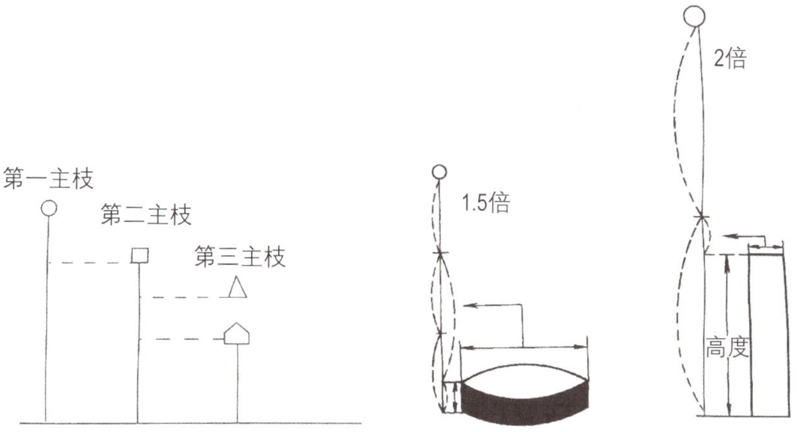

图11－2　**花材与花器的比例关系**

（3）将菊花作为主花插在整个作品1/3高度处，占据视觉焦点，若花大插1朵，花小可插2～3朵，向南偏西方向。插好后观察作品，重点看主花与主枝的协调度，若作品仍不够饱满，可以剪取少量六月雪带叶短枝插于菊花前后。插花效果图及插花实例参考图见图11－3、图11－4。

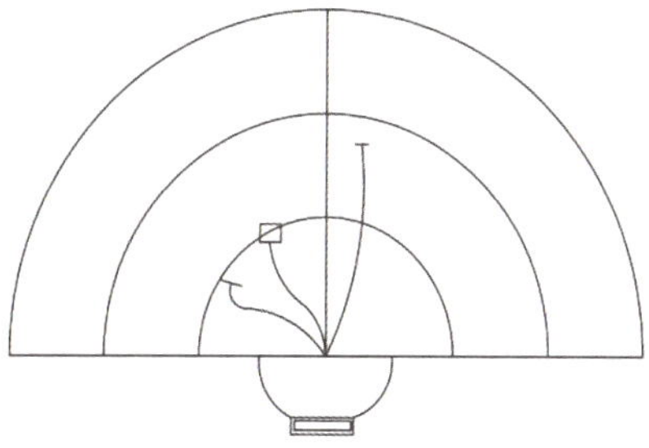

图11－3　**插花效果图**

图11－4　**插花实例参考图**

七、实验要领

（1）花材选择 “花开半时偏妍”，花朵宜选花苞或半开之花。插花时小花在上，大花在下，花朵高低、前后错落，保持重心平稳；枝条宜选择婀娜飘逸者、轻巧而有变化者、活泼而不繁杂者，体现出一定的动势与线条美，也可以通过绿铁丝缠绕使其弯曲帮助造型。茶席插花注意不要选择香味过于浓烈的花材，以免影响品茶；在主题茶席中，花材寓意要与茶席主题相吻合。

（2）插花步骤 应插好主枝与主花后，再配插衬叶，叶片陪衬花枝，注意恰当遮盖枝脚、剑山。

（3）花材在剑山上插过一次会造成较大损伤，拔出再次使用时往往要修剪基部。

（4）如果是有主题的茶艺或茶席作品，插花的花材选择需要考虑到作品的主题立意。插花作品的大小及高度，需要与茶席比例协调，太大会喧宾夺主，太小则起不到美化茶席、升华主题的效果。

八、实验考核

请参考评分标准将实验考核结果填入表11－1，分别从插花的花材选择、构图比例、修剪手法、茶席搭配等多个角度对茶席插花作品进行评价。

表11－1 茶席插花考核测评表

班级： 组别： 姓名：

序号	测评内容	评分标准	分值	扣分	扣分记录
1	花材选择	花材选择合理，姿态天然，新简素雅	20		
2	花器搭配	花与器的搭配比例合适，花材安放有层次感	20		
3	花材修剪	花材修剪与造型合理，方法正确，不露痕迹	10		
4	作品结构	作品结构合理，色彩协调，具有意境美	20		
5	茶席匹配	插花尺寸与茶席比例协调	10		
6	插花立意	插花立意与茶席主题贴合	10		
7	席面清洁	现场清理干净、用具摆放整齐	10		
合计			100	总分	
整体评价					

九、实验思考

（1）本次实验插花作品，你计划搭配一个怎样的茶席？

（2）茶席上的插花，需要先茶后花，以茶为主。你如何理解“先茶后花”？

（3）“留白”是茶席插花重要的美学手法，茶席插花的“留白”可从何处体现？

（4）请为红茶主题茶艺《暗香暖意》或班级指定的主题茶艺，搭配茶席插花，并将插花设计思路写出来。

实验三十三　茶点配置

一、实验目的

（1）了解茶点的基础知识和简易制作方法。

（2）掌握常见茶品与茶点的搭配技能与要领，能制作和搭配日常茶点。

（3）培养美食鉴赏能力，感悟美食中的智慧，传递美好生活态度。

二、实验说明

茶点是喝茶时佐茶的小吃、点心，用以衬显茶的风味，同时补充血糖，防止茶醉。茶点选配需与茶相宜，淡雅清爽，精致健康，符合“体小、量少、质优、形美”的特征。茶点种类丰富，常见茶点有水果类、坚果类、蜜饯类、粮食类、糕点类、肉制品类等；按其口感，又可分为甜类、酸类、咸类等茶点。茶界流行“甜配绿，酸配红，咸味配乌龙”的搭配，说明茶与茶点搭配讲究性味相合，恰到好处，但此搭配方式并非绝对，具体仍需“因茶制宜”，本次实验以武夷岩茶为例，进行茶点搭配。

手工制作的茶点，更能彰显茶人的关怀，常常也更能调动品茗者的味蕾与情感。日常生活中，茶艺师应学习一些健康且简易的茶点制作，可结合茶品、季节或人群因时因事制作不同的手工茶点，进行灵活搭配。本次实验将学习一款日常茶果冻的制作，为制作日常茶点提供参考。

三、实验准备

1. 场地准备

实验需要准备茶艺室。

2. 茶品准备

实验需要准备一款中火型武夷岩茶。

3. 茶具准备

实验需要准备盖碗、公道、品茗杯若干、点心盘若干、随手泡等。

4. 茶点准备

（1）酸味茶点若干　如酸枣糕、杨梅干、山楂片、苹果、橘子等。

（2）咸味茶点若干　如花生、肉松饼、咸笋干、猪肉脯等。

（3）甜味茶点若干　如果脯、蜜饯、抹茶蛋糕、麻薯、凤梨酥等。

5. 茶果冻制作材料准备

（1）主料　500mL纯牛奶（或清水）、30g白凉粉。

（2）辅料　白砂糖20g、红茶包5g。

（3）器具　花朵模具、锅等。

四、实验学时

实验共4学时。

五、实验方法

本实验为体验探究性实验，属于开放性实验，方法可以灵活多样。

1. 茶点搭配实验

（1）教师讲解茶点搭配实验规则与步骤。

（2）分组后选定茶品（本次选用武夷岩茶），小组成员通过品试茶品与茶点，过程中小组成员可相互分析讨论，最终完成茶点搭配方案。

（3）小组进行阶段性实验汇报，师生共同点评，教师归纳总结。

2. 茶点制作实验

（1）教师讲解茶点制作步骤与重难点提示。

（2）分组后小组成员开展茶点制作实验。

（3）小组进行阶段性实验汇报，师生共同点评，教师归纳总结。

六、实验步骤

1. 茶点搭配实验

（1）请将课程准备好的茶点按风味特征提前分为酸、咸、甜三组。

（2）班级分成三组，每组一套盖碗茶具，按日常品饮法冲泡武夷岩茶，每饮一道茶汤后品尝一道茶点。

（3）待三组品茶后，分别按以下顺序品尝茶点：

①甜—咸—酸；

②酸—甜—咸；

③咸—甜—酸。

（4）品尝茶点后，各组成员从具体感受出发，谈谈哪种口味的茶点最能突出武夷岩茶的风味。

（5）师生共同归纳，总结出武夷岩茶的茶点搭配规律。

2. 日常茶点制作实验

茶果冻是一种低热量高纤维的食品，其外形晶莹、色泽鲜艳、口感软滑，适合选作日常茶点。试以红茶果冻为例，学习制作简单的茶点心，具体步骤如下。

（1）分组后，每组同学准备或领取一份茶果冻实验材料包。

（2）小组成员参照教师的讲解或实验包说明进行茶果冻制作：

①首先向锅中倒入纯牛奶500mL（或凉水），加入红茶包5g；

②继续加入白凉粉30g，白糖20g，搅拌均匀，小火煮5min，然后取出茶包；

③将煮好的液体倒入果冻模具中，放置自然冷却成型；

④从模具中取出果冻，装入点心盘摆放即可食用。

（3）师生共同品尝不同小组制作的茶果冻，评选出最佳风味果冻。通过评选交流各小组的茶果冻制作流程及细节，总结出美味茶果冻制作的技巧。

七、实验要领

茶点宜清雅，风味不可夺茶。为提升茶点搭配成功系数，选择茶点时应注意以下内容。

（1）茶点不宜过小或过大，以一口为佳。较大的茶点如水果可以提前切块置于盘中，以方便取用。果壳过多，或食用声响较大的食物，会影响品茗的意境，也不是茶点的最理想选择。

（2）茶点的选择，应考虑食材、风味、形态、色彩、摆盘以及文化内涵，充分结合茶品以及茶艺主题进行搭配。

（3）茶点选择也需结合茶性与食性，如绿茶、白茶性凉，冬天或女性饮此类茶时避免选择寒性食物搭配。

（4）茶点还可以选择一些当地食品；也可以结合气候节气，选择一些时令水果。

（5）茶点不宜选择过于油腻、辛辣刺激和有怪味的食品，以免影响品茶。

八、实验考核

请参考评分标准将实验考核结果填入表11－2，分别从茶点的风味、形态、摆盘、内涵多个角度对茶点配置作品进行评价。

表11－2　茶点配置考核测评表

班级：　　　　　　组别：　　　　　　姓名：

序号	测评内容	评分标准	分值	扣分	扣分记录
1	茶点的风味	食材选择合理，能突出茶品风味	25		
2	茶点的形态	造型精致，体积小巧，样式清雅，便于食用	25		
3	茶点的摆盘	选择器具合理，摆盘美观，与茶席相宜	25		
4	茶点的内涵	茶点的文化内涵与茶艺主题相得益彰	25		
合计			100	总分	
整体评价					

九、实验思考

（1）茶点的熟练搭配，需要根据具体茶品才能有真切的体验和感悟。如果冲泡西湖龙井，请按茶性与食性相配原则，制作一份茶点名单。

（2）请为表11－3所列常见茶品搭配茶点，写出你的搭配建议与推荐理由，并进行搭配自评，填写表11－3。

表11－3　茶品适宜搭配的茶点

茶品名称	适合搭配茶点	推荐理由	匹配指数评价 ★★★★★
茉莉花茶			
西湖龙井			
祁门红茶			
白毫银针			
铁观音			
普洱熟茶			

（3）结合饮茶经验，你是否赞同“甜配绿，酸配红，咸味配乌龙”的茶点搭配原则？为什么？谈谈你的理解。

实验三十四 茶艺用香

一、实验目的

（1）了解香品与香器的基础知识。

（2）掌握茶艺用香的技能与要领，能制作简易篆香作品。

（3）学会借助物来创造意境，在品茗焚香中体验身心的放松，品味生活之美。

二、实验说明

我国有悠久的制香和用香历史，古人将芳香且对人体有利的动植物进行处理或研磨成粉，制成线香、盘香或香丸，在需要时进行焚熏，以供人们嗅觉上的享受，起到调节身心的作用。明代徐㶿在《茗谭》论述茶与香的关系“品茗最是清事，若无好香佳炉，遂乏一段幽趣；焚香雅有逸韵，若无茗茶浮碗，终少一番胜缘。是故茶香两相为用，缺一不可。”茶艺过程中，既有香的气味，又可观青烟袅袅，烘托品茶的气氛意境，让人心境安宁，给人美好、安详的感受。茶艺作品中恰当运用香道元素，既可以提高香的品位，又可以提升茶的境界，两者相辅相成。

三、实验准备

1. 场地准备

实验需要准备香道教室或茶艺室。

2. 器物准备

实验需要准备香炉、香篆、香道组（香箸、灰压、香扫、香匙、香铲）、炉瓶三事、香巾、点火工具（火柴或打火机）。

3. 香品准备

实验需要准备常见香品若干。

四、实验学时

实验共2学时。

五、实验方法

1. 香品、香器基础认知实验

（1）教师讲解香道基础，展示常见香品与香器。

（2）观察与触闻不同香品与香器。

（3）分组后，结合具体茶品选配香品与香器。

（4）师生共同点评各小组成员的茶香搭配。

2. 篆香制作实验

（1）教师讲解示范篆香制作步骤。

（2）分组模拟练习。

（3）小组成员结合茶艺作品进行篆香创作。

（4）师生共同点评各小组成员的篆香作品。

六、实验步骤

1. 香品、香器基础认知实验

（1）常用香品知识

①四大名香：檀香、沉香、龙涎香、麝香。

②其他香品：合香、乳香、桂花香、丁香等。

③不同形态香品：香粉、线香、盘香、锥香、香丸、倒流香。

（2）常用香道器具及代表性香炉的认识

①炉瓶三事：香炉、香盒、箸瓶（香箸、香匙）。

②博山炉。

③宣德炉。

④鸭型香炉。

⑤篆香炉与熏埋香炉的不同。

（3）实践香炉、香插及线香的正确使用方法。

（4）各小组成员为龙井茶艺或教师指定茶艺作品选配合适的香品与香炉。

2. 篆香制作实验

篆香，也称拓香、印香，需借助香篆模具完成焚香，香篆模具常为美好寓意的图案（福禄寿图案等）。焚香时，先将香粉填入香篆图案中，之后取出香篆，点燃成型的香粉即可，最后品味香气。六步简易篆香制作实验步骤如下。

扫码查看完整篆香制作步骤

（1）把香灰放入香炉内，使用灰压平整香灰［图11－5（1）］。

（2）在平整好的香灰上放置香篆，用香匙把香粉填入香篆中。

（3）用香铲把香粉推入香篆的模槽中，并推抹平整［图11－5（2）］。

（4）清理香篆上多余的香粉。

（5）向上取出香篆，得到完整形状的香粉模［图11－5（3）］。

（6）点燃香粉模的末端，享受香气直至香粉耗尽［图11－5（4）］。

待掌握六步简易篆香实验步骤后，教师选定一套茶艺作品，自由搭配香器与香粉，完成一个简单的篆香作品。

（1）　（2）　（3）　（4）

图11－5　**篆香制作**

七、实验要领

1. 茶艺用香须知

在用香训练的过程中，需注意教师示范的要点，动作务必要训练到位，体会香道仪轨带来的静心作用，同时细心感受香品对于人身心的调节功能。在制作篆香的过程中需要精准的把握好分寸和力度，唯有专心、静心、耐心，才能创作出好的篆香作品。在香炉认知及选配的实践中，注意不同香炉的使用方式及使用场合。

2. 茶艺用香的注意事项

在茶艺作品中用香，需要把握好以下几个要点。一是要遵从茶香互补原则，浓香型茶搭配较淡雅的香品，清香型茶配较浓郁的香品，香品香味不可夺茶香，凉性茶可搭配暖性香品，温性茶可搭凉性或平和的香品；二是要配合时空，小空间宜焚淡香，大空间宜焚浓郁的香品；三是需有专用香具，香炉与茶叶、主茶具保持一定距离，焚香时香案宜高出茶台，香案或香炉能与泡茶台分离最佳；四是采用合适的用香方式，一般可以采取线香、篆香、埋炭熏香、电子香炉低温熏香等；五是考虑香品功能，熏香主要用檀香、沉香、合香等香料，沉香通关开窍、香气典雅，檀香理气和胃、解郁止痛，合香根据原料不同功能有所差异。香品之香与茶叶之香完美结合，常使人身心愉悦，用心品味即能达到陶冶性情的目的。

八、实验考核

请参考评分标准将实验考核结果填入表11－4。

表11-4 茶艺用香考核测评表

班级： 组别： 姓名：

序号	测评内容	评分标准	分值	扣分	扣分记录
1	仪容仪态	仪容整洁，仪态大方，礼仪规范，气定神闲	15		
2	香品选择	选择合理，与茶品、茶艺相宜	15		
3	香器选择	选择合理，器具齐全，摆放美观	15		
4	篆香制作步骤	步骤完整、流畅	20		
5	篆香操作手法	动作规范，姿态优雅	15		
6	篆香作品	作品美观完整	20		
合计			100	总分	
整体评价					

九、实验思考

（1）讨论“香道演示、茶艺用香”两者的主体和区别。

（2）简述茶艺用香的原则。

（3）请为即将举办的一场茶会或演示的一场茶艺，选择适合的香品、香器与焚香时机。

本章拓展

1. 拓展阅读

陈明里. 茶果子[M]. 汕头：汕头大学出版社，2004.

郑燕雪. 我家的手工茶点[M]. 郑州：河南科学技术出版社，2011.

犀文图书. 茶点的100种做法[M]. 南京：江苏科学技术出版社，2012.

川濑敏郎. 一日一花[M]. 长沙：湖南人民出版社，2014.

田中昭光. 如花在野[M]. 长沙：湖南美术出版社，2017.

周嘉胄，洪刍，陈敬. 香典[M]. 重庆：重庆出版社，2017.

觉简. 茶室插花与清供[M]. 杭州：杭州出版社，2018.

孙可，李响. 中国插花简史[M]. 北京：商务印书馆，2018.

章志峰，章成业．丹清流——茶室插花[M]．成都：西南交通大学出版社，2017.

傅京亮．中国香文化[M]．济南：齐鲁书社，2018.

扬之水．香识[M]．北京：生活·读书·新知三联书店，2020.

李萌．中国香事[M]．北京：中国轻工业出版社，2020.

袁宏道，张谦德，高濂．瓶史瓶花谱瓶花三说[M]．北京：时代华文书局，2020.

2. 拓展课程

学堂在线《现代生活美学——插花之道》（清华大学，刘惠芬主讲）

中国大学MOOC（慕课）《二十四节气茶点》（职教建设MOOC委员会，张楠宁等主讲）

中国大学MOOC（慕课）《中华茶艺·养生茶点》（广西职业技术学院，梁立坚等主讲）

中国大学MOOC（慕课）《香趣香识》（职教建设MOOC委员会，郑春英等主讲）

3. 拓展实践

茶香礼法的掌握与茶艺技能的提高，需要参加相关实践活动，才能有真切的体验和感悟。在班级组织一次雅集活动，现场需设置茶席与香案，并辅以插花、茶点、古典音乐等装饰元素。活动内容大致包含以下环节：备器摆饰、迎宾入席、行礼泡茶、品赏佳茗、释香观器、置香点香、闻香赏香、完成香礼、再饮佳茗、取用茶点、听琴抒怀、茶后余兴、雅集结束。

第十二章

茶艺创意训练

本章导读与思政点

创意是人类文明和进步的源泉，茶艺创意对茶艺的发展具有重要价值与意义。党的二十大报告指出，“人才是第一资源、创新是第一动力”。在新时代，我们要推动中华优秀传统文化创造性转化、创新性发展。因此，茶艺创新创意表达是时代发展与茶文化传播的需求。本章实验是在前期实验的基础上，通过茶席设计、茶艺主题表达、茶会策划等形式将所学基础茶艺、配饰元素与茶艺师想要表达的主题思想进行创新融合，以茶艺作品为载体，表达茶人对生活的理解，洞悉新时代的发展与变化，以多种形式讲述中国茶的故事，真正实现文艺作品的文化传播使命与人文情感关怀。

实验三十五 茶席设计

一、实验目的

（1）了解茶席设计的基本知识。

（2）掌握茶席设计的技能与要领，并能设计生活茶席与主题茶席。

（3）能够将生活元素融入茶席设计中，提升对时事的关注度、解读与应用能力，培养创新思维。

二、实验说明

茶席是为品茗构建的一个人、茶、器、物、境的茶艺美学空间。它是以茶汤为灵魂，以茶具为主体，在特定的空间形态中，与插花、音乐等其他艺术形式相结合，共同构成的一个有独立主题、具备泡茶功能的艺术组合作品。茶席设计通常由主题、茶品、茶具组合、铺垫、点缀品、茶点等相关要素组成。优秀的茶席作品能使人体会到茶艺的无穷乐趣与茶文化的丰富内涵。

在茶席设计时，需要注意以下几点。一是主题突出，中心明确，即茶席主题单一纯粹，不可一席多题；二是灵魂是茶，重点在艺，即茶席设计需要以艺术的形式讲述茶及茶的故事；三是去繁就简，能少不多，即同一茶席中的器物材质、主体颜色尽量弃繁从简，遵循茶艺的精俭精神；四是科学实用，人文审美，即器物位置摆放要方便泡茶活动，符合人体工学，同时也要考虑到文化内涵与艺术组合的效果（图12－1）。

（1）《达·芬奇的下午茶》　（2）《端午茶情》

扫码查看更多茶席作品

图12－1　**茶席作品**

（资料来源：第四届全国茶艺职业技能竞赛茶席赛）

三、实验准备

1. 场地准备

实验需要准备茶艺室，配有茶桌、多媒体、日常茶具、颜料、画笔等。

2. 器具准备

实验需要准备提供充足的茶席构成要素供创作者选择，包括茶具组合（玻璃杯组合茶具、瓷器组合茶具、紫砂组合茶具，煮水器、水盂以及辅助茶具等）、花器、花材、茶席布、桌布、香具、装饰品等。

四、实验学时

实验共8学时。

五、实验方法

（1）教师茶席理论讲解与茶席案例分析。

（2）课堂讨论并进行茶席创作实践。

（3）作品展示与评比。

六、实验步骤

此实验为开放性探索创作实验，因创作耗时较长，如果无法在课堂上完成实验内容，鼓励采取“线上+线下、课堂+课外”的教学形式，即线上学习茶席创作理论和案例，线下课堂展开茶席创意讨论与作品修改，课外进行茶席作品的创作与茶席摆放实践。

1. 基础茶席构图

（1）教师茶席基础理论讲解　茶席的组成要素、茶席的平面构成（点、线、面）与茶席的立体构成。

（2）茶具搭配练习　选用教室或自有茶具，进行自由搭配练习。可使用茶具进行平行式、中心式、多元式等多种形式的搭配尝试。

（3）教师现场讲解分析　教师针对茶具搭配练习中的基础茶席，重点从茶具组合的角度进行点评，可结合茶具的材质、色彩与造型，茶席的科学性、协调性、艺术感等多个角度进行分析。

2. 色彩理论实践

（1）教师茶席色彩理论讲解　色彩三要素、色彩的情感、色彩的平衡。

（2）色环绘制　分组后通过颜料笔与画纸，每一组共同完成一个色环。

（3）色彩训练　使用不同色彩的茶席布、桌布等，从相近色到互补色进行自由搭配练习；使用茶席布、桌布等尝试平铺、叠铺、对角铺、三角铺、帘下铺等不同铺法，从色彩体积、构图平衡、视觉感受等多个角度进行体验与评价；再使用基础茶具与不同颜色茶席布进行搭配并比较。

（4）教师总结　对于搭配作品，先由本小组成员进行介绍，再由其他小组成员进行分析评价，最后教师进行点评并提出修改意见。

3. 主题茶席实践

（1）茶席案例讨论　小组课前收集茶席案例作品，课堂分享，共同讨论，通过教师的启发利用已学知识进行分析。

（2）教师茶席案例分析　教师选定1～3组成熟的主题茶席案例，从组成要素、茶席构成、色彩搭配以及茶席主题进行介绍与点评。

（3）分组创作茶席　分组进行茶席设计实践，每一组自拟主题，自命题目，独立完成一个主题茶席作品。先将茶席主题与设计思路写成文稿，再通过手绘或画图软件呈现茶席效果图，最后进行实物摆设与作品命名。

（4）茶席作品展示与点评　下次课堂上，每组成员介绍各自的茶席作品，其他小组成员可进行评分，教师针对各小组的作品进行分析点评。

七、实验要领

1. 茶席布局需满足泡茶功能

茶席布局没有固定的模式，但需要兼顾功能性与艺术性。泡茶功能是基础，茶席上茶壶、品茗杯、水盂、水壶、茶巾等茶具必不可少；在此基础上，设计者可结合自己的行茶习惯、茶席主题思路表达等探索茶席布局规律，但需要安排好茶席上的每一个器具，让它们各司其职、和谐共存。

2. 茶席布局需错落有致

茶席的美感具体体现在茶席布局上高低、主次之间的比例和关系。高低、主次主要体现在茶具与茶具、花器与茶具、插花与茶具之间的关系。不能所有器具与插花处于一个平面，需要有高低错落的立体感，但器物彼此间的错落要有协调的比例，否则就会显得杂乱无章。

3. 茶席元素及色彩需有主次

茶席要素在设计上需要有主次之分，主次关系可通过色彩的层次以及茶具的搭配体现，通常以主泡器和公道杯的组合为构图中心，其他茶具衬托该主体，切忌喧宾夺主。茶席色彩通常以主茶具或者底铺席布为主色系，其他颜色在搭配比例上不可超过主色系，否则颜色显得杂乱且不协调。

4. 茶席构图需平衡

在茶席中，应该尽量让器物的构图保持一种内在的平衡。对于一件平衡的构图来说，其形状、方向、位置、色彩等诸多要素之间的关系，都达到最合理的程度。不仅茶席艺术在视觉规律上追求平衡，人们在饮茶过程也追求一种身心上的平衡。

5. 组合茶席的设计

对于组合茶席，通常分设几席，不同茶席之间相互呼应，共同表达茶艺主题。分茶席在设计上可以相同或相似，也可以不同，如在“泰山茶礼”茶艺中，分设四席，四席相同，达到一种整齐统一的团体韵律感；而在“四季茶香”的茶艺中，也分设四席，但四席不同，分别为春、夏、秋、冬元素设计的四方茶席共同表达茶艺的主题。

八、实验考核

请参考评分标准将实验考核结果填入表12－1，分别从茶席主题、茶品选择、茶具组合、文案语言等多个角度对茶席设计作品进行评价。

表12－1　茶席设计考核测评表

班级：　　　　组别：　　　　姓名：

序号	测评内容	评分标准	分值	扣分	扣分记录
1	茶席主题	主题立意鲜明、有原创性，构思新颖、巧妙，命题贴合主题表达	20		
2	茶品选择	茶品与茶具搭配合理	15		
3	茶具组合	茶具组合完整、协调、美观，兼有艺术性与实用性	15		
4	茶席设计	茶席整体配色美观、比例协调、搭配合理	20		
5	配饰搭配	背景、插花、相关工艺品等配饰搭配理想	20		
6	文案语言	茶席作品文案表达准确、有内涵，语言优美	10		
合计			100	总分	
整体评价					

九、实验思考

（1）茶席设计时各要素应如何处理好色彩的协调关系？

（2）茶席设计时各器具应如何处理好主次关系？

（3）光影对于茶席设计是否有影响，有何影响？

（4）平衡是否等于对称，如何理解茶席构图的平衡感？

（5）茶席的功能有哪些？你是否赞同纯艺术茶席？

（6）请以节气或季节为题，自行设计一个茶席并命名。

实验三十六　茶艺编创

一、实验目的

（1）了解茶艺编创的要求，熟悉茶艺编创的基本知识。

（2）掌握茶艺编创的技能与要领，初步具备主题创新茶艺的编创能力。

（3）培养创新思维，提升审美鉴赏力与文化生产力，领悟茶艺的文化内涵与时代精神。

二、实验说明

创新茶艺是在传承古典茶艺的基础上，融合时代思想与其他相关艺术进行加工创作，从而形成一个主题鲜明、艺术感染力强且富有时代气息的茶艺作品。创新茶艺能以更多样的形式和视角传播茶文化，讲述茶故事。创新茶艺作品（图12－2）通常是茶艺创编成果的展现。

茶艺编创包含茶艺作品的编排与创作，它是在茶艺创作文本基础上，再以茶席为基础，综合服装、音乐、背景、解说等艺术完成的创新茶艺作品排练。茶艺编创是茶艺展演的基础，优秀的茶艺编创可赋予茶艺作品旺盛的生命力。主题是创新茶艺作品的灵魂和中心，主题提取与艺术呈现是茶艺编创的重点和难点，创新茶艺作品各元素之间需要相互融合，共同突出茶艺主题思想。茶艺编创过程中，需要总体把握科学性、简洁性、艺术性、传承性与创新性的原则。

扫码查看更多创新茶艺作品

图12－2 创新茶艺作品《诗礼传家》

三、实验准备

1. 场地准备

实验需要准备茶艺室、多媒体、茶桌、日常茶具、纸、笔、服装、音乐等。

2. 器具准备

实验需要准备提供充足的茶席构成要素供创作者选择，包括茶具组合（玻璃杯组合茶具、瓷器组合茶具、紫砂组合茶具，煮水器、水盂以及辅助茶具等）、花器、花材、茶席布、桌旗、桌布、香具、装饰品等。

四、实验学时

实验共4～8学时。

五、实验方法

1. 教师介绍茶艺编创方法和要点

通过线上形式，提前学习茶艺编创理论（茶艺编创的要素、原则、步骤等），收集创新茶艺作品案例并准备优秀案例在课堂上分享。

2. 观摩优秀茶艺作品

观看提前准备的优秀创新茶艺作品案例视频、图片和文本，启发灵感。在观摩作品时，需要思考三个问题：这个作品的主题立意与核心思想是什么？作者为什么创作这个作品，这个作品的创作动机是什么？这个作品通过哪些元素和艺术形式来完成作品表达？

3. 教师组织案例讨论

观看作品后，进行案例讨论，回答上述的三个问题。通过作品解读，了解作品创作者在编创时的思路与表达方式，从而为作品的编创提供思路与启发。

4. 茶艺作品编创实践

分组后，小组成员展开茶艺作品创作讨论，课后提交小组茶艺作品编创文本初稿，课后进行作品完善与修改，待修改完成后开展作品的排练。

5. 茶艺作品班级展演与汇编

课程组织茶艺作品展演，由师生共同评价，评选出班级“最佳主题茶艺”“最具创意茶艺”“最美茶艺师”“最美茶席”“最佳茶汤质量”等小组作品。同时将班级茶艺作品汇编成册，文本、图片与视频多种形式，记录在课堂中的创作与成长。

六、实验步骤

此实验为开放性探索创作实验，因创作耗时较长，如果无法在课堂上完成实验内容，鼓励采取“线上+线下、课堂+课外”教学形式，即线上学习茶艺编创理论和案例，线下课堂展开创意讨论与作品修改，课外进行作品排练与展演。

1. 案例观摩，分析讨论

共同观看主题创新茶艺作品案例，结合上文所述的三个问题进行案例分析讨论，启发创作灵感。

2. 收集素材，寻找灵感

在课前查询以往的成熟创新茶艺作品，同时就自己感兴趣的主题内容进行资料查询。在课堂中，小组成员可以将收集到的素材，与茶艺主题相关的人物、事件、茶品等进行回顾，小组自由讨论交流，展开头脑风暴，寻找茶艺灵感。

3. 筛选素材，提炼主题

从众多的素材、灵感来源中筛选出给小组成员印象最深、最有启发或者与当下结合最紧密的内容进行仔细研究。小组成员再聚焦此篇素材或灵感内容展开进一步讨论，或围绕此素材或此话题进一步开展资料查阅，并由此提炼出关键词，再提炼出主题思想与作品名称。

4. 围绕主题进行创意表达

围绕着茶艺主题思想与关键词，将主题思想由隐性转化为显性表达元素。即由具体的茶品、茶具、装饰物、茶点、音乐、道具、背景、服装等实物在茶艺作品中呈现出来，将心中的思想情感外显化、立体化，形象、生动地传递给品茗者。

（1）选择茶品与茶具。

（2）确定茶艺风格与流程。

（3）舞台造景　茶席设计，背景制作，音乐选择，人物造型（包含茶艺师的发饰、妆容、服饰等造型艺术），其他造景（根据茶艺主题表达需要的其他造景艺术）。

5. 茶艺解说词撰写与讲解

6. 茶艺作品排练与修改

7. 茶艺作品展演与记录

扫码观看茶艺编创介绍

扫码观看更多创新茶艺作品案例

七、实验要领

1. 创新茶艺作品主题

创新茶艺作品在创作时主题尽量选题小、挖掘深、表达精准，一个茶艺作品只需表达一个主题，切忌内容面面俱到但主题不清。优秀的茶艺作品还应追求艺术感染力，同时表达出创作者的思想与时代精神。其茶艺创意主题可以从茶味体验、茶具选择、茶人茶事、生活百态及知识积累中去捕捉灵感，尤其是从生活中，也许是你正在经历的一个事件，也许是看到的一本书、读到的一首诗、听到的一首歌等，皆可以进行主题提炼，为这些内容赋予茶文化内涵，进而编创成主题茶艺作品，给人以美的享受与思考启迪。

2. 茶艺编创各要素的合理组合

茶艺编创中，首先要确定茶艺的主题，这是灵魂和中心。而茶艺主题又是通过一系列的内容、形式及流程表现出来的，这就是茶艺的多种组成要素。一个好的茶艺作品是通过不同的茶艺要素组合加以编排再现的。茶艺编创时，茶艺各要素（茶品、茶具、泡茶用水、茶艺师的选择、茶艺服饰、茶席设计、背景音乐、茶艺流程等）之间不是相互独立，而是相互融合的，共同表达茶艺主题。

3. 茶艺编创小技巧

在茶艺编排创作时，可以反复问自己三个问题：你为什么想要编创这个茶艺作品？你的主题思想到底是什么？你要如何清晰表达你的茶艺主题？这样有助于创作者明确创作思路。

4. 茶艺编创解说词

茶艺解说是对茶艺作品现场展演的补充，用于叙述茶事情节与茶艺作品主题等，是帮助观众理解茶艺作品的主题思想与文化内涵的方式之一。茶艺解说词应为书面语言，有较为严密的语法结构和逻辑性，要求文字精练、简明、生动，具有一定的文学性。

5. 茶艺编创服饰

茶艺服饰要根据主题来设计，以中国传统服饰为主。衣裙不宜太暴露，以免显得不得体。手上不宜佩戴过多首饰，不涂指甲油，不染发。妆容以淡妆为好，不宜过于浓艳，以免显得俗气。

服饰选择要与历史时代、文化内涵、地区民族相符合，尤其是涉及民俗茶艺、仿古茶艺与海外茶艺演示，如表演“仿唐宫廷茶艺”时宜选用具有唐朝典型特点的服饰与妆容。

服饰选择需与所泡茶品气质符合，如绿茶、白茶汤清色淡，服饰可选择素雅的颜色、不建议着深色服饰。例如茶艺作品“龙井问茶”，茶艺师身着白底镶绿边的旗袍，清新脱俗，气质高雅。

八、实验考核

请参考评分标准将实验考核结果填入表12－2，分别从茶艺主题、仪容仪表、茶艺演示等多个角度对小组编创的茶艺作品进行评价。

表12－2　茶艺编创考核测评表

班级：　　　　组别：　　　　姓名：

序号	测评内容	评分标准	分值	扣分	扣分记录
1	茶艺主题	主题立意鲜明，有创新性，意境高雅、深远；场地、备具、茶席与主题相符	20		
2	仪容仪表	发型、妆容、服饰与茶艺相协调；形象自然、优雅、得体；动作、手势端庄大方	10		
3	舞台造景	茶席设计、背景设计、音乐选择等方面与茶艺相协调，紧扣茶艺主题，且具有较高艺术审美水平	20		
4	茶艺演示	冲泡过程合理、完整；茶艺动作实用性强、有美感；奉茶姿态自然、优美	20		
5	茶汤质量	茶汤色、香、味等特性表达充分；所奉茶汤适量、温度、浓度适宜	15		

续表

序号	测评内容	评分标准	分值	扣分	扣分记录
6	茶艺解说	解说文本具有文学艺术性，具有内涵，与主题融合紧密。茶艺讲解准确、口齿清晰，引导和启发观众对茶艺理解，给人以美的享受	15		
合计	100			总分	
整体评价					

九、实验思考

（1）茶艺主题灵感可以来自哪里，主题应该如何提炼？

（2）搜集茶艺作品的名字，从中你有哪些启发？请列举出你认为命名成功的茶艺作品。

（3）茶艺背景音乐应该如何选择，它对于茶艺作品的塑造有何作用？

实验三十七　茶会策划

一、实验目的

（1）了解茶会基本知识及茶会发展历史。

（2）掌握举办茶会的技能与要领，提高对于茶会的策划和执行能力。

（3）培养团队意识，提升协作沟通能力。

二、实验说明

茶会，是一种以饮茶形式招待宾客的集会。人们以茶为媒，品鉴香茗、鉴赏雅物；以茶传情，增进友谊、休养身心。茶会按形式可分为坐席式茶会、游走式茶会、流觞式茶会、无我茶会等；按目的可分为节日茶会、纪念茶会、品鉴茶会、艺术茶会、联谊茶会、研讨茶会、商务茶会等不同主题性质茶会；此外，还可根据内容分为纯茶会（仅涉及品茶和茶艺内容）和综合性茶会（除茶元素以外还融合其他艺术形式和活动）。随着时代的发展，茶会内容与形式也在不断创新，折射出新时代的变化与需求。作为一种社会文化产物，茶会具有鲜明的社会功能，在推动茶文化传播与构建和谐社会方面发挥着积极作用。

三、实验准备

1. 场地准备

实验需要准备茶艺室或适合开展茶会的场地（需要有音响、桌凳、茶具、电源、水源等）。

2. 物资准备

实验需要准备茶具、茶品、插花、装饰品、茶点、泡茶用水等所需要的物品和器具。

3. 人员准备

实验需要准备茶会所需的茶艺师、主持人、助泡、茶会活动表演人员、现场服务人员、拍摄人员等。

4. 经费准备

实验需要准备举办一场茶会涉及的所有经费开支，需要提前预算。

四、实验学时

实验共4 ~ 8学时。

五、实验方法

此实验为开放性探索实验，因茶会准备耗时较长，鼓励采取“线上+线下、课堂+课外”的形式，即线上学习茶会理论知识，观看成功茶会案例；课外参加观摩他人主办的茶会，并准备自己的茶会内容，在线下课堂开展实体茶会。

1. 教师讲解

以常见主题茶会为例，教师介绍茶会要素、组织要领、茶会常见内容与形式、举办流程、注意事项等内容。

2. 策划讨论

分组进行讨论，确定小组茶会的主题、形式、内容、规模等要素，并撰写茶会方案。

3. 小组茶会实践

小组成员分工协作，准备各小组的茶会，并邀请其他小组成员作为嘉宾参与自己所在小组的茶会，最后按计划实施各小组的茶会。茶会过程中，策划小组需要有意识地记录本小组的茶会过程以及参与人员的参会感受，并总结出本小组茶会的优势与不足。参会人员按表12－7的评分标准给参与的小组茶会评分，每位同学可以报名参与多个小组的茶会。

4. 班级茶会评比

班级茶会分享会，各小组代表将各自小组的茶会策划方案与执行过程以视频、幻灯片的形式向班级汇报展示，将分享自己小组办会的经验与心得，同时参会的组员分享其参与不同小组茶会的感受，并选出“最佳茶会策展小组”。

如果条件允许，可以将优秀小组的茶会策划与办会经验进行推广，也可以邀请其他班级同学再开展一次大规模茶会。

六、实验步骤

1. 茶会基本内容思考与设计

明确茶会主题、茶会时间与地点、茶会邀请对象等，完成表12－3。

表12－3　茶会内容设计表

需要明确的内容	内容详情	设计与准备
茶会主题（或性质）	如节日茶会、节气茶会、生日茶会、毕业茶会、品鉴茶会、客户答谢茶会、团建茶会、无我茶会、人文雅集茶会等	
茶会名称	如“书香茶韵·山底湖春日茶会”“朝饮露兮·晨曦茶会”“月下花前饮·中秋茶叙”“春雷响万物生·惊蛰茶会”等	
茶会预期目标	如分享新茶品，友人相聚，宣传茶艺精神、美好生活等	
茶会茶品	本次主要品饮的茶叶	
茶会内容与流程	茶叶品鉴、茶席观摩、茶艺表演、传统才艺展示、击鼓传花——吟茶诗、抽签猜茶谜、茶叶盲品、茶食鉴赏、茶会分享等	
茶会规则	是否有参与茶会的规则？如着装要求、入席座次要求、是否自带茶席、是否需要提前准备礼物或才艺等	
茶会时间	如周末、班会、春节、生日等	
茶会地点	如家里、教室、小区、公园、郊外等	
茶会邀请对象	如同学、老师、家人、朋友等	
其他内容		

2. 组建茶会筹备小组

建立茶会组委会，对成员进行分工，大家各司其职、团结协作，保证茶会的顺利举办。在茶会开始前，从组委会再挑选人员进行现场执行分工，完成表12－4、表12－5。

表12－4　茶会组委会分工表

茶会前期准备	内容详情	负责人
秘书处	统筹茶会事宜，计划并邀请茶会嘉宾	
设计组	设计茶会宣传海报、邀请函、茶席席卡、条幅、茶空间、茶席、插花等	
宣传组	开展茶会宣传，撰写茶会对外宣传文案，并进行海报张贴、邀请函的发放、社交平台的推送，以及会后的新闻报道等	
物料组	准备茶具、茶叶、茶点、水、插电板等，并采购缺乏的物资	
外联组	针对本次茶会缺乏的人员与物资进行联系，如联系茶企给予茶品支持，邀请外援主持人、茶会表演人员、茶艺师等	
财务组	进行茶会活动的预算与过程记账	
其他组	根据茶会需要设置的其他小组	

表12－5　茶会现场执行表

茶会现场分工	内容详情	负责人
茶空间造景	对于茶会现场进行布置，茶席进行摆设、插花装饰等	
茶艺师组	现场泡茶，现场与宾客进行茶文化交流	
迎宾组	引导客人入席	
主持人	主持茶会活动	
节目表演组	茶会过程中的节目表演	
后勤组	负责现场的协调以及物资、设备保障（如管理音响、烧水、打扫卫生等）	
安保组	负责现场工作人员及参加活动人员安全保卫工作	
摄影传媒组	现场茶会记录，如拍摄记录茶会的美好瞬间，直播茶会的过程等；茶会结束后，撰写新闻稿、公众号、抖音等传播资料	

续表

茶会现场分工	内容详情	负责人
其他组	根据茶会需要设置的其他小组，如舞台组、灯光调节、音乐调节、人员造型等	
茶会嘉宾	如同学、老师、家人、朋友等	

3. 茶会场地设计与物资准备

在开始茶会前期，要确保茶会的物资准备到位，并完成表12－6。

表12－6　茶会物资准备表

需要准备的内容	内容详情	实际情况
场地选择与布置	提前联系并考察场地，计划茶桌数量与摆放形式	
茶桌及椅子	根据嘉宾人数，准备相应桌椅数量	
茶叶	茶会品饮的主角，如西湖龙井、普洱茶、正山小种……	
茶具	用于完成泡茶与品茶的全部器具。 煮水茶具，用于烧水，如陶壶、瓷壶、随手泡、铁壶等； 泡茶茶具，用于冲泡茶叶，如紫砂壶、盖碗、玻璃壶等； 品茶茶具，用于品饮茶汤，如白瓷品杯、彩瓷品杯、紫砂杯、玻璃杯等； 盛茶茶具，用于存放茶叶的器皿，主要用于保存、鉴赏茶叶，如茶叶罐、茶荷等； 辅助茶具，用于辅助完成茶会的其他茶具，如茶席布、茶道六君子、水盂等	
茶点	茶会过程中的食物，增加品饮乐趣，缓解茶醉	
茶席装点	根据茶会主题进行茶席装点，增加茶会的氛围，如席布、插花、饰品等	
会场音乐	根据茶会主题、茶室环境挑选合适优美的音乐	
其他物资	茶会礼品、打印资料等	

4. 茶会现场执行

茶会报到→主持人开场→嘉宾致辞→茶会流程→茶会结束→会后整理（仅供参与，以各小组的实际设计为准）。

5. 茶会总结

茶会结束后，小组成员及时对本次茶会进行总结，一是将过程材料收集汇总（如策划文案、宣传文稿、照片、视频等）；二是小组成员交流本次茶会心得，同时也收集参与人员的反馈。

茶会记录与总结十分重要，一是为茶会活动留下记录，便于茶会传播；二是为下次茶会的开展积累经验与素材。

扫码观看以心迎新主题茶会、无我茶会、“春山可望”春野茶诗会

七、实验要领

（1）茶会在时间选择上，要考虑到时机、气候、嘉宾时间，此阶段是否有其他重要活动等，尽量避开其他大型活动，选择气候适宜、时机成熟、多数嘉宾能够参与的时间。同时茶会时长通常计划在2～4h，时间太短不容易让嘉宾体会茶会内涵，太长则会显得环节冗长给主办方与参会人员带来负担。

（2）茶会的人数尽量严格控制以确保每位参会人都有良好体验。因此在发出邀请时务必要及时确认嘉宾是否参与，最好在茶会前一日再提示参会人员以防忘记。

（3）每一次茶会都要多做一份预备方案，预防突发情况。对于重要的嘉宾（如领导、名人等），也要提前做好相关预案。

（4）茶会的成败往往在于细节，而每一桌的茶艺师是嘉宾可直接接触到的茶事人员，也是一桌茶友的灵魂之所在。茶艺师需要提前学习培训，不仅要带给客人美好的茶汤体验，还要带给客人愉悦的饮茶氛围，同时传播此次茶会主题与茶会思想。

八、实验考核

请参考评分标准将实验考核结果填入表12－7，分别从茶会内容、茶会准备、茶会执行、茶会效果四个方面对茶会进行综合评价。

表12－7　茶会策划考核测评表

班级：　　　　组别：　　　　姓名：

序号	测评内容	评价标准	主办方评价（★★★★★）	参会者评价（★★★★★）	备注
1	茶会内容	①主题突出，目的明确； ②内容合理，有一定文化内涵或创意性； ③流程设计科学； ④时间地点人数选择合理； ⑤茶会规则提前告知			

续表

序号	测评内容	评价标准	主办方评价（★★★★★）	参会者评价（★★★★★）	备注
2	茶会准备	①活动物资与经费及时到位； ②准备内容充分； ③准备时间充足，按计划时间有序开展； ④人员分工合理，考虑周全			
3	茶会执行	①茶会现场按时布置完成，工作人员提前到位； ②茶会现场井然有序，工作人员各司其职； ③参会人员有序入场； ④茶会流程及内容按计划有序执行； ⑤对于现场的意外情况能够及时合理处理； ⑥现场无安全隐患			
4	茶会效果	①参会人员有所收获，反馈良好； ②主办方达到茶会预期目标； ③茶会宣传报道及时，形成一定影响力； ④茶会照片或报道被茶友、媒体转载			
总体效果					
整体评价					

九、实验思考

（1）学习了解无我茶会的精神、形式与内容。

（2）商务茶会与人文茶会，在形式与内容上应有何区别？

（3）你见过或参与过哪些形式的茶会，给你印象最深刻的是哪一次茶会？

（4）如果让你自由设计一场茶会，你心目中的理想茶会形式是怎样的？你最想向参会者传递什么？

（5）你经营的茶空间拟举办一场中秋主题茶会，请结合你空间的具体情况撰写一份茶会策划文案。

本章拓展

1. 拓展阅读

蔡荣章，丁以寿，林瑞萱. 茶席茶会[M]. 合肥：安徽教育出版社，2011.

许玉莲. 茶铎八音[M]. 北京：中华工商联合出版社，2014.

蔡荣章. 无我茶会[M]. 北京：北京时代华文书局，2016.

王迎新. 山水柏舟一席茶[M]. 桂林：广西师范大学出版社，2017.

陈燚芳. 一方茶席[M]. 杭州：西泠印社，2018.

常辰，孟娇. 茶流风尚[M]. 北京：机械工业出版社，2020.

周智修. 茶席美学探索：茶席创作与获奖茶席赏析[M]. 北京：中国农业出版社，2021.

清静和. 茶席窥美[M]. 北京：九州出版社，2023.

舒松. 中国茶会[M]. 武汉：华中科技大学出版社，2023.

2. 拓展课程

中国大学MOOC（慕课）《茶文化创意表达》（三江学院，章柏平主讲）

3. 拓展实践

在全院或者全校范围内，组织一次主题茶会活动。根据茶会实验步骤，确定茶会组委会人员及人员分工，在分工基础上确定茶会主题、茶会参会人员、茶会节目等，并准备请帖、布置场地等。

第十三章

茶事接待服务

本章导读与思政点

我国是历史悠久的文明古国，古人云："礼者，敬人也。"礼仪作为中华传统文化，在茶文化中占有重要地位。茶事服务是茶文化的重要组成部分，是展现茶文化魅力和延伸茶文化内涵的重要形式。接待礼仪贯穿于茶事服务全过程，是客人对于活动质量及服务评价的重要影响因素。本章主要介绍了预约与准备服务、迎宾与侍茶服务和结账与送客服务中的接待流程与接待要领，以保障茶事服务的质量与效果，让更多的人在茶事活动中感受到茶文化的魅力。

实验三十八 预约与准备服务

一、实验目的

（1）了解茶事服务相关知识，熟悉茶事活动中的基本接待内容与技巧。

（2）掌握茶事服务工作中正确的预约礼仪与准备流程。

（3）培养良好的茶艺师职业形象，传播正确的礼仪文化。

二、实验说明

礼仪是人们在长期共同生活和交往过程中形成的约定俗成的礼节和仪式，往往呈现出社会性、文化性与尊重性。接待礼仪是在接待工作中形成的客人服务礼仪。在茶事活动或者茶空间接待中，预约服务常给人留下第一印象，接待茶艺师提供的预约方式、语言表达、语气态度等会对客人的体验产生重要影响。预约可留给茶空间主人和接待茶艺师充足的时间，按照客人的意愿和要求进行活动准备，使得客人能感受到被充分地尊重。当客人来访之前，接待茶艺师应当准备好茶事接待需要用到的所有物品以及完成相关人员培训，让来访客人感受到接待茶艺师的尊重和用心，也体现出茶空间主人的态度。预约准备服务主要包含预约服务与准备服务，预约服务需了解客人的茶事需求（如包间需求、茶品需求、时间需求等），准备服务则根据客人需求制订接待计划并为此准备。

三、实验准备

实验需要准备茶空间、电话、纸、笔。

四、实验学时

实验共2学时。

五、实验方法

1. 教师讲解示范

教师讲解茶事服务预约准备内容、程序及注意事项，教师示范部分程序。师生分别模拟接待茶艺师与客人，然后自由点评，教师再总结本次示范的优缺点。

2. 分组练习

分组训练，分别模拟接待茶艺师与客人，教师走动观察指导。先跟着教师的示范动作进行模拟练习，再从班级或每组中选拔优秀成员做集中演示并带领小组成员进行深度训练，教师从旁进行细节指导。

3. 点评与总结

展示阶段性练习成果，各小组代表成员分别模拟接待茶艺师与客人，师生结合考评表进行点评，最后评选出本次实验的优秀小组。

六、实验步骤

茶事接待预约准备的程序主要包括问候客人、了解需求、接受预订、制订接待计划、接待茶艺师培训、接待物资准备与检查等多个步骤。

1. 接待预约程序

接待预约程序包括以下内容：

（1）热情问候客人是否有预约；

（2）向客人介绍茶空间及本次预定联系人员；

（3）引领客人入座，并给客人上茶（若是网络、电话等预约则省略此步）；

（4）了解客人姓名，并能准确称呼，以显示对客人的尊重与重视；

（5）仔细倾听，认真记录客人预约的要求，如时间、地点、人数、标准、特殊要求等信息；

（6）根据客人的预约要求，向其推荐合适的茶室或者包间，并征求客人意见；

（7）准确复述客人的预约信息并与客人确认；

（8）留下客人的联系方式、姓名、单位等信息；

（9）告知客人预约茶室或包间保留的最后时间；

（10）向客人致谢并送别客人。

网络或电话预约也可参考上述步骤。

2. 接待准备程序

茶艺师需要在客人进入茶室之前完成准备工作，准备需要充分、周密。

（1）了解客人情况　提前了解客人的到访时间、离开时间、何地来、去何地、人数、身份、国籍、健康状况、性别、年龄、宗教信仰、风俗禁忌、饮茶偏好、饮食习惯及接待规格、费用预算和付款方式等情况，以便制订详细接待计划，安排接待服务工作。此外，对于特别重要的来宾，还应细致了解对方籍贯、职务、职称、婚姻、专长、偏好、饮食、健康状况等，以便根据来宾的实际情况和需要安排接待活动内容。

（2）制订接待计划　首先，将来宾情况和意图向直接主管或茶事负责人报告，并根据对方的实际情况，拟定出接待计划和日程安排的初步意见，报请主管或负责人批示。其次，制订详尽的接待方案，以便避免接待工作中的疏漏，使工作顺利进行。按常规，接待方案中应详细落实迎送方式、会见方式、茶事活动安排细节（如茶室、茶品、茶点、茶艺表演、茶艺师）、交通工具以及礼品准备、陪同人员等。

（3）茶室的布置和接待设施的检查　在客人到达之前，应对用于招待客人的茶室进行必要的布置。在灯光、色彩、桌椅、陈设、音响、安静度及卫生方面做适当的安排，客人到达前要调好室温与灯光。根据需要，提前布置好茶席，备好茶品和茶具，烧好开水等，准备好接待用品。重要客人还要准备水果和茶点，以示欢迎；如果客人在风俗习惯或宗教信仰方面有特殊要求，凡属合理应予以满足；对于客人宗教信仰方面的忌讳用品，要从茶室撤离，以示尊重。接待茶室布置好之后，要对室内的家具、电器、卫生设备进行检查，如有损坏，要及时报修。

完成准备工作后，茶艺人员应整理好个人仪表，站在茶空间门口或电梯口迎候。

七、实验要领

在客人进行茶事预约时，接待茶艺师务必礼貌热情，并耐心解释客人提问，结合客人需求给出合理建议。对于客人的预约事项，务必通过纸笔或录音等记录详细，不可遗漏或错误。需在客人到访前半小时或一小时再次电话或网络提醒，以免客人遗忘时间。如果客人中途有变更预约，也要及时告知准备人员。

在茶事准备过程中，多从客人的角度出发，考虑充分周到、注重细节。务必在客人到达前半小时清洁好茶室，并雅化茶室，准备好待用的茶品、茶点，提前备好泡茶的桶装水，并检查用水、用电设备安全。如果之前已有客人使用茶室，务必在下一组客人到达前，整理好茶室，物品归位，并需要将前面客人的物品撤离茶室。

对于接待选用的茶品与用水，一般需要在接待前进行试冲泡，以便茶艺师充分认识茶品，提升茶事接待的成功性，将美好的茶汤分享给客人。

八、实验考核

请参考评分标准将实验考核结果填入表13－1与表13－2，对各小组的茶事接待相关工作进行评价，并提出合理建议。

表13－1　茶事接待预约服务考核测评表

班级：　　　　组别：　　　　姓名：

序号	测评内容	评分标准	分值	扣分	扣分记录
1	预约程序	问候客人、了解需求、接受预约	10		
2	服务态度	态度和蔼，语气温和，语速适中，面带微笑	20		
3	预约方式	有面谈预约、电话预约、电函预约、邮件预约、网络预约等	10		
4	预约内容	包括时间、地点、人数、桌数、标准、联系人姓名、联系方式、特殊要求、茶水要求、付款方式等	20		
5	确认预约	主要包括临时性预约和确定性预约，如何选择和处理两种方案的过程和结果	10		
6	预约变更	主客双方就活动文案预约需要变更的相关事宜事先达成具体协议，如有违约按照预约协议处理	20		
合计			100	总分	
整体评价					

表13－2　茶事接待准备服务考核测评表

班级：　　　　组别：　　　　姓名：

序号	测评内容	评分标准	分值	扣分	扣分记录
1	了解客人情况	了解客人的到访时间、离开时间、何地来、去何地、人数、身份、国籍、健康状况、性别、年龄、宗教信仰、风俗习惯、饮茶偏好及接待规格、费用预算和付款方式等	30		

续表

序号	测评内容	评分标准	分值	扣分	扣分记录
2	制订接待计划	先向上级报告来宾情况，拟定初步接待方案，然后制订详尽接待流程。接待方案需要科学可操作、预算合理，且达到客户满意认同	35		
3	茶室的布置和接待设施的检查	在灯光、色彩、桌椅、音响设备、陈设、安静度及卫生方面做适当的布置和安排。提前试茶，并检查茶品、用水与茶点。结合客人的风俗习惯、生活特点和接待规格进行茶室布置	35		
合计			100	总分	
整体评价					

九、实验思考

（1）假如学校计划在全民饮茶日或者国际茶日举行一次校园茶会，用于推广茶为国饮。你是这次茶会的负责人，你将如何预约举办茶会所需要的场地？

（2）假如你是一茶空间的负责人，某个重要客人将要来参加茶会，你将如何布置和准备？

（3）假如你是茶空间的接待茶艺师，在准备和布置茶室时发现有设备损坏，你将如何解决此种情况？

实验三十九　迎宾与侍茶服务

一、实验目的

（1）了解茶事服务相关知识，熟悉茶事活动中的基本接待内容与技巧。

（2）掌握茶事服务工作中迎客和泡茶的礼仪与流程。

（3）培养良好的茶艺师职业形象，提升礼仪文化意识。

二、实验说明

在茶事接待过程中，迎宾是给客人近距离印象的第一步。接待茶艺师礼仪到位与否关系到茶空间的声誉，迎宾的方式、态度和时机等是影响客人留下印象的重要因素。迎宾礼仪主要包括迎宾服务礼仪、接车服务礼仪、引领服务礼仪、介绍服务礼仪和座次服务礼仪。当客人进入茶室包间进行品茶活动时，又涉及茶桌礼仪、泡茶礼仪、奉茶礼仪、交谈礼仪等。侍茶服务除了为现场客人提供茶水及计划的活动，也需要根据现场的实际情况与客人进行适当交流，茶艺师需引导客人品鉴茶品，体会茶艺的“清和敬雅”，感受茶空间、茶席和茶会的美好诗意，满足客人的期待。令人满意的茶事接待可以提升茶空间的声誉与形象，也是客人再次光临的基础。

三、实验准备

实验需要准备茶室、电话、纸、笔。

四、实验学时

实验共2学时。

五、实验方法

1. 教师讲解示范

教师讲解茶事服务中迎宾和泡茶的内容、程序及注意事项，教师示范部分程序。师生分别模拟接待茶艺师和客人，然后自由点评，教师总结本次示范的优缺点。

2. 分组练习

分组训练，分别模拟接待茶艺师与客人，教师走动观察指导。先跟着教师的示范动作进行模拟练习，教师从班级或每组中选拔优秀组员再做集中演示，并带领小组成员进行深度训练，教师从旁进行细节指导。

3. 点评与总结

展示阶段性练习成果，各小组成员代表分别模拟接待茶艺师与客人，师生结合考评表进行点评，最后评选出本次实验的优秀小组。

六、实验步骤

在接待之前，茶艺师需要提前查看预约登记，掌握接待情况并准备好茶品。同时，茶艺师需要做好个人仪容、仪表及着装上的准备，做到面容清洁、头发干净清爽，服饰得体合宜。实际生活中，男、女茶艺师皆可穿中式茶服，女士着淡妆、盘发髻。临近客人的到访时间，茶艺师应前往茶室大门两侧或茶室内方便环顾四周的地方，等待迎接客人。迎宾的时候，茶艺人员要充分展现出当代茶艺师的礼仪文化修养，积极、主动、热情地回答客人的询问，并集中注意力、行动灵活，让客人时刻感觉到自己被尊重。

1. 迎客服务

（1）接车服务　若客人乘坐车辆抵达，要主动热情相迎，引导车辆停妥。车辆停妥后，主动为客人开启车门，一般优先为女宾、外宾、长者开门，然后是其他客人，开门时用左手拉开车门呈70°左右，用右手遮挡车门框的上沿，以防客人碰头（对于有宗教信仰的客人需提前了解）。在开、关车门时要小心，注意不要夹、碰客人。开启车门的同时向客人表示欢迎，讲敬语。切忌表情单一或面无表情地重复简单的问候语。问候时，应该目视客人，不可东张西望。如见客人随车带有行李，应立即招呼其他接待茶艺师帮忙为客人搬运行李，注意行李卸下后，应检查车内有无客人遗留物品，然后关车门，退后一步示意司机开车，并向司机道谢，必要时要记下车牌号。

（2）问候服务　客人抵达时，应微笑目视客人，在客人距门约2m处拉开大门。当客人靠近时，应马上迎上几步，主动微笑问候："您好，欢迎光临！"并躬身15°致礼，对于重要的客人或常来的客人，应用客人的姓氏或职业称呼。当客人较集中到达时，应不厌其烦地向客人微笑点头示意、问候，尽量使每位客人都能听到亲切的问候语。若有多位来宾，应先问候主宾或领头客人，再问候其他客人；如果有女宾，应先问候女宾，再问候男宾。同时使用伸掌礼指向茶空间大厅，请客人进入。对于年纪大或者体弱的客人，应格外关照，主动上前搀扶。若遇到雨雪天气，要撑伞出门迎接，尽量不要让客人被雨雪淋湿。

（3）引领服务　接待茶艺师带领客人到达接待茶室，过程中应该有正确的引导方法包含引导手势和引导用语。引导人员伸出手臂指向前行方向，上臂和身体呈45°，五指相贴并拢，手掌呈一定弧度。在大厅、走廊、楼梯、电梯和茶室等不同地点，应有不同的引导方法。

①在走廊的引导方法：接待茶艺师站在客人的左前方，一般距离客人1～1.5m。如果接待的客人为老人或特殊人群，搀扶或帮助客人拿东西时，必须先得到客人的允许。

②在楼梯的引导方法：当引导客人上楼时，应该让客人走在前面，接待茶艺师走在后面，一方面表示客人在高处，另一方面可以起到一定的安全保护的作用。在下楼梯的时候正好相反，接待茶艺师应该走在客人的前面，同样把尊贵、安全的位置留给客人。

③在电梯的引导方法：引导客人乘坐电梯时，接待茶艺师应先进入电梯按住开门按钮，以免电梯门碰到客人；出电梯时，接待茶艺师同样应按住开门按钮，请客人先走出电梯，再紧跟着走出电梯。

④茶室里的引导方法：当客人走入茶室，接待茶艺师应用手势结合礼貌用语引导客人依序坐下。客人入座后，茶室留下茶艺师及茶艺助泡服务人员，其他接待茶艺师可行草礼后离开。如客人误坐下座（一般靠近门的一方为下座），接待茶艺师应请客人改坐上座。

（4）介绍茶空间　初次到访茶空间的客人，应有专人讲解陪护，沿途向客人介绍企业文化、茶文化或者茶室布置，一来方便客人了解茶空间及企业文化，二来让客人感受到接待茶艺师的热情与重视。

（5）座次安排　在专门的会客室、茶室和接待室招待来宾时，主宾双方的座次往往是一个十分敏感的问题，接待茶艺师要高度重视，避免失礼于人。座次安排通常应把握好以下原则。

①面门为上：宾主双方多采用“相对式”就座，即宾主双方面对面而坐，以面对接待室正门的座次为上，应留给客人；以背对接待室正门的座位为下，应由主方人员就座。“相对式”就座，主宾、主人居中，其他客人、主方陪同人员均按身份高低以近高远低的原则就座于两侧。

②以右为上：宾主双方在正式会见时，为了显示彼此之间的亲密无间，常采用平起平坐式就座，即宾主双方并排就座，以右为上，这种座次安排称为“并列式”。通常的安排是主宾、主人安排在面对正门位置，主宾在主人的右边一侧，其他客人按礼宾顺序在主宾一侧就座，主方陪同人员在主人一侧按身份高低就座。国际礼仪中以右为尊，现代服务礼仪多以此为参考。若沿袭中国古礼，则以左为尊，在古典茶会和政务茶会等特殊场合中需沿袭古礼。

③以远为上：由于条件的限制，有时客人双方并排就座时，并未面对房间的正门，而是居于室内左右两侧中的一侧。此时，一般以距离接待室门较远的座位为上位，应由主人邀请来宾就座，而以距离室门较近的位置为下，由主人自己就座。离室门近者易受打扰，远者则受打扰较少，故以远为上。

④居中为上：“居中为上”的排列方法指的是来宾较少、主方陪同人员较多时，主方的人员以一定的方式围坐在来宾的两侧或四周，呈“众星捧月”之势。此时居中者为上座，应邀主宾就座。

2. 侍茶服务

（1）介绍茶品　待客人全部入座后，茶艺师落座于茶室的泡茶台，并微笑问候客人“欢迎各位来此品饮，……接下来将由我来为大家进行冲泡服务。”可以提前将本次品饮的茶品包装及简介置于客人席位传阅或茶桌中央展示，方便客人了解。为客人服务时，茶艺师和助泡应善于观察客人的眼神和表情，把握时机向客人介绍茶品和回答客人问题。介绍茶品时应实事求是，不夸大其词。若准备茶品较多，客人无法决定品饮哪款茶，应由茶艺师积极引导推荐，在推荐过程中需要把握说话态度及方式，不要变成强行推销，让人产生不悦感。递送茶品给客人欣赏时也应符合递物礼仪规范。

（2）冲泡茶品　客人选定茶品后，向客人展示茶品，当着客人的面打开茶品包装，并分装在茶荷里，向客人展示干茶的外形。然后，开始按照冲泡流程进行冲泡，过程注意高冲低斟，动作轻缓，避免杯具的撞击声与水滴溅落在茶桌上。将冲泡出来的茶品，依照座位的礼宾顺序由主宾开始依次斟茶。斟茶时要掌握好茶壶流口与品茗杯的距离，不要碰到杯沿，以免给客人造成不良印象。

（3）奉茶品饮　在上茶的时候，要先将茶杯放在杯垫上，再放在桌上，按照先主宾后主人、先女士后男士的顺序，也可以从主宾开始按顺时针方向依次递茶，整个过程动作轻巧，减少不必要的噪声。一般情况下，如果客人没有特殊要求，茶汤不宜太浓。斟茶不能太满，以七分满为好。

如果更换新茶，品茗杯里还有剩余茶汤，可以在征得客人同意的情况下，倒掉更换新茶。斟茶时，注意斟茶手势与礼貌用语。如果接待人数较多时，可以提前将茶杯和杯托放置于奉茶盘中，用公道杯直接斟茶于杯中，然后端起奉茶盘，依次走至客人右侧奉上茶品。在递奉茶杯时，手指不要搭在杯口上，也不能让茶杯撞到客人手上，应将茶杯放于桌上且客人手易够到的距离。如果客人们在交谈，奉茶时茶艺师应轻声或止语，用手势引导客人喝茶，如果上茶时对客人交谈造成了干扰，应轻声说一句“对不起”。

（4）过程交谈　茶艺师与客人交谈时，务必神情专注，认真倾听。不能泡茶交流过程中，看手机、接电话或与同事聊天，忽视来宾。在接待来宾时，如果有业务电话，应尽量让其他同事处理或接待，避免中断正在进行的茶事接待。如因故必须暂时离开，要先向客人表示歉意。

在与客人交流时，应尽量围绕茶或者客人感兴趣的话题，避免谈到隐私话题。在回答客人正常询问时应亲切自然，有问必答，如若有些问题暂时无法回答，应向客人真诚致歉，并提供其他咨询途径，对于超出业务范畴的敏感话题可以合理、巧妙地拒绝。

七、实验要领

迎宾时，接待茶艺师一般需提前立于茶空间门口等候，待可看到客人走向茶室时，接待茶艺师要迈步向前，主动前迎表示欢迎，然后将客人引入会客厅或茶室。接待茶艺师的表情态度、语言语气要热情和蔼。在客人入座时，茶会座次安排体现了接待茶艺师的礼仪与智慧，接待的座次原则并非固定不变，可以根据情况的变化而调整。例如对于设有主舞台、人数较多的大型茶事活动，并非遵守“以远为尊”，而应“以近为尊”，因越接近主舞台客人越方便参与茶事活动。如果涉及外事接待，尽量多照顾客人的风俗习惯。

客人到达茶室后，茶艺工作人员应主动为客人让座，动作自然。如果客人中有年长者或者女士，优先为其服务；同批客人较多时，可优先给其中几位主要客人让座即可。如果一些客人需脱衣摘帽，茶艺工作人员应主动帮助客人放好衣帽，若是贵重衣物，要用衣架挂好，以免出现褶皱。

在侍茶过程中，茶艺师与助泡或现场工作人员需要配合，各司其职。茶艺师入座后尽量不离开泡茶台，助泡需要协助茶艺师完成换茶、续水、奉茶等服务并解决客人临时性问题。

八、实验考核

请参考评分标准将实验考核结果填入表13－3与表13－4，对各小组的茶事接待预约与准备内容进行评价，并提出合理建议。

表13－3　茶事接待迎宾服务考核测评表

班级：　　　　　　　组别：　　　　　　　姓名：

序号	测评内容	评分标准	分值	扣分	扣分记录
1	接待前的准备工作	茶艺接待员首先要对当天的预约情况有大致了解，做好仪容、仪表及着装上的准备	20		
2	迎客服务礼仪	客人抵达时，应微笑目视客人，在客人距门约2m处拉开茶空间大门，主动问候客人，注意男女老幼客人的问候顺序与用语差别	15		
3	接车服务礼仪	客人乘坐车辆抵达，要主动热情相迎，引导车辆停妥，为客人开门，开门优先顺序，车门呈70°左右，右手遮挡车门框上沿，开关车门注意问候用语	15		
4	引领服务礼仪	引导时上臂和身体呈45°，五指相贴并拢，手掌呈一定弧度，在走廊、楼梯、电梯和茶室等不同场合，引导方法不同	15		
5	介绍礼仪	初次来茶空间的客人，不熟悉环境、不了解情况，在其第一次来访时要主动陪送和热情介绍	20		
6	座次礼仪	面门为上；以右为上；以远为上；居中为上，并能视情况灵活调整	15		
合计			100	总分	
整体评价					

表13－4　茶事接待侍茶服务考核测评表

班级：　　　　　　　组别：　　　　　　　姓名：

序号	测评内容	评分标准	分值	扣分	扣分记录
1	待茶服务前礼仪	主动为客人拉椅让座；服务顺序	10		
2	介绍茶品	微笑问候；善于观察客人，把握时机介绍，展示茶品，积极推荐引导，注意说话态度及方式，递物礼仪	15		

续表

序号	测评内容	评分标准	分值	扣分	扣分记录
3	冲泡茶品	规范展示茶品，分装茶荷，欣赏外形，从容泡茶，高冲低斟，按座位礼宾顺序依次倒茶。注意茶台器具的摆放应安全有序	15		
4	上茶	茶杯放在杯垫上，按顺序斟茶，过程动作轻巧，茶水不宜太浓，七分满为宜	15		
5	交谈	与客人交谈时，神情专注，认真倾听	20		
6	席间特殊服务	能够灵活、合理地处理客人的特殊要求，并保证饮茶的有序进行	15		
7	灵活选择接待方式	接待过程中新客来访，可一起接待，也可根据顺序分批接待，或安排不同地方接待	10		
合计			100	总分	
整体评价					

九、实验思考

（1）假如你的茶空间将要举办一次大型茶会，而你正是这次茶会的迎宾人员。你将如何接待这批参会人员（男女老少皆有），让他们对你的茶空间充满好感，并为成功举办茶会打好基础？此外，到场客人的座次你会如何安排？

（2）假设你是某茶室的茶艺师，即将有一批客人前来品茶，你该如何准备和接待？

（3）假设你是某茶店的销售人员，你们茶店正在宣传一款新茶，请问你将如何推荐给正在品茶的客人？

实验四十　结账与送客服务

一、实验目的

（1）熟悉茶事活动基本接待内容与技巧，熟练应用茶事服务相关知识。

（2）掌握茶事服务工作中结账和送客的礼仪与流程。

（3）培养良好的茶艺师职业形象，增强传播礼仪文化的意识。

二、实验说明

接待服务最后一环即是结账和送客服务。什么时机、如何准备结账所需要的工作，这便需要工作人员的细心观察，如何让客人知晓需要结账但又不失礼貌。工作人员需提前算好消费，并准备好找补零钱、刷卡机和收款付款二维码等，接待茶艺师需要考虑周全，关注接待流程的方方面面，如送客的言语、态度等，充分表达对客人的尊重与关怀。

三、实验准备

实验需要准备茶室、电话、纸、笔。

四、实验学时

实验共2学时。

五、实验方法

1. 教师讲解示范

教师讲解茶事服务结账与送客内容、程序及注意事项，教师示范部分程序。

2. 分组练习

分组训练，分别模拟接待茶艺师与客人，教师走动观察指导。先跟着教师的示范动作进行模拟练习，教师从班级或每组中选拔优秀成员再做集中演示并带领小组成员进行深度训练，教师从旁进行细节指导。

3. 点评与总结

展示阶段性练习成果，各小组成员代表分别模拟接待茶艺师与客人，师生结合考评表进行点评，最后评选出本次实验的优秀小组。

六、实验步骤

1. 结账服务

接待茶艺师在注意到客人即将结束品饮活动之时，就要为客人结账付款做好准备。在结账的时候，出于礼貌和尊敬，要将账单放在垫有小方巾的托盘里，要求反面朝上，正面朝下，送到客人面前，请对方过目并核实账单之后再进行付账。

若客人主动前往收银台结账，接待茶艺师要礼貌地告诉对方收银台的具体方位，并用手势示意方向。若常来客人要签单，接待茶艺师要礼貌地请客人报出会员信息，仔细核对无误之后，为其送上记账单、笔，并请客人签字，之后要对客人表示谢意。

2. 送客服务

（1）婉言挽留　若客人准备告辞，必须婉言挽留。当客人说要离开，但是还没有起身时，如果茶空间主人或接待茶艺师抢先站起相送或相留，会给人一种逐客的感觉。这是因为部分客人原本可能还要和主人交流，但是因担心耽误主人时间可能会进行试探，以“告辞”来观察主人的反应。所以，主人必须进行挽留，若是客人真的有事要先走，也一定要等客人起身后，主人再起身。

客人起身离开之时，通常先走的应该是老人、妇女及身份较高的人，此时接待茶艺师要主动为他们拉开椅子。同时还要认真观察现场，并提醒客人注意随身携带的物品。必须注意，只有当客人完全离开茶室之后，接待茶艺师才可以收拾撤台。

客人离开的时候，接待茶艺师应把客人送至茶室门口，主动热情与客人道别，躬身施礼，微笑目送客人离去。若在送别之时表现出一副不在意的样子，或者仅仅招手、点头显得有失礼仪。最后，茶空间主人要欢迎客人下次再来，语言要热情友好。

（2）安排交通　送客也要按照接待时的规格对等送别，提前做好交通方面的安排。按照车辆座位的位次礼仪为客人拉车门，并做好护顶工作。若客人要走之时，主人没有太多的关心，这就表示主人对客人不满，双方的关系也就可能因此受影响。

（3）礼品赠送　客人来访时如果带有礼品，在送别的时候，主人也要准备礼品赠送，这些礼品通常具有一定的象征意义与地方特色。赠送礼物的时候，主人要观察受礼者对礼品的态度，同时对礼品的功能特性进行简单介绍及说明，并透露出挑选该礼品的用意，使受礼者心生感激，心情愉悦。赠送的礼品应携带方便，突出地方特色，具有保存价值。正常情况下，赠礼在相见或道别之时为宜。

（4）道别　送别车辆启动以后，接待茶艺师应向旁边退至两米远处站立，向客人躬身致意道别，并用言语表达“请慢走，欢迎下次光临”等话语，同时应向客人挥手致意，目送车辆离开视野，然后再离开。如果因有其他事情需要处理，不能等候很长时间，应向客人说明原因并表示歉意，正式向客人道别后方可离开。

七、实验要领

会客时，按礼仪主人或接待负责人应在会见或会谈开始之前到达，可以在茶空间门口迎候客人，也可以在会客室的门口迎候，由接待茶艺师负责把客人引入会客茶室。待宾主双方进入茶室后，工作人员负责关好门并退出现场。若安排会见或会谈的双方合影留念，应在宾主见面握手之后。合影完毕，主人请客人首先入座或双方一起就座，主人不可以自己抢先坐下。会谈或会见结束时，主人应将客人送至车前或门口握别，目送客人离去后再退回室内。

在结账与送客服务时，接待茶艺师要表现出耐心，不能催促客人结账与离开，给人不舒服的感觉。如果茶空间有设置闭馆时间，需要提前礼貌向客人提示，但如果客人有事仍在交谈，工作人员也要耐心等待，不能强行闭馆逐客。送客时无论是熟客还是初次客人，都要送对方一程，并且要在客人走后才能返回。

八、实验考核

请参考评分标准将实验考核结果填入表13－5，对各小组同学的茶事接待中结账与送客内容进行客观科学评价，并提出合理建议。

表13－5 茶事接待结账与送客服务考核测评表

班级：　　　　组别：　　　　姓名：

序号	测评内容	评分标准	分值	扣分	扣分记录
1	结账服务	注意客人即将结束品饮活动时，礼貌递送和摆放账单；客人主动结账，礼貌告诉收银台方位，手势示意；遇常来客人，礼貌示意，表达谢意等	30		
2	安排交通	按接待规格送客及安排交通；按照车辆座位的位次礼仪为客人拉车门，并做好护顶工作	20		
3	礼品赠送	对礼品的功能特性进行简单介绍及说明，并透露出挑选该礼品的用意；赠礼在相见或道别之时为宜	20		
4	道别礼仪	当客人告辞时，将客人送至门口或车上，与客人躬身致意道别，并用言语表达“请慢走，欢迎下次光临”等话语，然后向旁边退立；向客人挥手致意，目送车辆离开视野，然后再离开；正式向客人道别后方可离开	30		
合计			100	总分	
整体评价					

九、实验思考

（1）假如你是某茶空间的工作人员，空间里将有客人准备离开，试问如何对将要离开的客人提供结算账单及送客服务？

（2）假设你是酒店茶厅的负责人，某天一位客人在酒店品完茶后，忘记结账便离开了，这个时候你应该如何解决？

本章拓展

1. 拓展阅读

金正昆. 商务礼仪[M]. 北京：北京联合出版公司，2013.

李荣建. 社交礼仪[M]. 武汉：武汉大学出版社，2014.

王琼. 泡好一壶中国茶[M]. 南京：江苏凤凰美术出版社，2016.

纪亚飞. 职业礼仪[M]. 北京：中国工人出版社，2018.

纪亚飞. 服务礼仪标准培训[M]. 北京：中国纺织出版社，2018.

2. 拓展课程

中国大学MOOC（慕课）《现代礼仪》（湖南大学，袁涤非主讲）

中国大学MOOC（慕课）《中国茶事礼仪》（湖南农业大学，朱海燕主讲）

3. 拓展案例

案例一：

接待员小董刚刚大学毕业，在一家企业的行政办公室任职。工作中，他虚心好学，把老板接待访客的过程认真记在心里。在接待方面，特别注意迎客、待客、送客这三个环节，力求使来访者满意。一天，茶室来了一位下级单位的工作人员。刚听到叩门声，小董就赶忙放下手中的工作，说声“请进”，同时起身相迎。来客进屋后，小董并未主动与对方握手，而是热情地招呼对方：“请坐，请坐，你有什么事需要我帮忙吗？”小董的热情接待给对方留下了深刻的印象。

试分析此案例中接待员小董的做法是否符合茶事接待礼仪的要求？

案例二：

某茶室接待茶艺师小陈一向喜欢名牌服装。有一次，领导让他陪同去见一位重要的新客户。那天，他专门穿上精心挑选的名牌西服。结果见面时，被新客户误认为他是领导，与其寒暄了几句，这使一旁的领导十分尴尬与恼火。

请结合茶事服饰礼仪中的着装要求，分析小陈在上述案例中所犯的错误，并提供着装建议。

附录

附录一　茶艺师国家职业技能标准（GZB 4-03-02-07）

说明：由国家人力资源和社会保障部制定的《国家职业技能标准——茶艺师》，于2018年开始实施，替代2002年由国家劳动和社会保障部的《茶艺师国家职业标准》。本标准以“职业活动为导向，职业技能为核心”为指导思想，对茶艺师的技能水平和理论知识水平进行了明确规定，依据茶艺师职业标准分为五级/初级工、四级/中级工、三级/高级工、二级/技师、一级/高级技师五个等级，标准分别从职业道德、茶叶基础知识、茶艺操作技能三方面考核茶艺师。

1. 职业概况

1.1　职业名称

茶艺师。

1.2　职业编码

4-03-02-07。

1.3　职业定义

在茶室、茶楼等场所[①]，展示茶水冲泡流程和技巧，以及传播品茶知识的人员。

1.4　职业技能等级

本职业共设五个等级，分别为五级/初级工、四级/中级工、三级/高级工、二级/技师、一级/高级技师。

1.5　职业环境条件

室内，常温，无异味。

---

① 茶室、茶楼等场所包括茶馆、茶艺馆，即称为茶坊、茶社、茶座的品茶、休闲场所；茶庄、宾馆、酒店等区域内设置的用于品茶、休闲的场所；茶空间、茶书房、茶体验馆等适用于品茶、休闲的场所。

1.6 职业能力特征

具有良好的语言表达能力，一定的人际交往能力，较好的形体知觉能力与动作协调能力，较敏锐的色觉、嗅觉和味觉。

1.7 普通受教育程度

初中毕业（或相当文化程度）。

1.8 职业技能鉴定要求

1.8.1 申报条件

具备以下条件之一者，可申报五级 / 初级工：

（1）累计从事本职业或相关职业[①]工作 1 年（含）以上。

（2）本职业或相关职业学徒期满。

具备以下条件之一者，可申报四级 / 中级工：

（1）取得本职业或相关职业五级 / 初级工职业资格证书（技能等级证书）后，累计从事本职业工作 4 年（含）以上。

（2）累计从事本职业或相关职业工作 6 年（含）以上。

（3）取得技工学校本专业[②]或相关专业[③]毕业证书（含尚未取得毕业证书的在校应届毕业生）；或取得经评估论证、以中级技能为培养目标的中等及以上职业学校本专业或相关专业毕业证书（含尚未取得毕业证书的在校应届毕业生）。

具备以下条件之一者，可申报三级 / 高级工：

（1）取得本职业或相关职业四级 / 中级工职业资格证书（技能等级证书）后，累计从事本职业或相关职业工作 5 年（含）以上。

（2）取得本职业或相关职业四级 / 中级工职业资格证书（技能等级证书），并具有高级技工学校、技师学院毕业证书（含尚未取得毕业证书的在校应届毕业生）；或取得本职业或相关职业四级 / 中级工职业资格证书（技能等级证书），并具有经评估论证、以高级技能为培养目标的高等职业学校本专业或相关专业毕业证书（含尚未取得毕业证书的在校应届毕业生）。

---

① 相关职业：在茶室、茶楼和其他品茶、休闲场所的服务工作，以及评茶、种茶、制茶、售茶岗位的工作，下同。

② 本专业：茶艺、茶文化专业，下同。

③ 相关专业：茶学、评茶、茶叶加工、茶叶营销等专业，以及文化、文秘、中文、旅游、商贸、空乘、高铁等开设了茶艺课程的专业，下同。

（3）具有大专及以上本专业或相关专业毕业证书，并取得本职业或相关职业四级 / 中级工职业资格证书（技能等级证书）后，累计从事本职业或相关职业工作 2 年（含）以上。

具备以下条件之一者，可申报二级 / 技师：

（1）取得本职业或相关职业三级 / 高级工职业资格证书（技能等级证书）后，累计从事本职业或相关职业工作 4 年（含）以上。

（2）取得本职业或相关职业三级 / 高级工职业资格证书（技能等级证书）的高级技工学校、技师学院毕业生，累计从事本职业或相关职业工作 3 年（含）以上；或取得本职业预备技师证书的技师学院毕业生，累计从事本职业或相关职业工作 2 年（含）以上。

具备以下条件之一者，可申报一级 / 高级技师：

取得本职业二级 / 技师职业资格证书（技能等级证书）后，累计从事本职业或相关职业工作 4 年（含）以上。

1.8.2 鉴定方式

分为理论知识考试、技能考核以及综合评审。理论知识考试以笔试、机考等方式为主，主要考核从业人员从事本职业应掌握的基本要求和相关知识要求；技能考核主要采用现场操作、模拟操作等方式进行，主要考核从业人员从事本职业应具备的技能水平；综合评审主要针对技师和高级技师，通常采取审阅申报材料、答辩等方式进行全面评议和审查。

理论知识考试、技能考核和综合评审均实行百分制，成绩皆达 60 分（含）以上者为合格。

1.8.3 监考人员、考评人员与考生配比

理论知识中的考试监考人员与考生配比不低于 1 ∶ 15，且每个考场不少于 2 名监考人员；技能考核中的考评人员与考生配比为 1 ∶ 3，且考评人员为 3 人以上单数；综合评审委员为 3 人以上单数。

1.8.4 鉴定时间

理论知识考试时间为 90min；技能考核时间：五级 / 初级工、四级 / 中级工、三级 / 高级工不少于 20min，二级 / 技师、一级 / 高级技师不少于 30min；综合评审时间不少于 20min。

1.8.5 鉴定场所设备

理论知识考试在标准教室内进行；技能考核在具备品茗台且采光及通风条件良好的品茗室或教室、会议室进行，室内应有泡茶（饮茶）主要用具、茶叶、音响、投影仪等相关辅助用品。

2. 基本要求

2.1 职业道德

2.1.1 职业道德基本知识

2.1.2 职业守则

（1）热爱专业，忠于职守。

（2）遵纪守法，文明经营。

（3）礼貌待客，热情服务。

（4）真诚守信，一丝不苟。

（5）钻研业务，精益求精。

2.2 基础知识

2.2.1 茶文化基本知识

（1）中国茶的源流。

（2）饮茶方法的演变。

（3）中国茶文化精神。

（4）中国饮茶风俗。

（5）茶与非物质文化遗产。

（6）茶的外传及影响。

（7）外国饮茶风俗。

2.2.2 茶叶知识

（1）茶树基本知识。

（2）茶叶种类。

（3）茶叶加工工艺及特点。

（4）中国名茶及其产地。

（5）茶叶品质鉴别知识。

（6）茶叶贮存方法。

（7）茶叶产销概况。

2.2.3 茶具知识

（1）茶具的历史演变。

（2）茶具的种类及产地。

（3）瓷器茶具的特色。

（4）陶器茶具的特色。

（5）其他茶具的特色。

2.2.4 品茗用水知识

（1）品茗与用水的关系。

（2）品茗用水的分类。

（3）品茗用水的选择方法。

2.2.5 茶艺基本知识

（1）品饮要义。

（2）冲泡技巧。

（3）茶点选配。

2.2.6 茶与健康及科学饮茶

（1）茶叶主要成分。

（2）茶与健康的关系。

（3）科学饮茶常识。

2.2.7 食品与茶叶营养卫生

（1）食品与茶叶卫生基础知识。

（2）饮食业食品卫生制度。

2.2.8 劳动安全基本知识

（1）安全生产知识。

（2）安全防护知识。

（3）安全事故申报知识。

2.2.9 相关法律、法规知识

（1）《中华人民共和国劳动法》的相关知识。
（2）《中华人民共和国劳动合同法》的相关知识。
（3）《中华人民共和国食品卫生法》的相关知识。
（4）《中华人民共和国消费者权益保障法》的相关知识。
（5）《公共场所卫生管理条例》的相关知识。

3. 工作要求

本标准对五级 / 初级工、四级 / 中级工、三级 / 高级工、二级 / 技师、一级 / 高级技师的技能要求和相关知识要求依次递进，高级别涵盖低级别。

3.1 五级 / 初级工

职业功能	工作内容	技能要求	相关知识要求
接待准备	1.1 仪表准备	1.1.1 能按照茶事服务礼仪要求进行着装、佩戴饰物 1.1.2 能按照茶事服务礼仪要求修饰面部、手部 1.1.3 能按照茶事服务礼仪要求修整发型、选择头饰 1.1.4 能按照茶事服务礼仪规范的要求进行站姿、坐姿、走姿、蹲姿 1.1.5 能使用普通话与敬语迎宾	1.1.1 茶艺人员服饰、佩饰基础知识 1.1.2 茶艺人员容貌修饰、手部护理常识 1.1.3 茶艺人员发型、头饰常识 1.1.4 茶事服务形体礼仪基本知识 1.1.5 普通话、迎宾敬语基本知识
	1.2 茶室准备	1.2.1 能清洁茶室环境卫生 1.2.2 能清洗消毒茶具 1.2.3 能配合调控茶室内的灯光、音响等设备 1.2.4 能操作消防灭火器进行火灾扑救 1.2.5 能佩戴防毒面具并指导宾客使用	1.2.1 茶室工作人员岗位职责和服务流程 1.2.2 茶室环境卫生要求知识 1.2.3 茶具用品消毒洗涤方法 1.2.4 灯光、音响设备使用方法 1.2.5 消防灭火器的操作方法 1.2.6 防毒面具使用方法
茶艺服务	2.1 冲泡备器	2.1.1 能根据茶叶基本特征区分六大茶类 2.1.2 能根据茶单选取茶叶 2.1.3 能根据茶叶选用冲泡器具 2.1.4 能选择和使用备水、烧水器具	2.1.1 茶叶分类、品种、名称、基本特征基础知识 2.1.2 茶单基本知识 2.1.3 泡茶器具的种类和使用方法 2.1.4 安全用电常识和备水、烧水器具的使用规程

续表

职业功能	工作内容	技能要求	相关知识要求
茶艺服务	2.2 冲泡演示	2.2.1 能根据不同茶类确定投茶量和水量比例 2.2.2 能根据茶叶类型选择适宜的水温泡茶，并确定浸泡时间 2.2.3 能使用玻璃杯、盖碗、紫砂壶冲泡茶叶 2.2.4 能介绍所泡茶叶的品饮方法	2.2.1 不同茶类投茶量和水量要求及注意事项 2.2.2 不同茶类冲泡水温、浸泡时间要求及注意事项 2.2.3 玻璃杯、盖碗、紫砂壶使用要求与技巧 2.2.4 茶叶品饮基本知识
茶间服务	3.1 茶饮推介	3.1.1 能运用交谈礼仪与宾客沟通，有效了解宾客需求 3.1.2 能根据茶叶特性推荐茶饮 3.1.3 能根据不同季节特点推荐茶饮	3.1.1 交谈礼仪规范及沟通艺术，了解宾客消费习惯 3.1.2 茶叶成分与特性基本知识 3.1.3 不同季节饮茶特点
	3.2 商品销售	3.2.1 能办理宾客消费的结账、记账 3.2.2 能向宾客销售茶叶 3.2.3 能向宾客销售普通茶具 3.2.4 能完成茶叶、茶具的包装 3.2.5 能承担售后服务	3.2.1 结账、记账基本程序和知识 3.2.2 茶叶销售基本知识 3.2.3 茶具销售基本知识 3.2.4 茶叶、茶具包装知识 3.2.5 售后服务知识

3.2 四级 / 中级工

职业功能	工作内容	技能要求	相关知识要求
接待准备	1.1 礼仪接待	1.1.1 能按照茶事服务要求导位、迎宾 1.1.2 能根据不同地区的宾客特点进行礼仪接待 1.1.3 能根据不同民族的风俗进行礼仪接待 1.1.4 能根据不同宗教信仰进行礼仪接待 1.1.5 能根据宾客的性别、年龄特点进行针对性的接待服务	1.1.1 接待礼仪与技巧基本知识 1.1.2 不同地区宾客服务的基本知识 1.1.3 不同民族宾客服务的基本知识 1.1.4 不同宗教信仰宾客服务的基本知识 1.1.5 不同性别、年龄特点宾客服务的基本知识
	1.2 茶室布置	1.2.1 能根据茶室特点，合理摆放器物 1.2.2 能合理摆放茶室装饰物品 1.2.3 能合理陈列茶室商品 1.2.4 能根据宾客要求，针对性地调配茶叶、器物	1.2.1 茶空间布置基本知识 1.2.2 器物配放基本知识 1.2.3 茶具与茶叶的搭配知识 1.2.4 商品陈列原则与方法

续表

职业功能	工作内容	技能要求	相关知识要求
茶艺服务	2.1 茶艺配置	2.1.1 能识别六大茶类中的中国主要名茶 2.1.2 能识别新茶、陈茶 2.1.3 能根据茶样初步区分茶叶品质和等级高低 2.1.4 能鉴别常用陶瓷、紫砂、玻璃茶具的品质 2.1.5 能根据茶艺馆需要布置茶艺工作台	2.1.1 中国主要名茶知识 2.1.2 新茶、陈茶的特点与识别方法 2.1.3 茶叶品质和等级的判定方法 2.1.4 常用茶具质量的识别方法 2.1.5 茶艺冲泡台的布置方法
	2.2 茶艺演示	2.2.1 能根据茶艺要素的要求冲泡六大茶类 2.2.2 能根据不同茶叶选择泡茶用水 2.2.3 能制作调饮红茶 2.2.4 能展示生活茶艺	2.2.1 茶艺冲泡的要素 2.2.2 泡茶用水水质要求 2.2.3 调饮红茶的制作方法 2.2.4 不同类型的生活茶艺知识
茶间服务	3.1 茶品推介	3.1.1 能根据茶叶，合理搭配茶点并予推介 3.1.2 能根据季节搭配茶点并予推介 3.1.3 能根据茶叶的内含成分及对人体健康作用来推介相应茶叶 3.1.4 能向宾客介绍不同水质对茶汤的影响 3.1.5 能根据所泡茶品解答相关问题	3.1.1 茶点与各茶类搭配知识 3.1.2 不同季节茶点搭配方法 3.1.3 科学饮茶与人体健康基本知识 3.1.4 中国名茶、名泉知识 3.1.5 解答宾客咨询茶品的相关知识及方法
	3.2 商品销售	3.2.1 能根据茶叶特点科学地保存茶叶 3.2.2 能销售名优茶和特殊茶品 3.2.3 能够销售名家茶器、定制（柴烧、手绘）茶具 3.2.4 能够根据宾客需要选配家庭茶室用品 3.2.5 能向茶室、茶庄等经营场所选配销售茶商品	3.2.1 茶叶储藏保管知识 3.2.2 名优茶、特殊茶品销售基本知识 3.2.3 名家茶器、柴烧、手绘茶具源流及特点 3.2.4 家庭茶室用品选配基本要求 3.2.5 茶商品调配知识

3.3 三级 / 高级工

职业功能	工作内容	技能要求	相关知识要求
接待准备	1.1 礼仪接待	1.1.1 能根据不同国家的礼仪接待外宾 1.1.2 能使用英语与外宾进行简单问候与沟通 1.1.3 能按照服务接待要求接待特殊宾客	1.1.1 涉外礼仪的基本要求及各国礼仪与禁忌 1.1.2 礼仪接待英语基本知识 1.1.3 特殊宾客服务接待知识

续表

职业功能	工作内容	技能要求	相关知识要求
接待准备	1.2 茶事准备	1.2.1 能鉴别茶叶品质高低 1.2.2 能鉴别高山茶、台地茶 1.2.3 能识别常用瓷器茶具的款式及质量 1.2.4 能识别常用陶器茶具的款式及质量	1.2.1 茶叶品评的方法及质量鉴别 1.2.2 高山茶与台地茶鉴别方法 1.2.3 瓷器茶具的款式及特点 1.2.4 陶器茶具的款式及特点
茶艺服务	2.1 茶席设计	2.1.1 能根据不同题材，设计不同主题的茶席 2.1.2 能根据不同的茶品、茶具组合、铺垫物品等，进行茶席设计 2.1.3 能根据少数民族的茶俗设计不同的茶席 2.1.4 能根据茶席设计需要进行茶器搭配 2.1.5 能根据茶席设计主题配置相关的其他器物	2.1.1 茶席基本原理知识 2.1.2 茶席设计类型知识 2.1.3 茶席设计技巧知识 2.1.4 少数民族茶俗与茶席设计知识 2.1.5 茶席其他器物选配基本知识
	2.2 茶艺演示	2.2.1 能按照不同茶艺演示要求布置演示台，选择和配置适当的插花、熏香、茶挂 2.2.2 能根据茶艺演示的主题选择相应的服饰 2.2.3 能根据茶艺演示的主题选择合适的音乐 2.2.4 能根据茶席设计的主题确定茶艺演示内容 2.2.5 能演示三种以上各地风味茶艺或少数民族茶艺 2.2.6 能组织、演示茶艺并介绍其文化内涵	2.2.1 茶艺演示台布置及茶艺插花、熏香、茶挂基本知识 2.2.2 茶艺演示与服饰相关知识 2.2.3 茶艺演示与音乐相关知识 2.2.4 茶席设计主题与茶艺演示运用知识 2.2.5 各地风味茶饮和少数民族茶饮基本知识 2.2.6 茶艺演示组织与文化内涵阐述相关知识
茶间服务	3.1 茶事推介	3.1.1 能够根据宾客需求介绍有关茶叶的传说、典故 3.1.2 能使用评茶的专业术语，向宾客通俗介绍茶叶的色、香、味、形 3.1.3 能向宾客介绍选购紫砂茶具的技巧 3.1.4 能向宾客介绍选购瓷器茶具的技巧 3.1.5 能向宾客介绍不同茶具的养护知识	3.1.1 茶叶的传说、典故 3.1.2 茶叶感观审评基本知识及专业术语 3.1.3 紫砂茶具的选购知识 3.1.4 瓷器茶具的选购知识 3.1.5 不同茶具的特点及养护知识

续表

职业功能	工作内容	技能要求	相关知识要求
茶间服务	3.2 营销服务	3.2.1 能根据市场需求调配茶叶、茶具营销模式 3.2.2 能根据季节变换、节假日特点等制订茶艺馆消费品配备计划 3.2.3 能按照茶艺馆要求，初步设计和具体实施茶事展销活动	3.2.1 茶艺馆营销基本知识 3.2.2 茶艺馆消费品调配相关知识 3.2.3 茶事展示活动常识

3.4 二级 / 技师

职业功能	工作内容	技能要求	相关知识要求
茶艺馆创意	1.1 茶艺馆规划	1.1.1 能提出茶艺馆选址的建议 1.1.2 能提出不同特色茶艺馆的定位建议 1.1.3 能根据茶艺馆的定位提出整体布局的建议	1.1.1 茶艺馆选址基本知识 1.1.2 茶艺馆定位基本知识 1.1.3 茶艺馆整体布局基本知识
	1.2 茶艺馆布置	1.2.1 能根据茶艺馆的布局，分割与布置不同的区域 1.2.2 能根据茶艺馆的风格，布置陈列柜和服务台 1.2.3 能根据茶艺馆的主题设计，布置不同风格的品茗区	1.2.1 茶艺馆不同区域分割与布置原则 1.2.2 茶艺馆陈列柜和服务台布置常识 1.2.3 品茗区风格营造基本知识
茶事活动	2.1 茶艺演示	2.1.1 能进行仿古（仿唐、仿宋或明清）茶艺演示，并能担任主泡 2.1.2 能进行日本茶道演示 2.1.3 能进行韩国茶礼演示 2.1.4 能进行英式下午茶演示 2.1.5 能用一门外语进行茶艺解说	2.1.1 仿古茶艺展演基本知识 2.1.2 日本茶道基本知识 2.1.3 韩国茶礼基本知识 2.1.4 英式下午茶基本知识 2.1.5 茶艺专用外语知识
	2.2 茶会组织	2.2.1 能策划中、小型茶会 2.2.2 能设计茶会活动的可实施方案 2.2.3 能根据茶会的类型进行茶会组织 2.2.4 能主持各类茶会	2.2.1 茶会类型知识 2.2.2 茶会设计基本知识 2.2.3 茶会组织与流程知识 2.2.4 主持茶会基本技巧

续表

职业功能	工作内容	技能要求	相关知识要求
业务管理（茶事管理）	3.1 服务管理	3.1.1 能制订茶艺流程及服务规范 3.1.2 能指导低级别茶艺服务人员 3.1.3 能对茶艺师的服务工作检查指导 3.1.4 能制订茶艺馆服务管理方案并实施 3.1.5 能提出并策划茶艺演示活动的可实施方案 3.1.6 能对茶艺馆的茶叶、茶具进行质量检查 3.1.7 能对茶艺馆的安全进行检查与改进 3.1.8 能处理宾客诉求	3.1.1 茶艺馆服务流程与管理知识 3.1.2 茶艺人员培训知识 3.1.3 茶艺馆各岗位职责 3.1.4 茶艺馆庆典、促销活动设计知识 3.1.5 茶艺表演活动方案撰写方法 3.1.6 茶叶、茶具质量检查流程与知识 3.1.7 茶艺馆安全检查与改进要求 3.1.8 宾客投诉处理原则及技巧常识
	3.2 茶艺培训	3.2.1 能制订与实施茶艺人员的培训计划 3.2.2 能对茶艺人员进行培训教学组织 3.2.3 能组建茶艺演示队伍 3.2.4 能训练茶艺演示队伍	3.2.1 茶艺培训计划的编制方法 3.2.2 茶艺培训教学组织要求与技巧 3.2.3 茶艺演示队伍组建知识 3.2.4 茶艺演示队伍常规训练安排知识

3.5 一级 / 高级技师

职业功能	工作内容	技能要求	相关知识要求
茶饮服务	1.1 品评服务	1.1.1 能根据宾客需求提供不同茶饮 1.1.2 能对传统茶饮进行创新和设计 1.1.3 能审评茶叶的质量优次和等级	1.1.1 不同类型茶饮基本知识 1.1.2 茶饮创新基本原理 1.1.3 茶叶审评知识的综合运用
	1.2 茶健康服务	1.2.1 能根据宾客的需求向宾客介绍茶健康知识 1.2.2 能配制适合宾客健康状况的茶饮 1.2.3 能根据宾客健康状况，提出茶预防、养生、调理的建议	1.2.1 茶健康基础知识 1.2.2 保健茶饮配制知识 1.2.3 茶预防、养生、调理基本知识
茶事创作	2.1 茶艺编创	2.1.1 能根据需要编创不同类型、不同主题的茶艺演示 2.1.2 能根据茶叶营销需要编创茶艺演示 2.1.3 能根据茶艺演示的需要进行舞台美学及服饰搭配 2.1.4 能用文字阐释编创的茶艺的文化内涵，并能进行解说	2.1.1 茶艺演示编创知识 2.1.2 不同类型茶叶营销活动与茶艺结合的原则 2.1.3 茶艺美学知识与实际运用 2.1.4 茶艺编创写作与茶艺解说知识

续表

职业功能	工作内容	技能要求	相关知识要求
茶事创作	2.2 茶会创新	2.2.1 能设计、创作不同类型的茶会 2.2.2 能组织各种大型茶会 2.2.3 能组织各国不同风格的茶会 2.2.4 能根据宾客需要介绍各国茶会的特色与内涵	2.2.1 茶会的不同类型与创意设计知识 2.2.2 大型茶会创意设计基本知识 2.2.3 茶会组织与执行知识 2.2.4 各国不同风格茶会知识
业务管理（茶事管理）	3.1 经营管理	3.1.1 能制订并实施茶艺馆经营管理计划 3.1.2 能制订并落实茶艺馆营销计划 3.1.3 能进行成本核算，对茶饮与商品定价 3.1.4 能拓展茶艺馆茶点、茶宴业务 3.1.5 能创意策划茶艺馆的文创产品 3.1.6 能策划与茶艺馆衔接的其他茶事活动	3.1.1 茶艺馆经营管理知识 3.1.2 茶艺馆营销基本法则 3.1.3 茶艺馆成本核算知识 3.1.4 茶点、茶宴知识 3.1.5 文创产品基本知识 3.1.6 茶文化旅游基本知识
	3.2 人员培训	3.2.1 能完成茶艺培训工作并编写培训讲义 3.2.2 能对技师进行指导 3.2.3 能策划组织茶艺馆全员培训 3.2.4 能撰写茶艺馆培训情况分析与总结报告 3.2.5 能撰写茶业调研报告与专题论文	3.2.1 茶艺培训讲义编写要求知识 3.2.2 技师指导基本知识 3.2.3 茶艺馆全员培训知识 3.2.4 茶艺馆培训情况分析与总结写作知识 3.2.5 茶业调研报告与专题论文写作知识

4. 权重表

4.1 理论知识权重表

项目		技能等级				
		五级 / 初级工（%）	四级 / 中级工（%）	三级 / 高级工（%）	二级 / 技师（%）	一级 / 高级技师（%）
基本要求	职业道德	5	5	5	3	3
	基础知识	45	35	25	22	12
相关知识要求	接待准备	15	15	15	—	—
	茶艺服务	25	30	40	—	—
	茶间服务	10	15	15	—	—
	茶艺馆创意	—	—	—	20	—
	茶饮服务	—	—	—	—	20
	茶事活动	—	—	—	35	—

续表

项目		技能等级				
		五级 / 初级工（%）	四级 / 中级工（%）	三级 / 高级工（%）	二级 / 技师（%）	一级 / 高级技师（%）
相关知识要求	茶事创作	—	—	—	—	40
	业务管理（茶事管理）	—	—	—	20	25
合计		100	100	100	100	100

4.2 技能要求权重表

项目		技能等级				
		五级 / 初级工（%）	四级 / 中级工（%）	三级 / 高级工（%）	二级 / 技师（%）	一级 / 高级技师（%）
技能要求	接待准备	15	15	20	—	—
	茶艺服务	70	70	65	—	—
	茶间服务	15	15	15	—	—
	茶艺馆创意	—	—	—	20	—
	茶饮服务	—	—	—	—	20
	茶事活动	—	—	—	50	—
	茶事创作	—	—	—	—	45
	业务管理（茶事管理）	—	—	—	30	35
合计		100	100	100	100	100

附录二 茶艺职业技能竞赛技术规程（T/CTSS 3—2024）

说明：本文件由中国茶叶学会茶艺专业委员会于 2024 年牵头制定。本文件规定了茶艺职业技能竞赛的术语和定义、竞赛命题依据与范围、竞赛形式、竞赛项目、技能操作评分细则、名次排定。本文件适用于茶艺职业技能竞赛。

1 范围

本文件规定了茶艺职业技能竞赛的术语和定义、竞赛命题依据与范围、竞赛形式、竞赛项目、技能操作评分细则、名次排定。

本文件适用于茶艺职业技能竞赛。

2 规范性引用文件

下列文件中的内容通过文中的规范性引用而构成本文件必不可少的条款。其中，注日期的引用文件，仅该日期对应的版本适用于本文件；不注日期的引用文件，其最新版本（包括所有的修改单）适用于本文件。

GB 5749 生活饮用水卫生标准

GB/T 23776 茶叶感官审评方法

GZB 4-03-02-07 茶艺师

3 术语和定义

下列术语和定义适用于本文件。

3.1

茶艺 tea ceremony

呈现泡茶、品茶过程美好意境，体现形式和精神相融合的综合技艺。

3.2

茶艺竞赛项目 competition item of tea ceremony

以中国茶道精神为指导，以泡好一杯茶和呈现茶艺之美为目的，通过择水选器与水温、茶水比、浸泡时间等参数的科学设计与调控，充分展示茶的色、香、味、形等性状，强调茶汤质量和泡茶过程美结合的竞赛项目。

3.3

规定茶艺演示模块　required tea ceremony

以泡好一杯茶汤、呈现茶艺之美为目的，统一茶样、器具、基本流程的泡茶比赛形式。

3.4

自创茶艺演示模块　demonstration of tea ceremony

以泡好一杯茶汤、呈现茶艺之美为目的，选手自行设定主题、茶席和背景、流程、音乐等，并将现场解说、演示等融为一体的比赛形式。

3.5

茶叶品质鉴别模块　tea sensory evaluation

考核选手对茶叶品质评鉴水平的比赛形式。

3.6

茶汤质量比拼模块　quality competition of tea infusion

以冲泡出高质量的茶汤为目的，考量选手的茶汤调控能力、说茶能力以及接待礼仪能力的比赛形式。

3.7

识茶认茶模块　tea identification by appearance

在规定的时间内，根据茶的外形特征和干茶香气，正确判定六大茶类及再加工茶样品的名称、所属茶类及产地的比赛形式。

3.8

茶席创作模块　design of tea mat

通过器具配置与布设、色彩搭配、文案写作、背景设计等创作，表达茶席的主题和创意，强调原创性、实用性与艺术性统一的比赛形式。

3.9

点茶模块　Dian Cha

以冲点一碗色、香、味、沫俱佳的末茶茶汤为目的，考量选手汤沫调控能力、茶汤与沫饽均匀分杯能力的比赛形式。

3.10

调饮茶现制模块 field manufacturing of mixed tea

选手自行设计主题，以茶、奶、水果、蔬菜等天然食材为原料，通过科学配比，现场调制一款色、香、味、形俱佳饮品的比赛形式。

4 竞赛命题依据与范围

依据《中华人民共和国第二届职业技能大赛技术规则》《中华人民共和国第二届职业技能大赛茶艺项目技术工作文件》《第二届全国乡村振兴职业技能大赛技术规则》《第二届全国乡村振兴职业技能大赛茶艺项目技术工作文件》，结合茶艺师职业岗位的技能要求，命题范围为《茶艺师国家职业技能标准》（三级及以上）。

5 竞赛形式

5.1 个人赛

分理论和技能操作两部分。

5.2 团体赛

分理论和技能操作两部分。

6 竞赛项目

6.1 个人赛

6.1.1 理论

理论成绩10分，采取百分制、闭卷的形式，时间为120min。题型为单选题、多选题和判断题。

6.1.2 技能操作

6.1.2.1 技能类型及成绩分值

技能操作分必选项目和自选项目。其中，必选项目为大赛必赛模块，自选项目由竞赛执委会选择。技能类型及成绩分值见表1。

表1 技能类型及成绩分值

模块号	竞赛模块	模块类型	竞赛时间	分值		
				评价分 J	测量分 M	总分
A	规定茶艺演示	必选	器具准备、备水、备茶≤ 10min 茶艺演示 6 ~ 10min	15.5	9.5	25
B	自创茶艺演示	必选	布席≤ 5min 茶艺演示 8 ~ 15min	13.5	6.5	20
C	茶叶品质鉴别	必选	器具准备、备水、备茶≤ 15min 茶叶鉴别≤ 30min	5	10	15
D	茶汤质量比拼	必选	器具准备、备水、备茶≤ 15min 茶汤比拼 10 ~ 15min	15.5	9.5	25
E	识茶认茶	必选	识茶认茶≤ 15min	0	5	5
F	点茶	必选	器具准备、备水、备茶≤ 15min 点茶 10 ~ 15min	6	4	10
G	调饮茶现制	自选	器具、材料准备，方案设计≤ 30min 现场调制≤ 20min 作品陈述≤ 1min	7.5	2.5	10
H	茶席创作	自选	茶席布置 120 ~ 180min	8.5	1.5	10
合计			≤ 381min（其中必选≤ 150min，自选≤ 231min）	71.5（其中必选 55.5，自选 16）	48.5（其中必选 44.5，自选 4）	120（其中必选 100，自选 20）

6.1.2.2 规定茶艺演示

6.1.2.2.1 本模块指定绿茶玻璃杯泡法、红茶瓷盖碗泡法、乌龙茶紫砂壶双杯泡法 3 套规定茶艺，所使用设备及器具清单参见附录 A 表 A.1。

6.1.2.2.2 从所供绿茶、红茶、乌龙茶三种茶样（质量等级相当）中抽取一种进行冲泡，比赛时间为 6 ~ 10min。选手抽签确定茶样后，提前 15min 熟悉茶样。赛前 10min 自行备具、备水（不计入比赛时间内），演示过程不需要解说。

6.1.2.2.3 绿茶规定茶艺竞技步骤：备具—端盘上场—布具—温杯—置茶—浸润泡—摇香—冲泡—奉茶—收具—端盘退场。

6.1.2.2.4 红茶规定茶艺竞技步骤：备具—端盘上场—布具—温盖碗—置茶—冲泡—温盅及品茗杯—分茶—奉茶—收具—端盘退场。

6.1.2.2.5 乌龙茶规定茶艺竞技步骤：备具—端盘上场—布具—温壶—置茶—冲泡—温

品茗杯及闻香杯—分茶—奉茶—收具—端盘退场。

6.1.2.3 自创茶艺演示

自创茶艺作品主题不限，应符合社会主义核心价值观；演示所用茶叶种类不限，但应含有茶叶。

6.1.2.4 茶叶品质鉴别

比赛所用的茶样质量等级相当，包括绿茶、白茶、乌龙茶、红茶、黄茶、黑茶六大类，由执委会提供。选手抽签确定茶样后，按 GB/T 23776 的方法进行茶样品质鉴别，并填写答卷。所使用的设备、器具及答题卷参见附录 B 表 B.1 和 表 B.2。

6.1.2.5 茶汤质量比拼

所使用的茶叶和器具均由执委会提供。选手抽签确定比赛茶样，根据茶叶品质状况，选择与所泡茶相匹配的茶具，同时准备茶叶和泡茶用水，所使用的设备及器具清单参见附录 C 表 C.1；带上茶、水、器进入冲泡区域，行礼，开始，布置茶席后进行冲泡，冲泡三道茶汤后，收具，行礼，比赛结束。竞赛过程中选手应适当说茶。

6.1.2.6 识茶认茶

由执委会提供 20 ~ 30 个茶叶样品分别放置于样盘中，选手需通过外形和香气对茶叶名称、所属茶类及产地（以该茶样标准描述为准）进行识别，并填写答题卷，参见附录 D 表 D.2。所使用的设备及器具清单参见附录 D 表 D.1。

6.1.2.7 点茶

6.1.2.7.1 比赛所用的茶样，分别有绿茶、乌龙茶、白茶加工而成的粉茶，质量等级相当。所使用的设备及器具清单参见附录 E 表 E.1。所使用的粉茶和器具均由执委会提供。

6.1.2.7.2 所有选手点同一款茶，并事先熟悉茶样，茶样由点茶赛裁判组长抽签确定。

6.1.2.7.3 赛前 15min，选手从执委会提供的茶具中选择相匹配的茶具。以 3 ~ 5 人为一小组进行比赛，每位选手各点一盏茶，先请裁判评判茶汤沫饽质量，再分成三小杯，评判分杯质量、汤温、汤量和茶汤浓度。不需要设置主题、背景音乐和解说词。

6.1.2.8 调饮茶现制

6.1.2.8.1 调饮茶类型分为奶茶类和果蔬茶类 2 类，比赛所用的茶叶质量等级相当，为绿茶、乌龙茶、红茶、白茶、黄茶、黑茶、茉莉花茶；所使用的设备、茶样和食材均由执委会提供，器具清单参见附录 F 表 F.1。

6.1.2.8.2 选手提前熟悉备选食材和茶叶，抽签确定调饮茶现制类型后，在准备间从执委会提供的物料中选择器具、茶叶和食材，设计一款调饮茶。

6.1.2.8.3 选手 3min 内布置操作台（不计入比赛时间，单独计时）；现场调制一款茶，数量 3 杯，奉茶后清理操作台；清理完后举手示意裁判。服装宜简洁，不需要背景音乐和解说。

6.1.2.9 茶席创作

6.1.2.9.1 茶席作品主题自拟，应符合社会主义核心价值观。所需茶叶、器具、装饰等材料均由选手自行准备。

6.1.2.9.2 选手抽签确定茶席布置的席位。席位规格为 2m × 2m × 2m 的三面白墙所搭建的区隔空间。在执委会规定的时间内独立完成茶席布置后离场。

6.1.2.9.3 选手需准备茶席作品文本 1 份，阐明主题思想、设计思路等，500 字以内，不得透露个人信息。

6.1.2.9.4 清场后，裁判于规定时间内对茶席作品逐个打分。待评分结束后，选手于执委会规定的时间统一撤席。

6.2 团体赛

6.2.1 理论

理论成绩 5 分，采取闭卷形式，时间为 120min。题型为选择题、判断题、多选题。年龄 18 周岁以下或 60 周岁以上的参赛选手可免考。团体赛最终理论成绩以团体赛参加理论考试的成员为基数计算平均分。

6.2.2 技能操作

技能操作成绩 20 分，团体赛技能操作只设团体自创茶艺模块，即以小组团队（2 ~ 6 人）展示茶艺，包括设定主题、茶席，并将解说、沏泡、奉茶等融为一体，现场团队合作完成。可以设主泡、副泡、讲解等，若使用背景音乐，用电子媒介播放，也可以现场伴奏（伴奏者视为团队人员）。比赛时间为 8 ~ 15min。

6.3 技能操作计时和操作时间

6.3.1 开始计时

选手进场，放下茶盘或茶篮，行礼后，各模块裁判组组长举“比赛开始”字样牌，计时开始。

6.3.2 结束计时

选手奉茶、收具后（除自创茶艺外），行礼毕，各裁判组组长举“比赛结束”字样牌，计时结束。

6.3.3 计时结束时

选手停止所有操作。

7 技能操作评分细则

各项目评分标准包括测量和评价 2 类。凡可采用客观数据表述的评价为测量；凡需要采用主观描述进行的评判称为评价。竞赛评分表按照全国选拔赛系统的格式，并使用竞赛专用评分系统自动计算和汇总分值。

7.1 测量分（客观）

测量分（Measurement）打分方式：按模块设置若干个评分组，每组由 2 名及以上裁判员构成。裁判员不给本省选手打分。每个组所有裁判员一起商议，在对该选手在该项中的实际得分达成一致后只给出一个分值，根据评分细则给出“YES”或“NO”，或者固定值。

7.2 评价分（主观）

评价分（Judgement）打分方式：3 名裁判员为一组，各自独立评分，计算出平均权重分，除以 3 后再乘以该子项的分值计算出实际得分。裁判员不给本省选手打分。裁判员相互间分差必须小于或等于 1 分，否则需要给出确切理由并在裁判长的监督下进行调分。权重分值见表 2。

各裁判员在每个赛项前三位选手操作完毕后开始打分。

表 2 权重分值表

权重分值	要求描述
0	表现水平低于行业标准
1	达到行业标准
2	达到行业标准，且部分超过行业标准
3	表现全部超过行业标准，达到行业期待的优秀水平

7.3 具体评分细则

各项目评价评分细则见表3～表10。

表3 规定茶艺演示（模块A）评分表

评分类型	情况描述	评分	评分细则	合计分	
				分值	得分
M1	个人信息		不透露选手姓名	1	
M2	时间控制		时间控制在6～10min	2	
M3	茶样选择		正确选择抽签对应的茶样	2	
M4	汤温		品茗杯中茶汤温度在40～60℃	2	
M5	汤量		品茗杯中茶汤量介于五分满至八分满之间	2	
M6	分杯		分杯均匀	0.5	
J1	仪容仪表仪态礼仪			2	
		0	仪容、仪表、仪态、礼仪其中有1～2项不规范		
		1	仪容、仪表端庄、仪态端正、礼仪规范		
		2	仪容、仪表、仪态、礼仪其中有1～2项优秀		
		3	仪容、仪表、仪态、礼仪其中有3～4项优秀		
J2	茶席布置			3	
		0	器具不齐全或有多余，席面布置不协调		
		1	器具布置合理，操作方便		
		2	器具布置合理有美感		
		3	器具布置合理，有艺术美感与创意		
J3	茶艺演示			5	
		0	冲泡程序不符合茶性，洗茶，动作多余或夸张，操作过程出错，奉茶姿势不正确，布具与收具混乱		
		1	操作过程顺畅，奉茶姿势正确，布具或收具有序		
		2	操作过程顺畅，奉茶姿势正确，布具或收具有序，显艺术美感		
		3	操作过程流畅，奉茶姿势优美，布具与收具有序，神情专注，显神韵美		

续表

评分类型	情况描述	评分	评分细则	合计分	
				分值	得分
J4	茶汤质量			5.5	
		0	滋味过浓或过淡		
		1	滋味浓淡适合		
		2	滋味鲜醇爽口，香气浓郁		
		3	充分表达茶样的色、香、味特点		

裁判员签名：　　　　　　　　　　　　　　　　　　　　　　　　　　年　　月　　日

表 4　自创茶艺演示（模块 B）评分表

评分类型	情况描述	评分	评分细则	合计分	
				分值	得分
M1	个人信息		不透露选手姓名	1	
M2	时间控制		时间控制在 8 ~ 15min	1	
M3	解说		现场解说，不录制	1	
M4	布席时间		布席时间不超过 5min	1	
M5	汤温		品茗杯中茶汤温度在 40 ~ 60℃	1	
M6	汤量		品茗杯中茶汤量介于五分满至八分满之间	1	
M7	分杯		分杯均匀	0.5	
J1	主题、创意与意境			3	
		0	主题不清晰、平淡无创新		
		1	主题清晰、有创新		
		2	主题突出、有创新与意境		
		3	主题突出、有创新，意境优美		
J2	仪容仪表仪态礼仪			1	
		0	仪容、仪表、仪态、礼仪中有 1 ~ 2 项不规范		
		1	仪容、仪表端庄，仪态端正，礼仪规范		
		2	仪容、仪表、仪态、礼仪中有 1 ~ 2 项优秀		
		3	仪容、仪表、仪态、礼仪中有 3 ~ 4 项优秀		

续表

评分类型	情况描述	评分	评分细则	合计分	
				分值	得分
J3	茶席、背景及音乐			2	
		0	色彩不协调，茶具不齐全或有多余，茶具之间质地、形状不协调，席面布置不协调		
		1	色彩协调，茶具之间质地、形状协调，背景与主题基本相符，音乐与主题基本协调		
		2	色彩协调，茶具之间质地、形状协调，布设合理有美感，背景与主题相符，音乐与主题协调		
		3	色彩协调，茶具之间质地、形状协调，布设合理，富有美感与创意，背景烘托主题有艺术性，音乐与情感表达相符		
J4	茶艺演示及解说			3	
		0	冲泡流程不符合茶性，动作多余或夸张，行茶操作过程出错，奉茶姿势不正确，弃汤或混汤，布具与收具混乱		
		1	行茶操作过程顺畅，奉茶姿势正确，布具或收具有序，解说与行茶动作基本协调		
		2	行茶操作过程顺畅，奉茶姿势正确，布具或收具有序，显艺术感，解说与动作协调，吐词清晰		
		3	行茶操作过程流畅，神情专注，显神韵美，奉茶姿势优美，布具与收具有序，解说感染力强，语言优美。		
J5	茶汤质量			4.5	
		0	滋味过浓或过淡		
		1	滋味浓度适合		
		2	滋味鲜爽（醇厚），香气浓郁		
		3	充分表达茶样的色、香、味特点		

裁判员签名：　　　　　　　　　　　　　　年　　月　　日

表 5　茶叶品质鉴别（模块 C）评分表

评分类型	情况描述	评分	评分细则	合计分	
				分值	得分
M1	个人信息		不透露选手姓名	1	
M2	时间控制		时间控制在 30min 以内	0.5	
M3	选择茶样		正确选择抽签对应的茶样	1	

续表

评分类型	情况描述	评分	评分细则	合计分	
				分值	得分
M4	系数权重		五项权重，答对每项得 0.5	2.5	
M5	评分		五项因子加权总分在标准评分 > 4 分或 < -4 分，得0 分；±4分内，得1分； ± 3 内，得 3 分； ± 2 内，得 5 分	5	
J1	评语			5	
		0	五项因子中，有 1 项描述正确		
		1	五项因子中，有 2 ~ 3 项描述正确		
		2	五项因子中，有 4 项描述正确		
		3	五项因子中，有 5 项描述正确		

裁判员签名：　　　　　　　　　　　　　　　　　　　　　　　　　　　　年　　月　　日

注：茶样品质鉴别的标准答案由裁判长组织有茶叶感官审评专长的 3 位裁判员现场改卷前完成，并签署保密协议。

表 6　茶汤质量比拼（模块 D）评分表

评分类型	情况描述	评分	评分细则	合计分	
				分值	得分
M1	个人信息		不透露选手姓名	1	
M2	时间控制		时间控制在 10 ~ 15min	1	
M3	茶样选择		正确选择抽签对应的茶样	2	
M4	汤温		品茗杯中茶汤温度在 40 ~ 60℃	2	
M5	汤量		品茗杯中茶汤量介于五分满至八分满之间	2	
M6	分汤		三泡分杯均匀	1.5	
J1	茶汤质量			6.5	
		0	滋味过浓或过淡		
		1	滋味浓淡适合		
		2	滋味鲜爽（醇厚），香气浓郁		
		3	充分表达茶样的色、香、味特点		
J2	说茶			5	
		0	茶品色、香、味描述不准确		
		1	茶品色、香、味描述较通俗、准确，吐字清晰		
		2	茶品色、香、味描述通俗、准确，吐字清晰，有亲和力，能准确介绍健康功效或历史文化等		
		3	解说通俗、科学性强、亲和力强，富含文化意蕴		

续表

评分类型	情况描述	评分	评分细则	合计分	
				分值	得分
J3	仪容仪表仪态礼仪			2	
		0	仪容、仪表，仪态，礼仪其中有 1 ~ 2 项不规范		
		1	仪容、仪表端庄，仪态端正，礼仪规范		
		2	仪容、仪表、仪态、礼仪其中有 1 ~ 2 项优秀		
		3	仪容、仪表、仪态、礼仪中有 3 ~ 4 项优秀		
J4	冲泡过程			2	
		0	冲泡流程不符合茶性，洗茶，动作多余或夸张，操作过程出错，弃汤或三泡混合，奉茶姿势不正确，布具与收具混乱		
		1	操作过程顺畅，无表演痕迹		
		2	操作过程顺畅，姿态自然，布具与收具有序		
		3	操作过程流畅，姿态自然优美，布具与收具有序，端庄、大气、舒适		

裁判员签名：　　　　　　　　　　　　　　　　　　　　　　年　　月　　日

表 7　识茶认茶（模块 E）评分表

评分类型	情况描述	评分	评分细则	合计分	
				分值	得分
M1	个人信息		不透露选手姓名	1	
M2	时间控制		时间控制在 15min 以内	0.5	
M3	样品辨别		茶叶名称、所属茶类及产地全部与答案一致，得 3.5 分；占总数 90%及以上，得 3 分；占总数 80% ~ 89%，得 2 分；占总数 70% ~ 79%得 1 分；占总数 60% ~ 69%，得 0.5 分；60%以下，不得分	3.5	

裁判员签名：　　　　　　　　　　　　　　　　　　　　　　年　　月　　日

表 8　点茶（模块 F）评分表

评分类型	情况描述	评分	评分细则	合计分	
				分值	得分
M1	个人信息		不透露选手姓名	1	
M2	时间控制		时间控制在 10 ~ 15min	0.5	

续表

评分类型	情况描述	评分	评分细则	合计分	
				分值	得分
M3	茶样选择		正确选择抽签对应的粉茶样品	1	
M4	汤温		品茗杯中茶汤温度在 40 ℃以上	0.5	
M5	汤量		品茗杯中茶汤量介于五分满至八分满之间	0.5	
M6	分杯		分杯均匀	0.5	
J1	茶汤质量			1.5	
		0	茶汤苦涩		
		1	茶汤滋味尚可		
		2	茶汤滋味较好		
		3	茶汤和沫香气凸显，滋味好		
J2	茶汤沫饽			2.5	
		0	沫饽盖不住汤、见水痕		
		1	沫饽不厚，仅盖住汤、未见水痕		
		2	沫饽丰厚（具体厚度视茶而定）、不够细腻		
		3	沫饽丰厚（具体厚度视茶而定）、沫饽细腻绵密，色泽白洁、咬盏		
J3	仪容仪表仪态礼仪			0.5	
		0	仪容、仪表、仪态、礼仪其中有 1 ~ 2 项不规范		
		1	仪容、仪表端庄，仪态端正，礼仪规范		
		2	仪容、仪表、仪态、礼仪中有 1 ~ 2 项优秀		
		3	仪容、仪表、仪态、礼仪中有 3 ~ 4 项优秀		
J4	点茶过程与奉茶			0.5	
		0	冲泡流程不符合茶性，动作多余或夸张，操作过程出错，奉茶姿势不正确，布具与收具混乱		
		1	操作过程顺畅，自然，奉茶姿势正确，布具或收具有序		
		2	操作过程顺畅，奉茶姿势正确，布具或收具有序，显艺术感		
		3	操作过程流畅，奉茶姿势优美，布具与收具有序，神情专注，显神韵美		

续表

评分类型	情况描述	评分	评分细则	合计分 分值	合计分 得分
J5	汤沫比例			1	
		0	沫、汤比例不协调		
		1	沫、汤比例尚协调		
		2	沫、汤比例较协调		
		3	沫、汤比例协调		

裁判员签名：　　　　　　　　　　　　　　　　年　　月　　日

表 9　调饮茶现制（模块 G）评分表

评分类型	情况描述	评分	评分细则	合计分 分值	合计分 得分
M1	个人信息		不透露选手姓名	1	
M2	时间控制		时间控制在 20min 以内	0.5	
M3	布置时间		布置操作台时间不超过 3min	0.5	
M4	原料选择		原料中含有茶叶	0.5	
J1	主题与创意			2	
		0	主题不突出，创意感弱		
		1	主题尚突出，尚有创意		
		2	主题清晰明显，有创意		
		3	主题鲜明，创意新颖，有独特个性		
J2	配方			0.5	
		0	设计配方有 4 处及以上不合理		
		1	设计配方有 2～3 处不合理		
		2	设计配方有 1 处不合理		
		3	配方设计方法科学合理		

续表

评分类型	情况描述	评分	评分细则	合计分	
				分值	得分
J3	操作			1.0	
		0	妆容不自然，服饰操作不便，姿态不端正，奉茶礼仪欠规范；调饮程序混乱；调饮原料使用完毕未复归原位，器具摆位影响操作的顺畅，器具不干净、整洁		
		1	姿态尚端正，奉茶礼仪尚规范；调饮程序欠合理，欠流畅；器具干净、整洁，摆位影响操作的顺畅，调饮原料使用完毕未复归原位		
		2	姿态较端正，奉茶礼仪较规范；调饮程序尚合理，尚流畅；器具干净、整洁，调饮原料使用完毕复归原位，摆位欠合理		
		3	仪容、神态自然端庄；程序合理，动作自然，调饮过程完整、流畅；操作台面保持干净、整洁；器具摆放位置合理、符合调饮操作要求		
J4	品质			4	
		0	香气不协调、不舒适；口感刺激性强，过淡过浓，协调性弱，无茶味；色彩搭配不合理，视觉感受不佳；造型无新意，整体风格与主题创意不相符		
		1	香气欠协调，欠舒适；口感协调性一般，茶味较弱；色彩搭配欠合理；造型尚可尚有创意，整体风格与主题创意欠符		
		2	香气尚协调，较舒适；口感协调，茶味稍弱；色彩搭配稍欠合理；造型较有创意，整体风格与主题创意欠符		
		3	香气舒适，协调性好；口感丰富、协调，茶味明显；色彩搭配合理、美观；造型设计有创意，具有一定的观赏性		

裁判员签名：　　　　　　　　　　　　　　　　年　　月　　日

表 10　茶席创作（模块H）评分表

评分类型	情况描述	评分	评分细则	合计分	
				分值	得分
M1	个人信息		不透露选手姓名	1	
M2	时间控制		布席时间控制在 120 ~ 180min	0.5	
J1	主题和创意			2	
		0	无主题，无原创性和艺术美感		
		1	主题欠明确，尚有内涵，缺乏原创性或艺术性		
		2	主题较明确，有内涵，原创性或艺术性不明显		
		3	主题明确，立意新颖，富有内涵，具有原创性、艺术性		

续表

评分类型	情况描述	评分	评分细则	合计分	
				分值	得分
J2	器具配置			3	
		0	与主题背离，配置错误，缺少实用性		
		1	较符合主题，配置尚协调，实用性欠缺		
		2	符合主题，配置尚巧妙，具实用性		
		3	符合主题，配置巧妙美观，具实用性和艺术性		
J3	色彩搭配			1.5	
		0	不美观、不协调、不合理、无个性		
		1	尚美观、基本协调，创意和个性不明显		
		2	较美观、协调，有整体感，尚有创意		
		3	美观、协调，有整体感，并有创意和个性		
J4	背景及其他			1	
		0	游离主题，搭配错误		
		1	尚符合主题，整体感欠强，搭配欠完美		
		2	符合主题，整体感较强，搭配尚完美		
		3	相关艺术元素与主题吻合，搭配合理协调，整体感强		
J5	文本表达			1	
		0	无文本，或设计欠美观，表达不恰当或错误		
		1	设计一般，文辞表达一般		
		2	设计较美观，阐述有一定深度，文辞尚有美感		
		3	设计美观协调；主题阐述简洁、准确、深刻；文辞准确、优美		

裁判员签名：　　　　　　　　　　　　　　　　年　　月　　日

8　名次排定

8.1　个人赛名次排定

8.1.1　竞赛总成绩由理论考试和必选项目规定茶艺演示、自创茶艺演示、茶叶品质鉴别、茶汤质量比拼、识茶认茶、点茶 6 部分的相加成绩组成，合计 110 分。

8.1.2　计算方式：总分 = 理论得分 + 规定茶艺演示得分 + 自创茶艺演示得分 + 茶叶品质鉴别得分 + 茶汤质量比拼得分 + 识茶认茶得分 + 点茶得分。

8.1.3 若有自选项目，则再加上调饮茶现制和茶席创作赛2部分各10分，总分为130分。

8.1.4 从高分到低分排名，在总成绩相同的情况下，技能成绩较高者排名在前；在成绩依然相同的情况下，以茶汤质量比拼成绩较高者排名在前；在成绩依然相同的情况下，以自创茶艺演示成绩较高者排名在前。

8.2 团体赛名次排定

8.2.1 总成绩由理论考试、自创茶艺演示2部分成绩相加组成，合计25分。

8.2.2 计算方式：总分＝理论得分＋自创茶艺演示得分。从高分到低分排名，在总成绩相同的情况下，以自创茶艺演示成绩较高者排名在前；在成绩依然相同的情况下，以自创茶艺演示中的茶汤质量单项成绩较高者排名在前。

附　录　A
（资料性）
规定茶艺使用设备及器具清单

规定茶艺使用设备及器具清单见表A.1。

表A.1 规定茶艺使用设备及器具清单

种类	设备名称	规格型号	每组数量
茶艺桌、凳	茶艺桌	长：1200mm，宽：600mm，高：700mm	1
	茶艺凳	长：400mm，宽：300mm，高：420mm	1
绿　茶	盛放茶具：茶盘	长：500mm，宽：300mm	1
	盛水用具：玻璃壶	容量：1000mL	1
	泡茶用具：绿茶玻璃杯	高：85mm，口径：70mm，容量：200mL	3
	泡茶用具：玻璃杯垫	直径：120mm	3
	盛水用具：玻璃水盂	容量：500mL	1
	盛茶用具：竹茶荷	长：145mm，宽：55mm	1
	盛茶用具：茶叶罐	直径：65mm，高：90mm	1
	拨茶用具：茶匙	长：165mm	1
	辅助用具：茶巾	长：300mm，宽：300mm	1
	备选用具：奉茶盘	长：300mm，宽：200mm	1

续表

种类	设备名称	规格型号	每组数量
乌龙茶	盛放茶具：双层茶盘	长：500mm，宽：300mm	1
	盛放茶具：奉茶盘	长：300mm，宽：200mm	1
	泡茶用具：紫砂壶	容量：110mL	1
	品茶用具：紫砂闻香杯	容量：25mL	5
	品茶用具：紫砂品茗杯	容量：30mL	5
	泡茶用具：杯垫	长：120mm，宽：65mm	5
	煮水用具：随手泡	容量：1000mL	1
	盛茶用具：白瓷茶荷	长：100mm，宽：80mm	1
	盛茶用具：茶叶罐	直径：65mm，高：85mm	1
	辅助用具	茶道组	1
	辅助用具：茶巾	长：300mm，宽：300mm	1
红　茶	盛放茶具：茶盘	长：500mm，宽：300mm	1
	泡茶用具：白瓷盖碗	容量：150mL	1
	品茶用具：白瓷品茗杯	直径：65mm，高：45mm，容量：70mL	3
	泡茶用具：杯垫	长：75mm，宽：75mm	3
	盛汤用具：白瓷茶海	容量：220mL	1
	盛水用具：瓷壶	容量：600mL	1
	盛茶用具：白瓷茶荷	长：100mm，宽：80mm	1
	盛水用具：瓷水盂	容量：500mL	1
	盛茶用具：茶叶罐	直径：75mm，高：110mm	1
	拨茶用具：茶匙	长：170mm	1
	辅助用具：茶匙架	长：40mm	1
	辅助用具：茶巾	长：300mm，宽：300mm	1
	备选用具：奉茶盘	长：300mm，宽：200mm	1
测温工具	水银温度计	量程：0～100℃	1

附 录 B
（资料性）
茶叶品质鉴别使用设备、器具清单及答题卷

茶叶品质鉴别使用设备及器具清单见表 B.1。

表 B.1 茶叶品质鉴别使用设备及器具清单

种类	设备名称	技术规格
审评台	干性审评台	高：800 ~ 900mm，宽：600 ~ 750mm，台面为黑色亚光
	湿性审评台	高：750 ~ 800mm，宽：450 ~ 500mm，台面为白色亚光
审评用具	审评盘	白色无味，正方形，一角开有倒等腰梯形的缺口，外围边长：230mm，边高：33mm
	审评杯	白瓷，圆柱形，高 66mm；外径 67mm；容量 150mL，具盖，杯口上缘有锯齿
	审评碗	白瓷，碗高 56mm；上口外径 95mm；容量 240mL
	叶底盘	黑色、正方形：外径边长 100mm，高 15mm；或白色搪瓷盘，长方形：长 230mm，宽 170mm，高 30mm
	计时器	电子计时器，精确到秒
	茶匙	白瓷，容量 10mL
	品茗杯	白瓷，容量：30 ~ 50mL
	电子秤	可精确到 0.1g
辅助用具	吐茶筒	盛放茶渣和废水的桶
	随手泡	容量：1000mL
泡茶用水	纯净水（应符合 GB 5749 的要求）	

茶叶品质鉴别答题卷见表 B.2。

表 B.2 茶叶品质鉴别答题卷

选手编号：

------------------------------ 装订线 ------------------------------

茶类____________

鉴别内容	权数（%）	品质评分（各项 100）	品质特征（评茶术语）
外形			
汤色			
香气			
滋味			
叶底			
计算评分结果，品质总分=			

选手得分： 裁判员签名： 年 月 日

附 录 C

（资料性）

茶汤质量比拼使用设备及器具清单

茶汤质量比拼使用设备及器具清单见表 C.1。

表 C.1 茶汤质量比拼使用设备及器具清单

种类	设备名称	规格型号
茶艺桌、凳	茶艺桌	长：2000mm，宽：1000mm，高：700mm
	茶艺凳	长：400mm，宽：300mm，高：420mm
泡茶用具	白瓷壶	容量：140mL、160mL、200mL
	玻璃壶	容量：140mL、160mL、200mL
	紫砂壶	容量：110mL、130mL、160mL
	白瓷盖碗	容量：140mL、160mL、180mL
	玻璃盖碗	容量：140mL、160mL、180mL
盛汤用具	白瓷茶海	容量：200mL、250mL、300mL
	玻璃茶海	容量：200mL、250mL、300mL
	紫砂茶海	容量：200mL、250mL、300mL
品茶用具	白瓷品茗杯	容量：30mL、50mL、70mL
	玻璃品茗杯	容量：30mL、50mL、70mL
	紫砂品茗杯	容量：30mL
	紫砂闻香杯	容量：25mL
盛茶用具	茶叶罐	直径：65～75mm，高：85～110mm
	茶荷	长：100mm，宽：80mm
盛水用具	水盂	容量：500mL
过滤用具	茶滤	直径：65mm
煮水用具	随手泡	容量：1000mL
辅助用具	茶道组	茶匙、茶则、茶针、茶漏、茶夹、茶匙筒
	茶巾(白色、茶色)	长：300mm，宽：300mm
	茶匙架	长：40mm

续表

种类	设备名称	规格型号
辅助用具	盖置	高：10～40mm
	杯垫	圆形和方形（尺寸不限）
	壶承	圆形和方形（尺寸不限）
	茶篮	长：450mm，宽：310mm，高：200mm
	奉茶盘	长：300mm，宽：200mm
	电子秤	可精确到 0.1g
	水银温度计	量程 0～100℃
泡茶用水	应符合 GB 5749 的要求	
其他茶具	不限	

附　录　D

（资料性）

识茶认茶使用设备、器具清单及答题卷

识茶认茶使用设备及器具清单见表 D.1。

表 D.1　识茶认茶使用设备及器具清单

种类	设备名称	技术规格
审评台	干性审评台	高：800～900mm，宽：600～750mm，台面为黑色亚光
审评用具	审评盘	白色无味，正方形，一角开有倒等腰梯形的缺口，外围边长：230mm，边高：33mm，数量 30～40 个
辅助用具	茶叶罐	大号茶叶罐，30～40 个

识茶认茶答题卷见表 D.2。

表 D.2 识茶认茶答题卷

选手编号：

装订线

序号	茶类	茶名	产地	得分
1				
2				
3				
4				
5				
6				
7				
8				
9				
10				
11				
12				
13				
14				
15				
16				
17				
18				
19				
20				
21				
22				
23				

续表

序号	茶类	茶名	产地	得分
24				
25				
26				
27				
28				
29				
30				
合计				

裁判员签名： 年 月 日

附 录 E
（资料性）
点茶使用设备及器具清单

点茶使用设备及器具清单见表 E.1。

表 E.1 点茶使用设备及器具清单

种类	设备名称	规格型号
茶艺桌	茶艺桌	长：1200mm，宽：600mm，高：700mm
泡茶用具	建盏	容量：360mL
品茶用具	玻璃品茗杯	容量：50 ~ 70mL
盛茶用具	茶粉罐	直径：300 ~ 650mm，高：300 ~ 650mm
盛水用具	汤瓶	容量：360mL
	水盂	容量：300mL
煮水用具	随手泡	容量：1200mL
辅助用具	粉勺	长：160mm
	分饮勺	长：145mm，宽：43mm
	茶筅	竹穗约 100 根
	茶巾	长：300mm，宽：300mm

续表

种类	设备名称	规格型号
辅助用具	茶匙架	长：30mm
	杯垫	圆形和方形（尺寸不限）
	奉茶盘	长：300mm，宽：200mm
	水银温度计	量程 0 ~ 100℃
泡茶用水	应符合 GB 5749 的要求	
其他茶具	不限	

附　录　F

（资料性）

调饮茶现制使用设备及器具清单

调饮茶现制使用设备及器具清单见表 F.1。

表 F.1　调饮茶现制使用设备及器具清单

种类	设备名称	规格型号
操作台	操作台	长：1200mm，宽：600mm，高：700mm
用具	电磁炉+不锈钢锅	额定功率 2200W、容量 3.0L
	冰沙机+冰沙壶	10A、容量 1.2L
	不锈钢漏勺	孔径 6mm
	手动奶泡器	400mL
	电子秤	量程 3000g，精度 0.1g
	盖碗	容量：120mL、150mL、180mL
	量桶（带盖）	2000mL
	量杯	100mL、500mL
	雪克杯	700mL、1000mL
	滤茶布	钢柄泡茶袋
	份数盒	不锈钢或塑料 1/6 型、1/3 型
	水果夹	7 寸

续表

种类	设备名称	规格型号
用具	吧勺	320mm
	果粉勺	10g
	冰铲	270mm
	一体捣棒	260mm
	砧板+水果刀	420mm × 300mm、315mm
	温度计	量程 0 ~ 100℃
	毛巾	300mm × 300mm，2 条/人
	一次性手套	S、M、L（食品级）
	出品杯	350mL、540mL、700mL
	冰桶	N/A
	烧水壶	N/A
	计时器	N/A
	围裙	N/A
	托盘	N/A
	双层推车	N/A
食材	奶	鲜奶、淡奶油、奶粉、厚乳、炼乳等
	水果	青柠檬、黄柠檬、香水柠檬、小青橘、橙子、草莓、苹果、梨、奇异果、凤梨、葡萄、杧果、橘子、柚子、石榴、西瓜、百香果、火龙果、山竹等
	冰块	食用冰块
	调料	果糖、蔗糖、蜂蜜、盐等
	其他	饼干、坚果、薄荷叶等
	纯净水	符合 GB 5749 的要求
其他茶具	不限	

参考文献

[1] 白碧珍，陈丽敏，曹藩荣．茶艺表演与编创课程教学探讨[J]．广东茶业，2018（5）：14-16.

[2] 蔡烈伟，陈开梅．新式水果茶系列产品设计与制作[J]．中国茶叶，2021，43（11）：7-10.

[3] 蔡荣章．茶席・茶会[M]．合肥：安徽教育出版社，2011.

[4] 陈凤．插花艺术实训指导书[M]．北京：中国农业出版社，2016.

[5] 陈文华．中国茶艺的美学特征[J]．农业考古，2009（05）：78-85.

[6] 程启坤，姚国坤．关于茶德的讨论[J]．农业考古，1991（2）：27-28.

[7] 单虹丽，唐茜．茶艺基础与技法[M]．北京：中国轻工业出版社，2020.

[8] 丁以寿，蔡荣章．中华茶艺[M]．合肥：安徽教育出版社，2008.

[9] 何长辉，郑慕蓉．少儿新茶经[M]．沈阳：沈阳出版社，2021.

[10] 黄晓琴，张丽霞，李智，等．“大碗茶情”茶艺作品的主题提炼与表达[J]．中国茶叶加工，2017（3）：48-51.

[11] 黄友谊．茶艺学[M]．北京：中国轻工业出版社，2021.

[12] 黄友谊．第一次品黄茶就上手[M]．北京：旅游教育出版社，2021.

[13] 纪亚飞．服务礼仪标准培训[M]．北京：中国纺织出版社，2018.

[14] 姜爱芹．茶道、茶艺和茶艺表演[J]．中国茶叶，1999，21（5）：36-37.

[15] 雷郑延，詹丽玉，蒋慧颖，等．潜意识视域下的茶道情感体验[J]．茶叶通讯，2018，45（1）：49-50.

[16] 黎佩霞，范燕萍．插花艺术基础[M]．北京：中国农业出版社，2013.

[17] 李相旼．招牌茶饮101[M]．北京：北京科学技术出版社，2020.

[18] 刘勤晋，李远华，叶国盛．茶经导读[M]．北京：中国农业出版社，2015.

[19] 刘勤晋．茶文化学[M]．北京：中国农业出版社，2011.

[20] 刘洋，李国辉，曹晓念，等．茶酒的研究进展[J]．食品研究与开发，2022，43（23）：210-216.

[21] 路雅丽．浅谈儒家的“中和”哲学与茶道精神[J]．福建茶叶，2020（6）：339.

[22] 马守仁．茶艺美学漫谈[J]．农业考古，2006（4）：96-98.

[23] 乔木森．茶席设计[M]．上海：上海文化出版社，2005.

[24] 施元旭．中国茶艺的美学特征[J]．中国茶叶加工，2011（3）：46-48.

[25] 孙达．创新茶艺作品编创理论与实践研究[J]． 中国茶叶，2020，42（3）：65-69.

[26] 覃红利，覃红艳．表演型茶艺解说的美学分析[J]．湖南农业大学学报（社会科学版），2004（5）：85～87.

[27] 佟易，李义，吴延东．果葡糖浆的吸收代谢及其对健康的影响[J]．食品科技，2018（5）：45-48.

[28] 王家林，王煜，吕丽丽．茶酒的保健作用[J]．食品研究与开发，2011，32（8）：133-136.

[29] 王丽．茶艺学[M]．上海：复旦大学出版社，2023.

[30] 王绍梅．茶道与茶艺[M]．2版．重庆：重庆大学出版社，2014.

[31] 王岳飞．茶文化与茶健康[M]．杭州：浙江大学出版社，2021.

[32] 王岳飞．第一次品绿茶就上手[M]．北京：旅游教育出版社，2016.

[33] 吴雅真．俭、清、和、静——中国茶礼所思所想[J]．福建茶叶，2004（3）：44.

[34] 西蔓色研中心．色彩搭配设计师培训教程[M]．北京：中国纺织出版社，2013.

[35] 肖正广，陈悦沁，章传政．生活视域下茶艺美学的品性和特征探析[J]．蚕桑茶叶通讯，2019（1）：20-23.

[36] 杨朝东，张霞，赵振军，等．茶与生活公选课思政的探索与实践．时代教育．2022，（15）：425-426.

[37] 杨朝东，张霞．工匠精神视域下茶艺类课程思政研究[J]．黑龙江教育（高教研究与评估），2022（12）：81-83.

[38] 杨亚军．评茶员培训教材[M]．北京：金盾出版社，2019.

[39] 余悦．第三种叙事：肢体叙事——茶艺叙事的价值和意义[J]．收藏与投资，2019（3）：76-79.

[40] 余悦．中国茶艺的叙事方式及其学术意义[J]．江西社会科学，2007（10）：39-46.

[41] 余悦. 中华茶艺[M]. 北京：中央广播电视大学出版社，2015.

[42] 张杰. 论中国茶道和茶道精神[J]. 茶叶通讯，2001（4）：39-41.

[43] 张亮亮. 茶艺表演与中国古典舞“身韵”的融合探究[J]. 福建茶叶，2022（11）：186-188.

[44] 张士康，陈燚芳. 调饮茶理论与实践[M]. 北京：中国轻工业出版社，2021.

[45] 张霞，黄端杰. 储藏条件对普洱茶品质的影响及其茶汤饮用安全性分析[J]. 江苏农业科学，2018，46（12）：160-163.

[46] 张霞，任模. 冲泡条件对五峰毛尖茶品质的影响[J]. 湖北农业科学，2016，55（3）：665-669.

[47] 张霞，许云霞，杨朝东. 绿茶茶水放置过程中主要呈味物质动态变化研究[J]. 长江大学学报（自然版），2015，12（21）：50-54，58.

[48] 张霞. 茶学专业课程实习与学生创造性培养初探[J]. 长江大学学报（自然版），2012（9）：44-46.

[49] 张星海. 茶艺传承与创新[M]. 2版. 北京：中国商务出版社，2023.

[50] 张星海. 高度文化时代背景下茶艺师的历史使命和社会责任[J]. 中国茶叶加工，2017（1）：49-52.

[51] 郑慕蓉，霍达，郑加财，等. 缅怀张天福先生之“思·行”茶艺的创编实践与思考[J]. 广东茶业，2020（5）：36-39.

[52] 郑慕蓉. 点茶技艺的历史演变与时代价值[J]. 普洱学院学报，2022（4）：38.

[53] 钟瑜，吴咏蔚. 中国古典服装色彩搭配原理——以唐代女装为例[J]. 山东纺织经济，2015（11）：56-60.

[54] 周红杰，李亚莉. 民族茶艺学[M]. 北京：中国农业出版社，2017.

[55] 朱海燕，王杉，蒋琴娟，等. “生活闲趣”——李渔茶道的美学意味[J]. 茶叶通讯，2016（1）：41-44.

[56] 朱海燕. 中国茶美学研究——唐宋茶美学思想与当代茶美学建设[D]. 长沙：湖南农业大学，2008.

[57] 朱红樱. 关于茶艺审美特征的思考[J]. 茶叶，2008，34（4）：251-254.

[58] 朱红樱. 中国式日常生活——茶艺文化[M]. 北京：中国社会科学出版社，2013.

[59] 朱君. 化妆与服装合理搭配设计的分析[J]. 大观，2019（10）：2.

[60] 朱自振，沈冬梅，增勤. 中国古代茶书集成[M]. 上海：上海文化出版社，2014.

[61] JIA W，FAN Z B，DU A，et al. Recent advances in Baijiu analysis by chromatography based technology-A review[J]. Food Chemistry，2020，324：126899.